中国科协新一代信息技术系列丛书
中国科学技术协会　丛书主编

智能控制导论

Introduction to Intelligent Control

郑南宁　主　编 / 王飞跃　执行主编
中国自动化学会　组编

中国科学技术出版社
·北　京·

图书在版编目（CIP）数据

智能控制导论 / 郑南宁主编；王飞跃执行主编 . --
北京：中国科学技术出版社，2022.8
（中国科协新一代信息技术系列丛书）
ISBN 978-7-5046-9669-4

Ⅰ. ①智… Ⅱ. ①郑… ②王… Ⅲ. ①智能控制 – 教
材 Ⅳ. ① TP273

中国版本图书馆 CIP 数据核字（2022）第 112719 号

责任编辑	李双北
装帧设计	中文天地
责任校对	张晓莉
责任印制	李晓霖

出　　版	中国科学技术出版社
发　　行	中国科学技术出版社有限公司发行部
地　　址	北京市海淀区中关村南大街16号
邮　　编	100081
发行电话	010-62173865
传　　真	010-62173085
网　　址	http：//www.cspbooks.com.cn

开　　本	787mm × 1092mm　1/16
字　　数	273千字
印　　张	14
版　　次	2022年8月第1版
印　　次	2022年8月第1次印刷
印　　刷	河北环京美印刷有限公司
书　　号	ISBN 978-7-5046-9669-4 / TP · 440
定　　价	49.00元

（凡购买本社图书，如有缺页、倒页、脱页者，本社发行部负责调换）

《智能控制导论》编写组

主　编

郑南宁　中国工程院院士，中国自动化学会理事长，西安交通大学

执行主编

王飞跃　中国自动化学会监事长，中国科学院自动化研究所

参　编

贺　威　北京科技大学
江一鸣　湖南大学
李洪阳　中国科学院自动化研究所
李　轩　鹏城实验室
卢经纬　中国科学院自动化研究所
鲁仁全　广东工业大学
莫　红　长沙理工大学
牟必强　中国科学院数学与系统科学研究院
穆朝絮　天津大学
邱剑彬　哈尔滨工业大学
沈　震　中国科学院自动化研究所
宋士吉　清华大学
孙　健　北京理工大学
孙康康　哈尔滨工业大学
田永林　中国科学技术大学
王　晓　青岛智能产业技术研究院
王雨桐　中国科学院自动化研究所
魏庆来　中国科学院自动化研究所
邢玛丽　广东工业大学
杨辰光　华南理工大学
殷　翔　上海交通大学

游科友　清华大学
俞成浦　北京理工大学
张　慧　北京交通大学
张　杰　中国科学院自动化研究所
赵文虓　中国科学院数学与系统科学研究院
赵延龙　中国科学院数学与系统科学研究院

前 言

智能控制与人工智能同根同源，是智能方法走向应用进而完成其最终使命所必不可少的一个重要且关键的环节。同人工智能一样，关于智能控制的原始思想和实践可以追溯到人类发展历史的早期，因为探索智能并利用相关成果去认识和改造世界是人的天性。20 世纪 30 年代提出的图灵机和随之兴起的自动机研究热潮，加之维纳的控制论及其伴生的人工智能，特别是学习机器和学习控制的理论普及和应用深入，促使人工智能控制、智能自动机、移动自动机等概念和原型系统应运而生，最终形成了智能控制这一独立的研究应用领域。

在科学文献上，华人学者、国际模式识别和机器智能的开拓者傅京孙教授于 1971 年首次提出“智能控制”一词，认为人工智能与自动控制的有机结合，必将导致从学习控制到智能控制的自然延伸和发展。傅京孙的远见和愿景，激发了研究人员对智能控制的广泛兴趣并成为此领域研究的催化剂。随后，从 20 世纪 70 年代初直到 90 年代中期，傅京孙的同事萨里迪斯教授以信息论中的熵概念为核心，引入运筹学和决策论，提出了智能控制系统的分层递阶结构和学习算法，阐述了传统控制、学习控制、自适应控制、机器人控制和智能控制之间的天然联系，并组织相应专业学会与期刊，为这一新兴领域的早期发展与成长壮大作出了重要贡献。

五十多年来，智能控制已形成众多成熟、成体系的算法与平台，并在工业、农业、交通和航空航天等许多领域得到了广泛而深入的应用。传统和现代控制在工业自动化过程中发挥了极其重要的作用，使我们的社会发展到目前的工业化水平；相信在从工业化向智能化进军的征程中，智能控制会在知识自动化中发挥更加重要和关键的作用，成为社会智能化的新技术——智能技术的核心与支撑。

今天，深度学习、宽度学习、对抗学习、平行学习等新智能算法已将人工智能的研究与应用推向了一个新的历史水平，引发世界范围的关注与兴趣。针对这一重大发展机遇，为了确保创新型国家和科技强国的建设，国务院发布《新一代人工智能发展规划》，明确提出许多智能控制的研发要求，包括自主协同控制、优化决策、平行控制与管理等。一方面，智能控制的发展可以极大地促进我国新一代人工智能发展进程；另一方面，智能控制的研发是实现智能制造、建设制造强国之根本。无论是流程工业智能化、离散过程智能化、网络化协同制造智能化、生产全生命周期活动管理智能化，智能控制都是其从信息化和自动化迈向智能化的基础和核心，是实现智能工厂、智能企业和智慧社会的必要条件。为此，首要的任务就是尽快高质量地培养智能控制人才并普及相关的知识与技术。

为落实国家战略，加速新一代信息技术人才培养，满足数字经济发展的人才需求，为实现经济高质量发展提供人才支撑，中国科协策划并主编“中国科协新一代信息技术系列丛书”，中国自动化学会受中国科协委托组编《智能控制导论》一书。本书系统地阐述了主流的智能控制概念、框架、流程、方法、算法及典型案例，希望有助于读者全面深入地了解智能控制理论与方法。

本书主编郑南宁院士及执行主编王飞跃研究员，把握全书顶层设计，对本书的学术观点、技术方向及内容组织提供了极具价值的意见和建议，并全程参与撰写和审校工作，魏庆来研究员为全书架构及审校作出了极大贡献。本书第一章由王飞跃编写，第二章由殷翔、沈震编写，第三章由赵延龙、赵文虓、牟必强编写，第四章由魏庆来、张杰编写，第五章由游科友、宋士吉、江一鸣、杨辰光、穆朝絮编写，第六章由莫红、邱剑彬、孙康康编写，第七章由孙健、贺威编写，第八章由王晓、王雨桐、王飞跃编写，第九章由李轩、张慧、田永林编写，第十章由魏庆来、卢经纬、李洪阳编写，邢玛丽参与本书第一章编写工作。编写过程中，中国自动化学会组织编委会召开工作会议，迎难而上、精诚合作、砥砺前行，体现了良好的奉献精神、协作精神和服务精神。

中国科协领导多次协调，确保丛书编制和推广工作顺利进行，对本书编制和出版起到了莫大的鼓舞和支持作用。中国自动化学会组织、协调多位编写专家，召开工作会议，做好保障工作，为本书出版提供了基础和组织保障。各位编写专家倾心付出，积极配合，大力支持，为本书出版提供了重要的智力资源，在此一并表示感谢！

由于编写人员时间、精力、知识结构有限，书中难免存在不妥乃至谬误之处，恳请广大读者批评指正，为我们提出宝贵意见，给予帮助指导。

郑南宁　王飞跃

及编写组全体成员

目 录

第一章 绪 论

1970 年，美籍华人傅京孙教授（图 1.1）发表长文《学习控制系统：回顾与展望》（*Learning control systems-review and outlook*），全面深入地论述并展望了学习控制的现状与未来。之后，他于 1971 年初又补充了短文《学习控制系统与智能控制系统：人工智能与自动控制的交叉》（*Learning control systems and intelligent control systems: an intersection of artifical intelligence and automatic control*），进一步讨论人工智能方法与技术在控制和自动化中深入且系统的应用途径，正式开启了智能控制（intelligent control）这一崭新的多学科交叉研究领域。

在这之前，已有许多人提出过将人工智能与自动控制结合，人工智能控制（artificial intelligence control）的说法也已经出现，特别是在机器人系统的研究领域，控制理论与人工智能早已被密切地联系在一起。傅京孙的这篇短文是智能控制第一次在科学文献上被提出并给出清晰的定义。傅京孙认为，人工智能与控制工程的有机结合必将导致从学习控制到智能控制的自然延伸和发展，傅京孙的远见和愿景激发了研究人员对智能控制的广泛兴趣，成为推动此领域研究的催化剂。随后，从 20 世纪 70 年代初直到 90 年代中期，傅京孙的同事乔治 · 萨里迪斯（图 1.1）教授

图 1.1 傅京孙（左）与乔治 · 萨里迪斯（右）

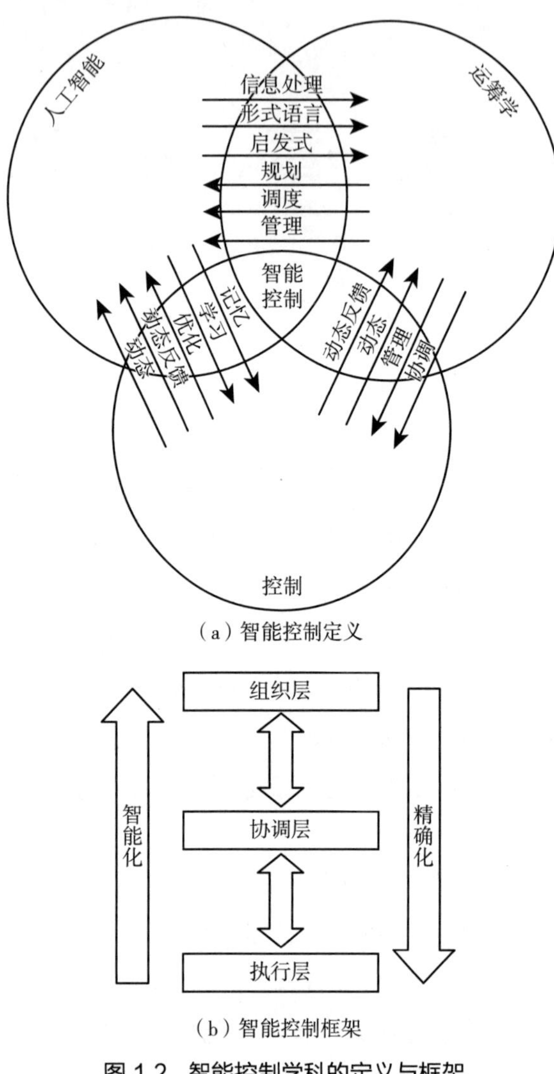

（a）智能控制定义

（b）智能控制框架

图 1.2　智能控制学科的定义与框架

及其学生以信息论中的熵概念为核心，引入运筹学和决策论，提出了智能控制系统的分层递阶结构和学习算法，阐述了传统控制、学习控制、自组织控制、自适应控制、机器人控制和智能控制之间的天然联系（图 1.2），并组织或创办相应专业学会、研讨会、国际学术会议与期刊，为这一新兴领域的早期发展与成长壮大作出了重要贡献。

实际上，智能控制与人工智能同根同源，是智能方法走向应用进而完成其最终改造世界之使命所必不可少的一个重要且关键性的环节。探索智能并利用相关成果去认识和改造世界是人的天性，因而，同人工智能一样，关于智能控制的原始思想和实践可以追溯到人类发展历史的早期。20 世纪 30 年代提出的图灵机和随之兴起的自动机研究热潮，加之诺伯特·维纳的控制论及其伴生的人工智能，特别是学习机器和学习控制的理论普及和应用深入，促使人工智能控制、智能自动机、移动自动机等概念和原型系统应运而生，最终形成了智能控制这一独立的研究应用领域。今天，深度学习、宽度学习、对抗学习、平行学习等新智能算法已将人工智能的研究与应用推向了一个新的历史水平，引发世界范围的关注与兴趣。

我国于 2017 年 7 月 20 日发布《新一代人工智能发展规划》，明确提出智能控制的研发要求，包括自主协同控制、优化决策、平行控制与管理等。智能控制的发展可以极大地促进我国新一代人工智能的发展进程，是实现智能制造、建设制造强国的重要手段。对于流程工业智能化、离散过程智能化、网络化协同制造智能化以及生产全生命周期活动管理智能化，智能控制都是其从信息化和自动化迈向智能化的基础和核心，是实现智能工厂、智能企业和智慧社会的必要条件。

1.1 智能起源：Being 与 Becoming

人类的文明史本质上就是人类智能的演化历史。我国古代《诗经》中赋、比、兴的文学表现手法，古希腊柏拉图《对话录》的文法、逻辑、修辞的哲学辩证方法，都是人类智能知识化的早期表现。

在人类发展的第一轴心时代，人类经历了人性大觉醒，哲学由此而兴。“哲”在中文里的基本释义是智慧，古希腊哲人更是直截了当地把爱与智慧作为“哲学”一词的定义及哲学作为一门学问的目的。显然，智能的研究与哲学的探索同根同源，同为热爱与追求智慧而生。“古希腊七贤”之首泰勒斯提出“万物源于水”，认为“水是最好的”“万物有灵”。其学派传人赫拉克利特开创了朴素的辩证思想，但相信“万物源于火”，由火引申出“万物皆流”与“万物皆动”，而且对立统一、和谐一致，使“变化”（becoming）成为哲学的第一个核心理念。赫拉克利特强调变化，认为“斗争是产生万物的根源”，由此成为最早的过程哲学家。另一学派的巴门尼德创造了基于“逻各斯”的形而上学论证形式，认为世界的本原是单一不变的，开启了唯心主义的传统，并使“存在”（being）成为“变化”后的另一个核心且更基本的哲学理念。他认为，“存在”才是“真理之道”；“变化”只是“观点之道”。因为只有“存在”才是永恒、不动、连续不可分、唯一的真实，只有这样的抽象理念才可以被思想；而“变化”涉及感性世界的具体事物及其改变，是不真实的存在、是假象，所以不能被思想。巴门尼德坚信没有存在之外的思想，被思想的对象与思想的目标是同一的，这与近代哲学家笛卡尔的“我思故我在”几乎如出一辙，开启了唯物与唯心、逻辑与计算、being 与 becoming 的哲学之争。实际上，这一哲学争论自始至终贯穿在智能研究的历史之中。

在这些思想的影响下，产生了“希腊三贤”——苏格拉底、柏拉图和亚里士多德，师生三代相承奠定了西方哲学和科学的基石。首先，柏拉图将苏格拉底身体力行的对话辩证方式记录下来，发明了书写形式的辩证方法，而且认为宇宙是由“实体的永恒真实之理念世界”及其“影子的暂时变动之物质世界”组成，开启了后来世界由“物质实体”和“精神实体”构成的二元论和客观唯心主义哲学。其次，亚里士多德将柏拉图的“虚实二体”一体化，并以“三段论”将其辩证法抽象为形式逻辑，不但成为现代逻辑的基础，更是现代人工智能和智能科学的基石，开创了科学逻辑推理的理性传统和唯物辩证法的哲学思想；其格言“人类是天生的社会性动物”与马克思“人是一切社会关系的总和”的观点一致，是未来智能科学特别是系统化智能科技发展的指南。

在第二轴心时代，欧洲文艺复兴使人类理性大觉醒，产生了现代科学。首先是以笛卡尔、斯宾诺莎和莱布尼茨为代表人物的理性主义哲学兴起，其次是以伽利略、牛顿和莱布尼茨为主要开拓者的物理、数学现代化进程的开始。特别是牛顿与莱布尼茨，不但共同发明了微积分，而且都是计算主义者。莱布尼茨坚信思维和逻辑推理也可以计算，认为“存在”中“万物皆数”还不够，还必须在“变化”里“万理可推”。为此，他试图将其发明的二进制与中国古代的阴阳八卦相联系，并认定古代中国的原始象形文字与其创造的“普适语言”在思想上一致，希望由此发明“理性逻辑者的微积分”，而不只是普通的微积分。这些努力最后成就其“精神的原子”理念，然而却“不幸”被后人演化成“单子论”的哲学。有幸的是，在人工智能兴起的前夕，范畴数学出现，“精神的原子”继而成为这一新数学的核心理念，将来或许成为面向智能科技的新一代数学之基础。

此后，以德·摩根、巴贝奇和布尔为代表的“英国三杰”推进了计算逻辑和思维的机械化、数字化和形式化的进程，为后来希尔伯特的新几何观及其数学纲领、图灵的自动机和弗雷格的数理逻辑理论奠定了基础。特别是布尔于1854年发表的《思维定律》，集亚里士多德和莱布尼茨的逻辑思想于大成，由二进制衍生出布尔代数，开启了符号和数学逻辑的现代化进程，为现代电路和计算机设计、信息化和智能化提供了理论和方法基础。

1.2　人工智能：自动机与控制论

在1900年巴黎国际数学家代表大会上，德国数学家希尔伯特怀着确立德国数学世界地位的历史使命发表了《数学问题》的著名演讲，提出了影响至今的23个数学问题（“希尔伯特问题”）。然而，影响更加深远的却是会上作为形式主义代表的他与直觉主义代表的法国数学家庞加莱之争，不但改变了数学的历史，而且无意间播下了人工智能这一学科的种子，这就是希尔伯特数学机械化的思想。

希尔伯特相信，整个数学体系都可以严格公理化——整个数学是完备的，即每一个数学命题都有一个数学证明；整个数学又是一致的，即导出的每一个数学命题不会自相矛盾；整个数学还是可决策或可判定的，即所有的数学命题都可以利用有限次正确的数学步骤进行判定，因此存在通过有限程序最终判定一个数学命题对错的“算法”。简言之，就是整个数学具备“都有”“都对”“都行”的三大保证——告之公理、予之定理，一个不剩、一个不错，并且可以机械化进行。这就是后来被称为“希尔伯特纲领”的宏大愿景。从人工智能的角度来看，希尔伯特希望得到的远超过今天信仰通用人工智能人士的梦想，准确地反映了刻在其墓志铭上的钢铁般意志:“我们必须知道,我们必将知道”。在一定程度上,希尔伯特与庞加莱之争反映了后来人工智能研究中基于符号的逻辑智能与基于认知的计算智能两条路线之争。当时,庞加莱认为除了逻辑、推理之外,人的作用特别是人的直觉在数学中具有不可动摇的地位。但希尔伯特的观点,让当时的许多数学家特别是年轻人热血沸腾,投入这场数学革命,构造新世纪宏伟的数学“大厦”。

罗素就是这些年轻数学家中最杰出的代表之一。在此之前,他一直担心数学“大厦”即将倾倒,这就是后来被称为“罗素悖论”的集合论矛盾。在从巴黎大会返程的船上,罗素就开始同自己的老师怀德海策划,如何为希尔伯特的想法构造坚强的逻辑基础。罗素坚信亚里士多德的原始逻辑定义:逻辑就是“新”和“必须”的推理,“新”在于逻辑让我们学到未知的,“必须”是因为其结论是不可避免的。结果就是罗素和怀德海费尽十年心血成就的三卷本《数学原理》(*The Principles of Mathematics*),书名与牛顿的不朽之作同名。或许在罗素心里,牛顿把一个机械的世界转化为按物理定律运行的数学世界,这次他们要把这个数学世界再转化回由算法控制的机械世界,形成一个完美的闭环世界,就是今天我们追求的智能世界。罗素的《数学原理》的问世改变了当时许多学者的研究生涯,特别是在科学相对不算发达的美国反响更大。

维纳、麦卡洛克、皮茨就是当时因此书走到一起研究智能的三位美国学者。维纳原本对生物研究感兴趣,读博士时开始研究哲学,读了《数学原理》后专攻数理逻辑,后来结识了希尔伯特的助手冯·诺伊曼和邱奇等年轻学者。麦卡洛克在大学时就潜心学习《数学原理》,认为大脑最顶层的神经元之间的相互连接方式同《数学原理》中描述的逻辑关系一致,还从心理学转行专门研究大脑,后来在耶鲁大学勾画了世界上第一张大脑皮质的机能解剖图,并赴芝加哥建立大脑实验室。皮茨更是传奇般地因为《数学原理》而从社会底层的一个连小学都没有毕业的人物一跃成为罗素和麦卡洛克的朋友,最后成为维纳的博士生,一起制造了智能科学发展史上一段令人感叹、使人心碎的历史悲剧。维纳从 1925 年开始与范内瓦·布什合作研究计算机,与布什不同,维纳认为计算机应当基于数值而非模拟信号、二进制而非十进制,二人因此产生分歧。维纳和博士生李郁荣一起发明了“李 – 维纳网络”,并由此延伸成为现代通信技术的基础,还萌生了“受负反馈和循环因果逻辑支配的有目的性的行为”是实现智能之本质的思考,成为后来创立控制论的重要因素。维纳把他 1935—1936 年在清华大学与李郁荣合作的这一时期视为控制论的创立时间,他后来回忆道:“在我的职业生涯中,如果说有一个分界线标志着从科学学徒到一定程度上能独当一面的大师,那么我认为是 1935 年的中国之行。”

1942 年 5 月,麦卡洛克了解到维纳和他的团队关于循环因果的思想和研究,立即意识到这种新的因果关系不但支配着生物和机器的有目的性的行为，而且还为解决一直困惑他的神经元模型中的时间表示问题提供了思路。在维纳、罗森布鲁斯和维纳助手毕格罗三人于著名的《科学哲学》上发表目的论短文《行为、目的和目的论》后不久，麦卡洛克和皮茨共同发表了关于人工神经元的"麦卡洛克 – 皮茨模型"，分别开启了认知科学和神经元网络的研究，是计算智能的奠基性工作，更是今天我们有深度学习和阿尔法围棋（AlphaGo）技术的原因。与其在美国的影响效果相反,《数学原理》在欧洲大陆唤起了三位年轻的数学天才，结果却使希尔伯特宏图轰然塌陷。先是 1930 年哥德尔把研究《数学原理》作为博士论文课题，在希尔伯特发表"我们必须知道，我们必将知道"退休演讲两天之前的同一会场宣布其"不完全性定理"，用罗素和怀德海的逻辑体系证明希尔伯特的数学不可能完备又一致，而且人类真的在数学上有不可知的东西。紧接着，1936 年图灵在哥德尔的基础上提出图灵机，在不可推理之后定义了可计算性问题，顺手解决了希尔伯特关于决策的第 10 个问题。后来发现，在图灵之前，邱奇解决了同样的等价问题，不过用了递归函数和 λ 演算的概念，一时难以让人了解其真正意义，这就是后来图灵由剑桥赴美随邱奇攻读博士学位的原因。真正了解并向世人介绍和帮助哥德尔和图灵及其工作的第一人是冯・诺伊曼，他不仅为哥德尔在普林斯顿高等研究院谋得一席之地，还推荐图灵获得奖学金成为普林斯顿的研究生。

哥德尔的不完全性定理深刻揭示了人类理性有限的本质。人工智能的四位主要创始人之一赫伯特・西蒙（又名司马贺）在后来不但获得计算机领域的图灵奖，还因在经济和管理中倡导"有限理性原理"而获得诺贝尔奖，再次说明哥德尔工作的重要意义。由此，人类意识到要想进一步发展，必须突破自身理性的有限性，这就是人类智性的大觉醒。至此，开发数据等人工世界资源的宏伟事业开始了，智能科学与技术涌现并兴起，人类进入了第三轴心时代。

第二次世界大战期间，弹道计算与曼哈顿原子弹项目，特别是其推动的蒙特卡洛方法（又称统计模拟法、随机抽样技术），使冯・诺伊曼认识到算力和计算机的重要性。1944 年 12 月，维纳、冯・诺伊曼和艾肯成立"目的论学会"，围绕通信工程展开研究,"一方面致力于研究目的是如何在人和动物的行为中得以实现的，另一方面研究如何通过机械和电子的方法模拟目的"。

1945 年 6 月 30 日，冯・诺伊曼推出关于电子计算机宏大的新计算机设计方案，这就是沿用至今的"冯・诺伊曼结构"。虽然这个方案的报告中只引述了被当时主流神经和心理学家所忽视的麦卡洛克和皮茨的论文，但实质是冯・诺伊曼清理了维纳计算机构想中的目的论成分，仅保留了机械电子的操作流程。实际上，维纳于 1940 年就向当时负责战时研发的布什书面提出研制现代计算机的"五项原则"，但没有得到回应。按照冯·诺伊曼的说法，其计算机就是第一台“将维纳提交给布什的‘五项原则’整合为一的机器”。然而，此时冯·诺伊曼与维纳的关系已进入不自然的状态，加上1947年首次世界计算机大会之后，维纳一度成为计算机界的“公敌”，因此，冯·诺伊曼更愿把计算机的功绩归于邱奇和图灵的思想，而不是维纳，并成为“邱奇－图灵命题”的积极倡导者，这就是为何美国军方和学界有人认为“冯·诺伊曼结构”应该称为“维纳－冯·诺伊曼结构”。

维纳对此似乎没有十分介意，可能因为其希望并关注的已经变为能够产生智能行为且受“目的论”指导的智能机器。在麦卡洛克的大力支持下，自1946年起，维纳的主要兴趣转移到梅西基金专为他资助的系列会议，并由此偶然创作了《控制论》一书，再次成为世界名人，引发世界性的控制论热潮，维纳的团队也成为世界关注的中心。然而，当几年后麦卡洛克赴麻省理工学院加入维纳和早已成为维纳博士生的皮茨之后，维纳在没有任何公开迹象的情况下突然宣称永远断绝与二人的一切关系，使麦卡洛克和皮茨陷入绝境、一蹶不起，不久，就从学术研究的世界消失。智能与认知研究的“金三角”顿失，这就是曾使许多人不解并远离维纳及其控制论的原因。

相当程度上，维纳留下的学术真空造就了麦卡锡。1948年，麦卡锡在加州理工学院读书时，从冯·诺伊曼关于认知和维纳研究的讲座中了解到控制论，进而产生了兴趣，后赴普林斯顿数学系攻读博士，于1951年毕业。三年后，明斯基也在普林斯顿数学系获得博士学位，论文是关于随机神经网络SNARE的研究。当时数学系有些教授认为明斯基的工作不是数学研究，还是冯·诺伊曼的一句话为他解了围：“今天不是，或许将来就是了”。毕业后的一段时间，麦卡锡热衷于自动机研究，并与香农合作编辑了自动机研究论文集。当时，关于可认知和可思维的智能机器之研究主要围绕控制论和自动机展开。在麦卡锡眼里，控制论太泛，又与维纳脱不了干系；而自动机太窄、过于数学化，不利于推广。因此，在1955年向洛克菲勒基金会申请研究经费的建议书中，他选择了“人工智能”（artificial intelligence）一词来定义智能机器这一新兴的研究领域。

人工智能会议于1956年夏在麦卡锡任助教的达特茅斯学院举行。除了与麦卡锡的个人关系之外，香农与会的很大原因是希望利用他的影响力以及他与维纳因通信和信息论成果归属问题而产生的矛盾，使人工智能远离维纳的影响。会上，司马贺一度希望说动大家把“人工智能”一词改为“复杂信息处理”，因为前者让人有“欺骗”不实的感觉。幸好这一建议当时未被采纳，否则如此学究的名字恐怕难以引人注意，或许会使这一领域不会有今天的局面，遭受与“目的论”同样的命运。

在此之后，一切都是大家熟知的人工智能历史。

达特茅斯会议之后，麦卡锡和明斯基先后去了麻省理工学院，致力于人工智能研究，并开始了军方资助的MAC项目。麦卡锡还将邱奇的λ演算开发成LISP语言，成为人工智能的第一语言，被公认为人工智能数理逻辑学派的领军人物。后来与明斯基产生分歧，麦卡锡赴斯坦福大学创立新的人工智能实验室，并与尼尔森一起成为逻辑智能的主要开拓者和捍卫者。今天的云计算技术就是源自麦卡锡当年开拓并发展的分时系统。明斯基后来执掌麻省理工学院人工智能研究，除了因对感知器的偏见而对神经网络研究造成了负面影响之外，他从认知科学的角度推动人工智能发展，贡献巨大，特别是他在1986年提出的“智能体代理”思想，依然是今天多智能体和群体智能研究的基础。相当程度上，明斯基延续了维纳的思想，是计算智能的引路人和开拓者。1992年，美国人工智能协会（今国际人工智能促进会）在硅谷举办首届机器人竞赛，强化了人工智能中关于自动化的研究，比赛期间，麦卡锡曾半幽默半严肃地说自己选择“人工智能”（AI）一词而不是自动机或控制论，是因为AI也是智能自动化（automation of intelligence）的缩写。实际上，作为人工智能的AI主要是分析和认知世界，是“软”智能；作为智能自动化的AI，如智能机器人，是“硬”智能，这是当时许多研究人员的共识。尼尔森是把人工智能从“文学”推向“科学”的最大功臣，尽管其生前成就没有得到充分的认识和承认。

1.3 智能控制：从学习控制到人工智能控制

实际上，在傅京孙提出“智能控制”一词之前，利昂兹和孟德尔已于1969年在纪念维纳去世的文集中发表了《人工智能控制》。许多人据此认为智能控制应以此文算起，把1969年作为智能控制的起点。虽然文章名为人工智能控制，内容却完全是学习控制，主要是自组织学习控制和基于模式识别的控制，与后来发展起来的参数识别自适应控制更加相关。此外，尽管利昂兹是此文的第一作者，但实际并没有参与写作，完全是当时年轻的孟德尔的研究工作。

一定意义上，傅京孙的《学习控制系统：回顾与展望》是学习控制第一篇也是最后一篇全面深入的综述文章，因为学习控制在此之后就消融于自适应控制、自组织系统和模式识别决策的不同研究方向之中。令人感叹的是，傅京孙在短文《学习控制系统与智能控制系统：人工智能与自动控制的交叉》中总结的5种范式——基于模式识别器的可训练控制器、强化学习控制系统、控制中的贝叶斯估计与学习方法、随机逼近方法、随机自动机模型——以及展望中提出的学习分层递阶结构与学习控制模糊逻辑方法，今天又重新出现在主流的机器学习、模式识别和人工智能研究方法之中。在总结展望学习控制的过程中，傅京孙一定意识到更多的人工智能在控制中的应用场景，并可能形成新的研究领域。因此在第一篇长文之后，立刻补充了第二篇短文，旗帜鲜明地提出“智能控制”一词，认为人工智能与自动控制的交融必然导致从学习控制到智能控制的发展。

傅京孙把智能控制系统大体分为三类：①具有人类操作员的系统；②具有人机交互控制器的系统；③自主机器人系统。他强调离线模式识别和在线参数识别对于复杂情景下智能控制的重要性，希望第二篇短文能够成为“激发在这一领域更多兴趣和研究的催化剂”。十多年后，他的愿景获得巨大成功，智能控制终于成为一门生命力强盛且应用广泛的年轻学科。短文《学习控制系统与智能控制系统：人工智能与自动控制的交叉》的核心理念是建立以人为模式的控制系统思想，先是模拟人的控制行为和过程，然后由机器部分取代人的功能，最后完全实现以机器人取代人的作用。这一设想在当时过于宏伟，缺少具体的理论方法与技术。提出智能控制的概念之后，直到突然去世之前，傅京孙的主要精力和时间都集中在模式识别的理论及其应用，特别是语法语义模式分析上，并主导创办了国际模式识别学会、电气与电子工程师协会（IEEE）、模式分析与机器智能汇刊，几乎没再直接涉足智能控制的工作。

实际上，从20世纪90年代初直到90年代中期，在智能控制的早期发展和成长壮大阶段中发挥主导性作用的是傅京孙的同事乔治·萨里迪斯。萨里迪斯将分层递阶系统的结构框架和运筹学与决策论引入智能控制，提出了历史上深具影响的“组织－协调－执行”三层结构和相应的“智能增加，精度减少”的分层设计原理，提倡以信息论的熵概念及其测度来统一智能控制理论中的不同方法与体系。当时关于智能控制系统的实际应用案例很少，萨里迪斯大力推动其在交通、机器人、空间探索和计算机集成制造等方向的应用，并在美国自然科学基金创设相关资助机构，在电气与电子工程师协会推动成立机器人与自动化学会和智能控制委员会，创办系列电气与电子工程师协会智能控制研讨会，并在美国宇航局建立空间探索智能机器人系统中心，这些活动使智能控制的研发在80年代末90年代初形成了一个国际高潮。

王浩、罗伯特·麦克诺顿、尼尔森等人在自动机和形式语言方面的工作，也从理论计算机和人工智能的角度推动了智能控制的发展。王浩一直希望用自动机将定理证明的逻辑推理过程形式化，并与阿瑟·伯克斯等合作开展了大量研究工作，激发了当时学者对利用机器实现智能控制的向往与热情。特别是麦克诺顿和他的学生合作证明了有限状态自动机（finite state machine，FSM，一种最简单的自动机）与正则语言（regular language，一种最简单的形式语言）完全等价[①]，使人们对利用机

① 即著名的麦克诺顿引理，今天许多教科书已将有限状态自动机直接作为正则语言的定义，很大程度上掩盖了这段发展历史。

器处理自然语言产生了相当高的期望。由于智能与人类语言的紧密关系，这项工作加强了大家对建立智能控制系统的信心和兴趣。在此背景下，许多人工智能的创始人和早期开拓者（如明斯基和尼尔森等）都开始了利用自动机进行自动智能机和移动机（主要指移动机器人）的研究。显然，这些工作在智能控制的早期发展中发挥了十分重要的启蒙作用。

实际上，1990 年前关于智能控制的工作多数是概念性、示意性研究，解析性和具体算法设计很少，也没有多少研究人员。例如，机器智能与人工智能之间的区别与结合（图 1.3）就是一个泛泛的“哲学式”问题。当时的一个迫切任务就是如何将智能控制的探索转为针对具体场景的“解析型”研究，建立可实现、可检验、有效的智能控制理论和方法体系。1985—2016 年，电气与电子工程师协会智能控制研讨会在智能控制的发展史上起到了主要作用。

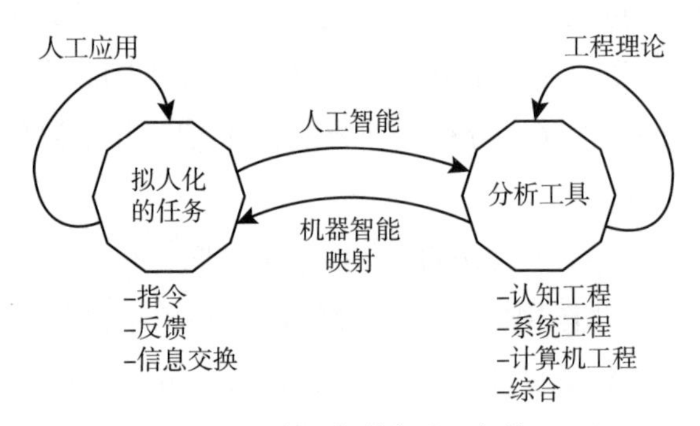

图 1.3　机器智能与人工智能

1985—1989 年，王飞跃等旅美华人学者在智能控制领域的主要工作围绕智能控制的体系结构与过程、如何从结构过程到算法设计和如何从算法生成到系统实现三个方面展开，并在航天、外空探索、计算机集成制造等领域进行具体应用。图 1.4 为王飞跃建议的将基于智能控制的智能机器视为可自动产生高级语言并可自动编译为可执行的机器指令，然后通过与执行器相连的实时嵌入式操作系统完成控制功能的智能系统。为此，他提出 Petri 网络翻译器（Petri net transducers，PNT）、PNT 形式语言、协调结构、调度器、控制总线等概念及其数学模型；同时，引入博弈论和机器学习算法，在执行过程中不断改进策略优化控制，并用于美国宇航局实验空间站的检验和组装研究（图 1.5—图 1.7）。其中，PNT 的引入将智能控制任务状态的表示复杂性从原来基于 FSM 的指数级降为多项式级，有效解决了相应的“组合爆炸”问题。这是后来 Petri 网络被广泛用于制造自动化的内在原因。值得指出的是，有限的 Petri 网络一般伴随无限的可达状态树空间，因此，PNT 的复杂性降

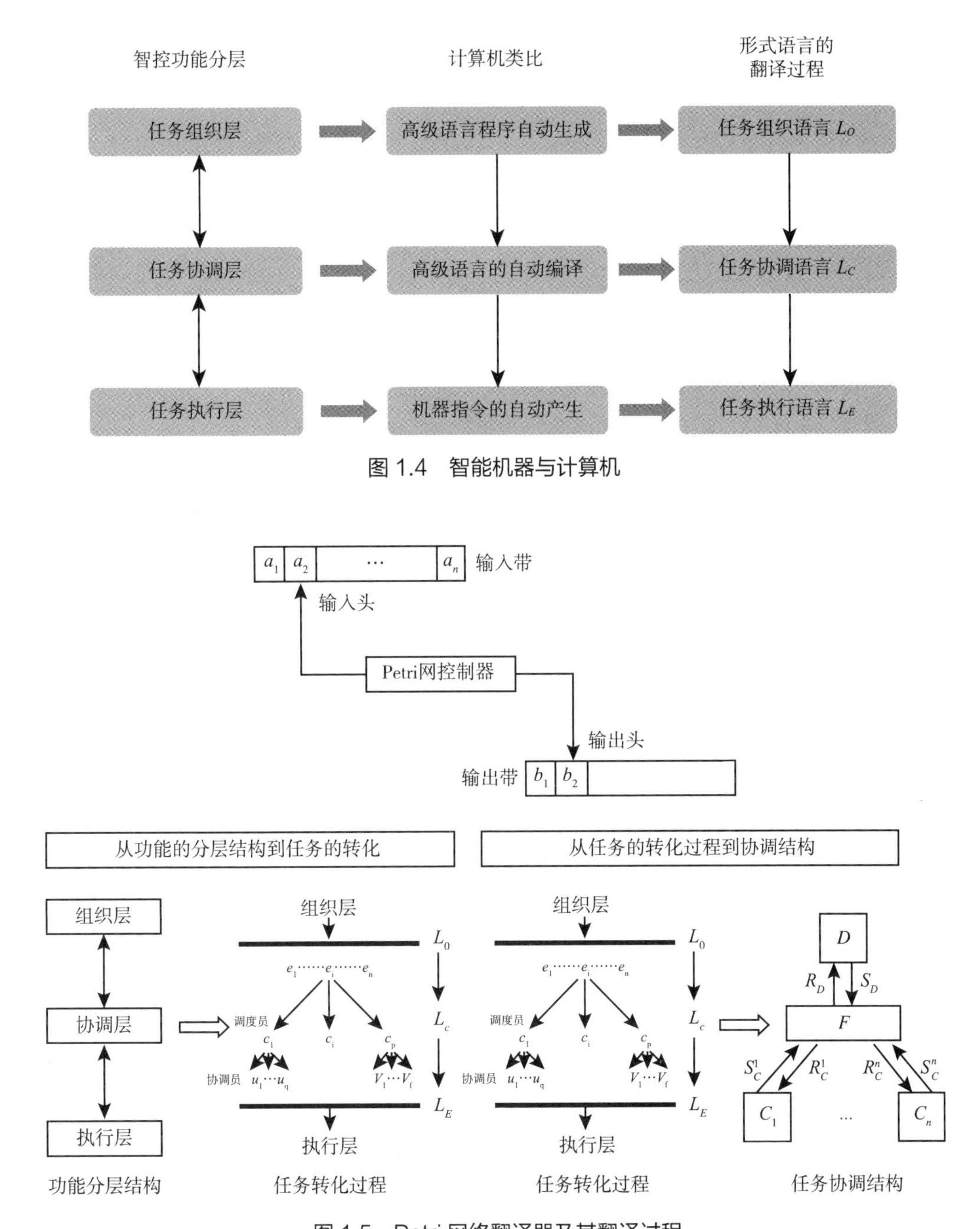

图 1.4　智能机器与计算机

图 1.5　Petri 网络翻译器及其翻译过程

阶只是将表示复杂性转移至决策复杂性，实际上并没有减少复杂性。然而，由于决策复杂性一般都是指数级的，因此这并不是一个问题。

1995 年，在萨里迪斯等的帮助下，王飞跃创办《智能控制和智能自动化》丛书（*Intelligent Control and Intelligent Automation*，ICA）以及《国际智能控制与系统》杂志（*The International Journal of Intelligent Control and Systems*，IJICS），成为该领

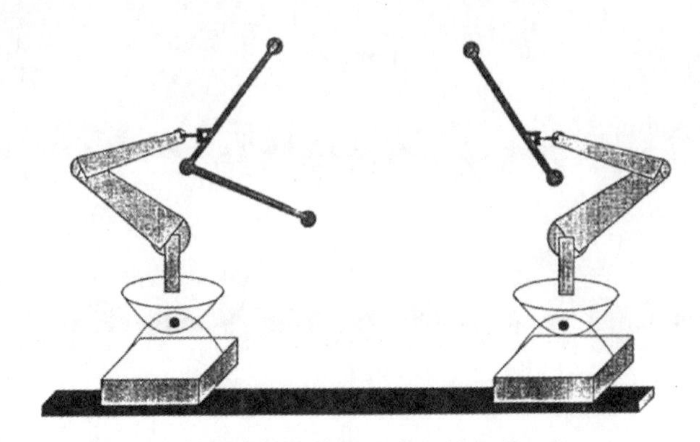

图 1.6　美国宇航局机器人空间站组装平台原型

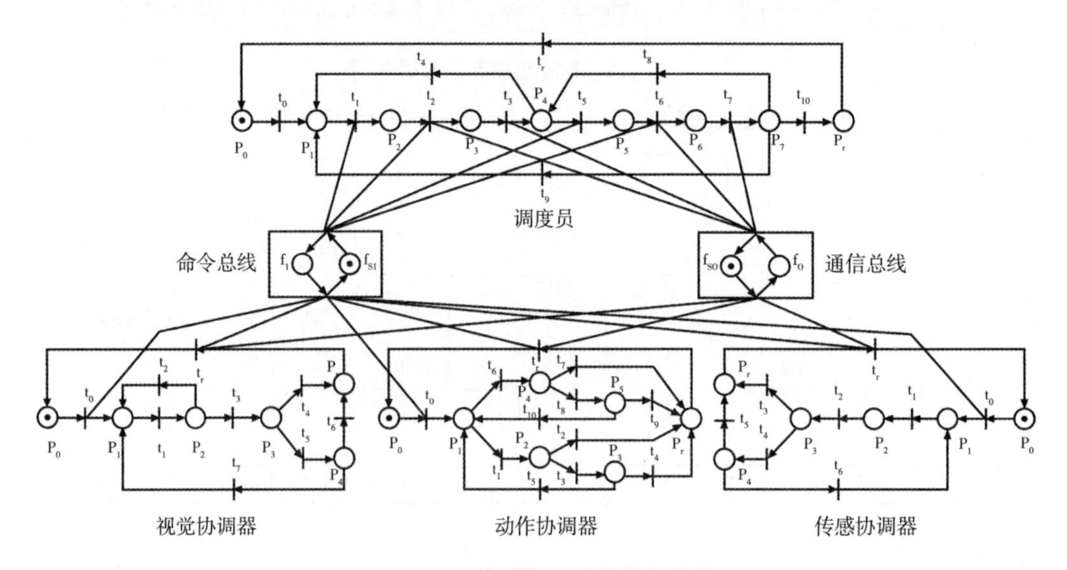

图 1.7　一个智能机器人的协调结构

域的第一份学术丛书和期刊（图 1.8）。

清华大学的一些学者在 20 世纪 80 年代初就提倡研究智能控制理论与应用，并

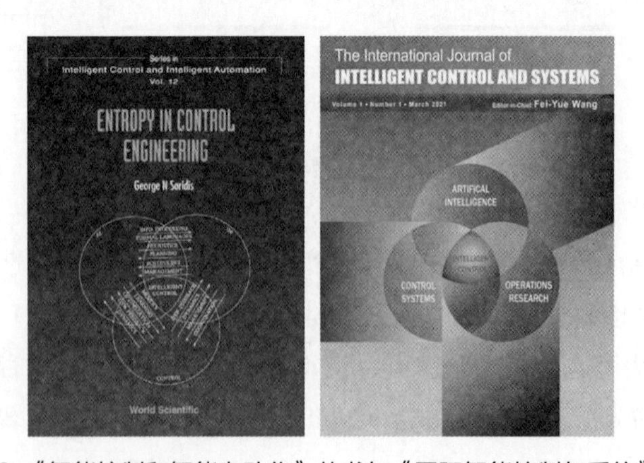

图 1.8 《智能控制和智能自动化》丛书与《国际智能控制与系统》杂志

于1991年在清华大学举办了第一次全国智能控制专家研讨会。1993年，清华大学举办了首届全球华人智能控制与智能自动化大会。1995年，中国自动化学会批准成立智能自动化专业委员会，进一步推动了这一领域的研究与应用。20世纪的智能控制主流发展史分为萌芽期（1950—1970年）、形成期（1970—1980年）和成长期（1980—2000年）。90年代起，以模糊控制为代表的智能控制算法大量涌现，并与神经网络控制、遗传演化控制等计算智能控制方法合流，逐渐成为智能控制研发的主流方向，而关于智能控制系统结构等方面的工作相对减少。进入21世纪后，智能控制随着数据、算法和计算机软硬件的大力提升而日新月异，进入了一个崭新的历史发展阶段，特别是近年来深度学习的巨大成功和人工智能的兴起热潮更为智能控制的深入和普及提供了难得的发展空间和机遇。毫无疑问，智能控制将成为智能时代控制理论和自动化进一步发展的基石和开路先锋。

1.4 计算智能：认知、行为、机制

在人工智能发展历史的前50年里，主要有两种路线——以人性行为为主的计算智能方法和以理性推理为主的逻辑智能方法，也就是所谓的“纯净派”与“邋遢派”。尽管以目的论、人工神经元网络、控制论为核心的计算智能起步稍早，但在前30年的发展历程里，以数理逻辑、逻辑编程、LISP和Prolog为代表的逻辑智能主导了人工智能的发展，在哲学上，这与“存在”和“变化”这两个核心理念的形成过程十分一致。尽管神经元网络是达特茅斯研讨会建议发展的人工智能的6个方向之一，但由于对1957年弗兰克·罗森布拉特的神经元感知器初始成功的过度宣传，加上明斯基和派珀特于1969年出版的《感知器》对其的分析，用一个简单的XOR逻辑运算就证明其功能十分有限，并放大其结论、全面否定感知器；再加上1971年罗森布拉特的意外死亡，很快使人工神经元网络的研究陷入几乎无人问津的十年黑暗期。实际上，此前许多的研究成果，如尼尔森的学习机器方法，早已确定了多层神经元网络具有通用的逼近和学习功能。这一事件说明，媒体的传播和影响力使用不当，有时会对正常科研产生十分负面的冲击。2004年，电气与电子工程师协会计算机智能学会设立“弗兰克·罗森布拉特奖”，以纪念他在神经元网络研究上的开拓贡献。

对人工智能更大的冲击随之而来：1973年莱特希尔报告问世，认为人工智能经过25年的发展（英国人认为人工智能从1947年图灵的技术报告开始）并没有产生许诺的任何重要贡献，并对其许多核心技术前景持悲观态度，成为英国政府停止支持许多大学和机构的人工智能研究之依据。为此，麦卡锡专赴伦敦与莱特希尔公开辩论，称人工智能就是基于图灵机的自动机，但依然无法挽回局势。由此，从英国

到美国，人工智能的研究经费被大大缩减，进入了长达十年的艰难时期，这是人工智能发展历史上最长最严峻的一个寒冬。寒冬之中，计算智能的另外两个核心方法——拉特飞·扎德的模糊逻辑和约翰·霍兰德的遗传算法得到了成长与发展的机会。

危机之中有转机，莱特希尔在其报告中认为人工智能的一些研究在一些领域中可能有用，其高中的朋友希金斯同其博士生辛顿和其他从事心理、神经、生物学研究的同事开始了相关工作。实际上，在参加了 1956 年夏季的达特茅斯人工智能会议之后，维纳的学生塞弗里奇立即在麻省理工学院组织举办了第一次较为正式的认知科学研讨会。人工智能与认知科学本应从一开始就相互依存、共同发展。1986 年，认知科学蔚然成势，著名的平行动态规划三卷本出版后，辛顿利用反向传播（back propagation，BP）算法的多层神经网络重新获得关注，相关研究走上正轨。20 年后，辛顿的工作演化为深度神经网络和深度学习，以此为基础的 AlphaGo 获得巨大成功，终于使人工智能技术得到社会的广泛认可。AlphaGo 之后，时代的 IT 不再代表信息技术，那已是"旧 IT"了，而是代表智能技术（intelligent technology），即"新 IT"。

1990—2000 年，王飞跃等在计算智能和智能控制的结合上主要围绕 6 个方面展开研究：①提出"当地简单、远程复杂"（local simple，remote complex，LSRC）的网络化系统的设计理念，以及远程现场可编程设备的概念与原型设计；②实时嵌入式系统的组织与设计，以及特定专用操作系统（application specific operating systems，ASOS）和可编程片上系统（systems on programable chips，SoPC）；③基于代理的控制系统（agent-based control，ABC）和相应的基于代理分布式集中控制系统（agent-based distributed control systems，aDCS）及网络控制器，主要受明斯基"代理"（agent，或称智能体）理念的启发；④自适应动态规划（adaptive dynamic programming，ADP）[①]；⑤如何将基于模糊逻辑的决策规则与基于神经网络的学习方法结合，首先让人的经验和直觉推理数字化解析化，其次利用语言知识训练神经网并在网中嵌入知识结构，使其可解释可理解，为此推出九层模糊神经网络（neuro-fuzzy networks）结构（图 1.9），为 LSRC 系统提供远程学习和边缘计算的途径；⑥语言动力学系统（linguistic dynamic systems，LDS），试图像数模 / 模数（digital to analog，analog to digital，DA/AD）转换一样，实现词数 / 数词（WN/NW）转换（图 1.10），成为词计算最早的工作之一。实际上，王飞跃于 1990 年开始的第一项新研究是大脑的数学建模，可惜当时条件不足，不久就转向模糊神经网络研究。有幸

① 这是王飞跃在 1984 年利用变分法处理非线性滤波和控制近似最优解的想法，后用于随机非线性动态系统的次优解设计，最终在许多人的共同努力下发展成为 ADP。复杂系统管理与控制国家重点实验室的刘德荣和魏庆来目前已成为引领 ADP 研究的权威。

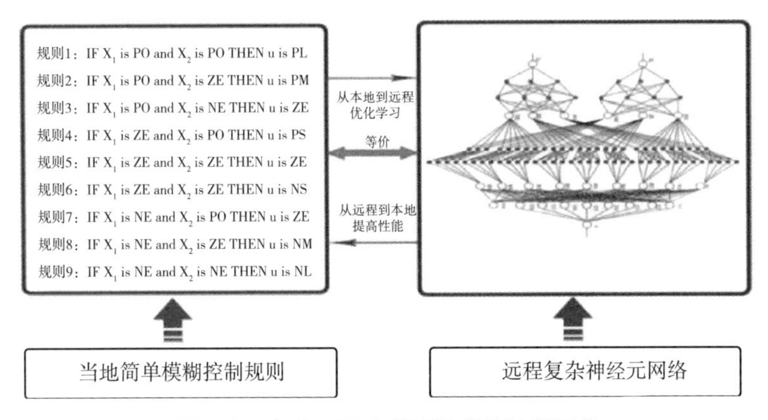

图 1.9　实现 LSRC 原理的模糊神经网络

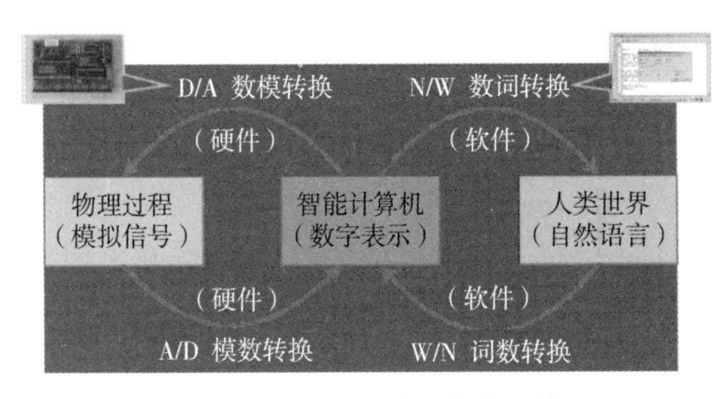

图 1.10　广义语言动力学系统

的是，相关工作后来在金融、健康、矿山、交通、无人驾驶、工业制造、过程控制、机器人与自动化、军事安全等领域得到了应用，相关学术成果也相继发表（图 1.11）。

图 1.11　代理控制、无人矿山和智能车专著

1.5　平行控制：ACP 与 CPSS

20 世纪 80 年代，王飞跃的主要研究工作是协助萨里迪斯构造基于智能控制的

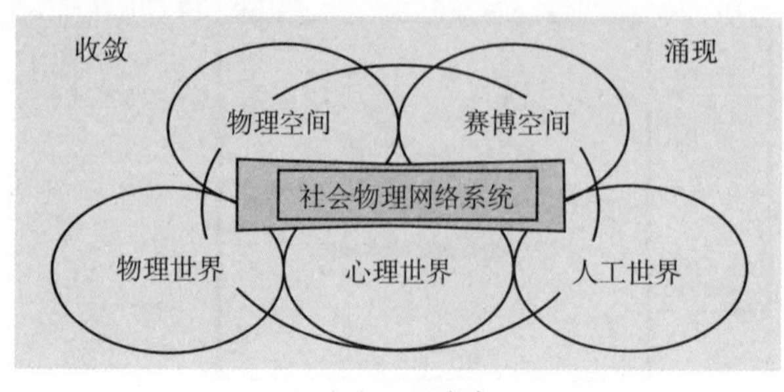

（a）CPSS 框架

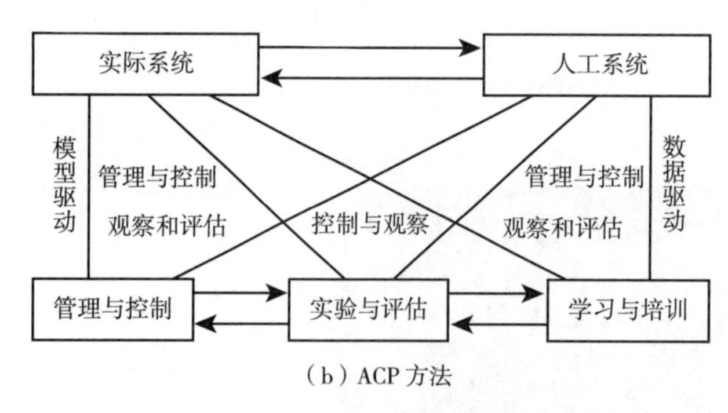

（b）ACP 方法

图 1.12　平行控制的 CPSS 和 ACP 方法

智能机器解析理论与方法。然而，他们之间的学术观点有时非常不一致，特别是在关于熵的概念和方法如何在智能控制中有效应用的问题上争论异常激烈。之后，王飞跃等的工作重心转向应用场景和具体的方法及算法研究。进入 21 世纪，王飞跃团队的核心研究是针对复杂系统的平行理念及其相应的概念、理论、方法和算法。

图 1.12 给出了平行思想的基本构成和方法——基础赛博物理社会系统（cyber-physical-social systems，CPSS）和平行方法 ACP（artificial societies，computational experiments，parallel execution）。智能控制从“三环三框”到“五环五框”，目的就是针对复杂性问题，将模型从系统分析器发展为数据生成器，使复杂系统可计算、可实验、可验证，使复杂控制量化、解析、可视。平行控制在控制理论中的位置和相应的基本框架如图 1.13 所示。

最初，平行控制针对复杂系统，特别是涉及人与社会的复杂系统（图 1.14）。彼时，开源信息和社会计算是平行控制的主要特色，是传统控制没有关注的内容，同社会学、心理学、管理学特别是社会治理密切相关。然而，平行控制在传统控制中也有重要作用（图 1.15），简单而言就是对控制求导，将被控系统与主控系统在数学上对偶，使之完全“平等”，从而为实施智能控制提供哲学和数学上的支撑。加上近来兴起的云计算与边缘计算，相信平行控制在传统控制方面一定有意义重大的广泛应用。

实际上，可从数学上证明，当实际系统与人工系统相似时，图 1.13 所示的一般的平行控制系统等价于图 1.15 所示的简单平行控制，其方程如下：

受控系统的状态方程

$$\dot{x}=f(x,\ u)$$

主控系统的控制方程

$$\dot{u}=g(x,\ u)$$

传统上，对控制向量 u 求导，既无物理意义，又无分析上的明显作用。因此，

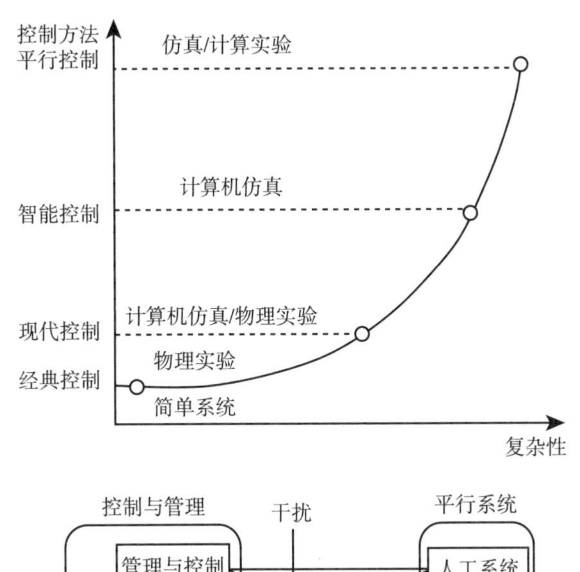

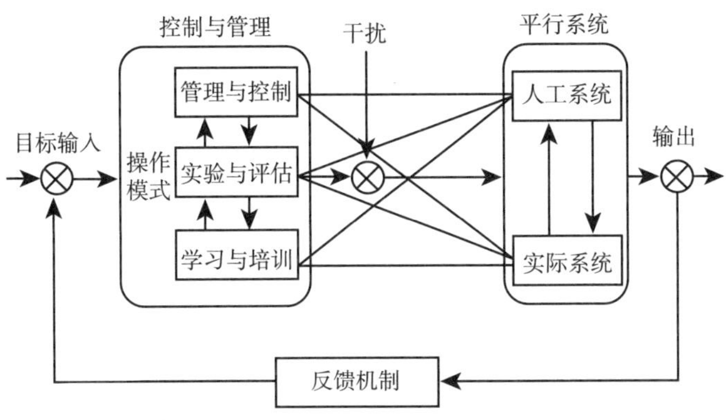

图 1.13 系统复杂性和平行控制器

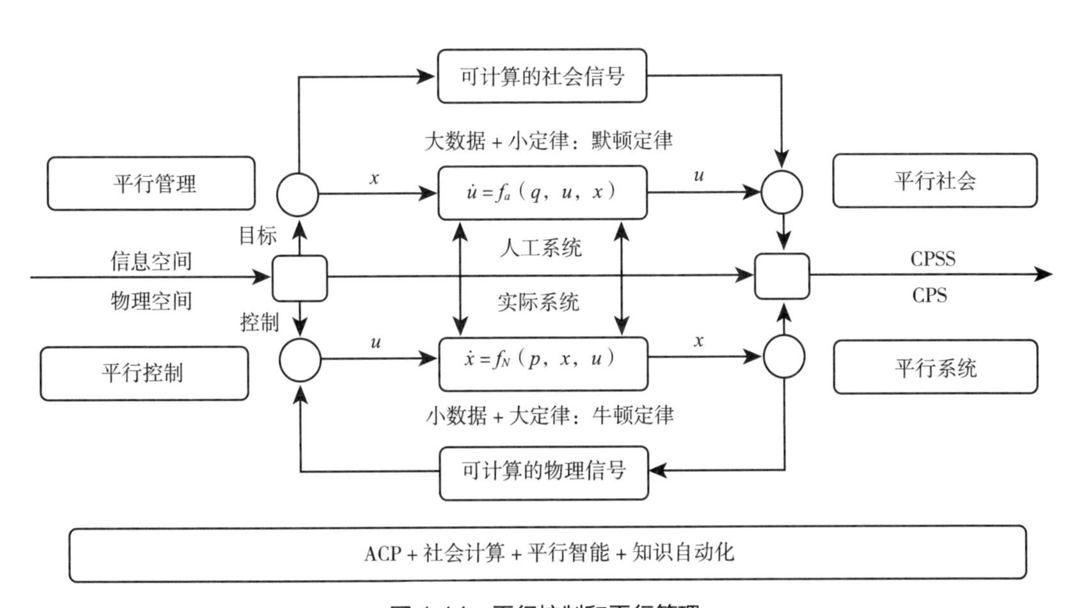

图 1.14 平行控制和平行管理

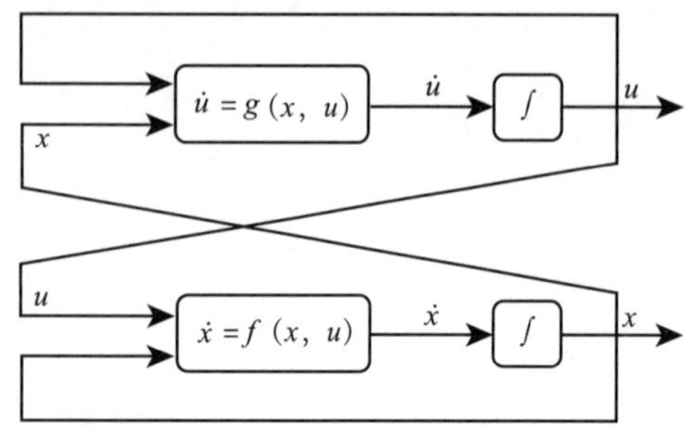

图 1.15　平行控制的基本方程

除了在传统的传递函数分析时作为过渡使用外，并不进一步讨论和研究；而且，求导意味着放大噪音、提高对硬件的要求，所以更是无人问津。然而，近期的理论研究表明平行控制具有如下意义。

1）使控制系统与被控系统在形式上对称，它们不再一个是代数方程、一个是微分方程，而是两个对等的微分方程，从而使二者从形式到内容在数学上完全一致。这是实现拟人控制和傅京孙以机器人实现智能控制设想的基础。

2）控制器不再是根据状态即时地决定控制量，而是根据状态决定控制的变化量，进而决定控制量本身。这为控制回溯历史、预测未来和引导未来提供了数学基础，扩展了决定控制的信息空间。同时，为以新的方式引入控制与被控角色的博弈对抗打下基础，机器学习、人工智能等方法也更加有效地融入控制理论。

3）经典控制的方程可被视为平行控制方程的特殊情况。实际上，经典控制可被视为控制的变化率和状态的变化率成比例的一种特殊的平行控制。经典控制的各种问题及相应的研究结果都可以在平行控制的新视角下重新进行分析。

4）平行控制可被重新写成一个自洽的微分方程，但是系统函数未知待求，否则许多关于自洽方程的分析结果可被直接利用。对于实验来说，这也为求解平行控制问题，特别是非线性平行控制问题提供了新的途径，是一个十分值得关注的方向。此外，也为平行控制与基于核函数的神经网络方法建立了一种天然联系，人们可以利用最佳格点集和最小二乘方法，直接用神经网络求解非线性平行控制方程。

5）平行控制为“边缘简单，云端复杂”的云控制提供了一条新途径。简言之，控制的变化率可以在云端实施，控制的输入量可以在边缘设备上实现，且边缘和云端的被控模型可以不完全一致，边缘模型一般应为云端模型的简洁式或简化版，云端的控制向量可以作为边缘端的控制向量的指令或设定目标。这在一定程度上解除了对控制向量之时间导数的物理意义与负面作用的顾虑，因为云计算可以是物理模型之外的计算，其本身并非必须具有物理规则的基础。

综上，平行控制是智能控制向控制智能转换的有效途径，值得深入研究。

1.6　控制智能：从平行智能到知识自动化

马克思曾说：“哲学家们只是用不同的方式解释世界，而问题在于改变世界。”

同理，人类要可持续发展，人工智能必须发展成为控制智能和管理智能，成为人类可持续发展的利器与途径。借助工业自动化，人类社会走到今天，但人类的明天必须依靠知识自动化，这就是控制智能的历史使命。如图 1.16 所示，控制智能必须融复杂性控制与自动化、跨学科控制与自动化、体系化控制与自动化为一体，将控制小数据扩展成为控制大数据、再深化成为控制智数据，使“What IF”和“IF Then”的思维习惯量化智化，从多学科到学科交叉、再到跨学科，最后成为针对具体问题的“超学科”（图 1.17）。

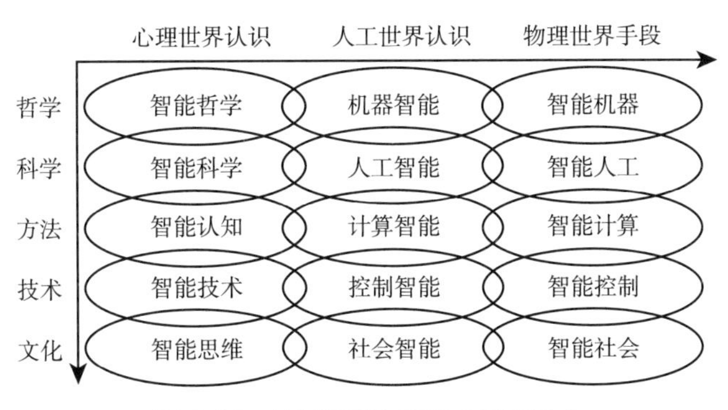

图 1.16　控制智能与学科交叉和融合

平行智能将在这一进程中发挥重要作用，加速智能控制向控制智能的发展，推动智能自动化的切实落地与普及深入。平行的理念源自非欧空间平行线相交这一数学事实对我们的冲击，特别是这一突破在创立相对论和量子力学理论过程中的重大贡献让我们有了现代科技和今日的产业繁荣。然而，产生平行方法的种子却是源于王飞跃 1982 年在浙江大学力学系研究设计断裂力学的金属平板断裂拉伸实验。当时，这种实验费时费钱，一个科研人员无法承担。无奈之下，希望引入蒙特卡洛方

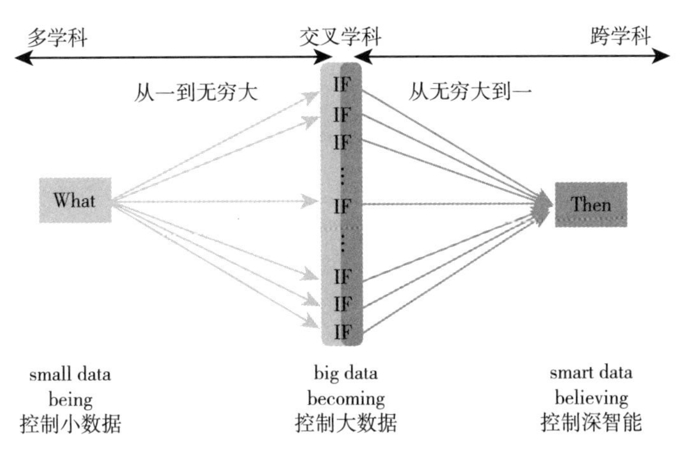

图 1.17　控制智能：小数据、大数据、深智能

法：既然此法为核试验的计算方法而生，为何不可为断裂实验而用？由此，有了关于利用计算机进行裂缝计算实验的建议报告和相关研究。几年后，王飞跃参加了美国宇航局国际空间站自动组装的研发以及月球火星无人工厂的设计与控制，再次面临既无数据又无"真"可仿的"仿真"问题，这就是他于1994年提出"影子系统"的背景与动因，与今天的"数字孪生"不谋而合。这些想法的进一步延伸，就是于21世纪初正式提出的平行智能和平行系统。平行的理念其实很简单，就是用智能科技的方法让实的变虚、让虚的变实，然后充分利用知识自动化让虚实对立统一，实现虚实空间的实时反馈，形成虚实空间的控制闭环。

平行理论由人工体系、计算实验、平行执行三大部分构成，即ACP方法，每一大部分依据系统复杂性又分为三个层次（A：数字孪生、软件孪生、虚拟孪生；C：模拟、仿真、模仿；P：决策生成、决策推荐、决策支持）。因此，共有27种不同的基本形态。通俗来讲，平行系统的简单形态就是影子系统或数字孪生，复杂形态就是镜像世界或元宇宙。2004年，关于平行智能理论的文章公开发表之后，立即引起国防与安全相关人员的关注，并于2005年开始展开相关工程的研究。然而，我们必须清醒地认识到，智能时代单凭智能技术远远不够，新时代要求与之相适应的新思维和新哲学并创造相应的社会新范式。但问题是智能时代的新哲学是什么？新在哪里？

实际上，必须把西方哲学的两个核心理念being和becoming扩展，加入believing。这一想法源于波普尔的三个世界现实观，从物理世界、人工世界、心理世界以及对应三个世界的三种知识自然延伸到相应的三种哲学，从而引入新的平行哲学（图1.18）。由此，进入图1.19揭示的"在、信、思"的"3b"哲学和相应的循环因果"我在故我信，我信故我思，我思故我在"。

数学上，就是在实际系统中建立牛顿方程，在虚拟系统中创立默顿方程，形成

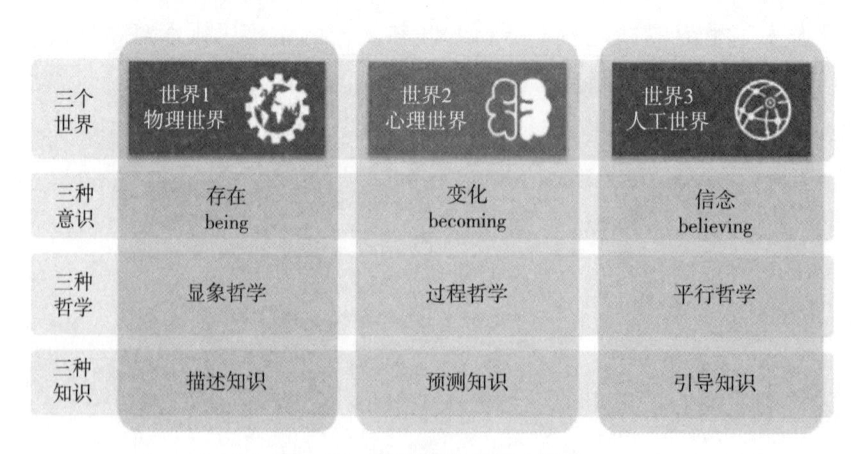

图1.18　平行哲学与三个世界

平行对偶方程，使之相互纠缠、平行相交。

实的牛顿方程

$$\mathring{N}=S(N,\ M,\ R)$$

虚的默顿方程

$$\mathring{M}=T(M,\ N,\ V)$$

其中，S 和 T 为实与虚的状态函数，N 和 M 为状态变量，R 和 V 为输入变量。在云边计算框架下，一般情况下，实在边缘、虚在云端，平行控制是其特例。由此，以解析的方式走向控制智能、迈向知识自动化。

图 1.19 平行哲学与循环因果

1.7 本章小结

70 多年前，类似“在、信、思”的循环因果论思想催生了维纳的控制论和基于人工神经元网络的计算智能原型。今天，希望这一认识能在交织的三个平行世界里得到更加深入的发展，从而有序有效地推动智能科学与技术的发展。令人高兴的是，在人工智能正式启动之前，数学家就开始为我们准备了循环因果智能变革的数学工具，把哲学的理念变成数学概念，形成范畴的数学理论；把哲学“单子”变成数学“智子”，并成为面向对象的程序语言的设计基础。而且，这一切均是源自推动智能研究的数学家希尔伯特。相当程度上，代数几何开启了描述知识的时代，微分积分开启了预测知识的时代，而范畴表示则开启了引导知识的时代，合起来形成了构建智能时代的完整数学体系。我们相信，以“新 IT”智能技术为代表的智能科技将开创开发人工世界的新纪元。平行哲学将人们的常规思维对象从系统和平台引向生态体系，将三个世界的自然生态、社会生态、知识生态融为一体，走向虚实互动的平行生态和联邦生态，把人类发展推向“6s”新境地：物理世界安全（safety）、网络世界安全（security）、整体发展可持续（sustainability）、保障隐私和个性化个体发展（sensitivity）、全面服务（service）、智慧社会（smartness）。

智能控制已形成众多成熟、成体系的算法与平台，并在工业、农业、交通和航空航天等许多领域得到了广泛而深入的应用。传统和现代控制在工业自动化过程中发挥了极其重要的作用，使我们的社会发展到目前的工业化水平。相信在从工业化向智能化进军的征程中，特别是在完成碳中和的历史任务中，智能控制会发挥更加重要和关键的作用，成为社会智能化的新技术——智能技术的核心与支撑。

第二章　基于形式系统与逻辑的智能控制

2.1　形式化方法的基本概念与发展历程

形式化方法（formal methods）是指以严格的数学逻辑为基础的系统设计与分析方法，在智能控制初创时期就被作为基石得到重视，广泛应用于计算机程序以及控制系统的分析、验证与设计中。形式化方法的特点，一是高可靠性，通过形式证明，对系统的正确性与安全性有着严格的数学保障；二是全自动性，通过逻辑推理与算法实现，对系统功能的验证与设计有着一套全自动化的算法流程。

在控制领域，随着信息物理系统和信息物理社会系统的不断发展，工程系统社会化以及社会系统工程化的趋势日益显著，导致控制系统在逻辑层面上的行为愈发复杂化和智能化。如何为复杂、大规模、安全攸关系统的控制逻辑器设计一套严格、自动化且具有正确保障的设计流程，越发得到人们的关注。形式化方法研究的基本内容主要包括以下几个方面（图 2.1）。

- 系统模型：通过构造逻辑计算模型以描述形式系统及其行为。
- 形式规约：以逻辑规约的方式定义系统需要满足的一些特性。
- 形式验证：解析证明给定系统模型确实满足一定的形式规约。
- 形式设计：设计一个控制系统或控制器，使系统能够验证满足某种形式规约。

广义上的形式化方法研究最初可追溯到 20 世纪 30 年代美国数学家邱奇及其学生图灵对计算与逻辑的研究所分别提出的“λ演算”“图灵机为什么是计算”以及“什么是逻辑过程”。一般意义上的形式化方法研究则更多地起源于软件与程序设计领域，以解决程序设计过程中流程过于复杂以及错误频发的现象。早期的形式化方法研究主要针对串行系统的正确性验证，即一个严格按照指定顺序流程执行的串

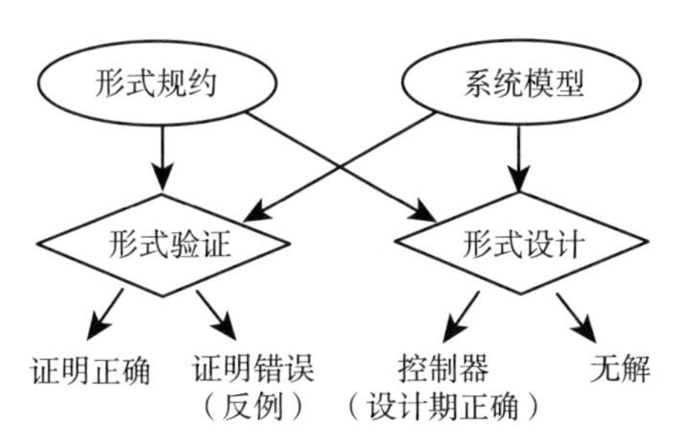

图 2.1 形式化方法的基本研究内容

行程序是否满足某种给定的形式规约。在这一方向上比较有代表性的研究为图灵奖得主弗洛伊德在 20 世纪 60 年代提出的逻辑断言方法，这一方法随后很快被图灵奖得主霍尔发展为霍尔逻辑（又称公理化系统）。并发性是许多程序以及复杂逻辑系统中的主要特性，刻画了不同子系统与任务之间的同步与信息交互。并发系统具有许多串行系统所不具有的特性，比如活性和死锁，而一般的逻辑控制系统也大多属于并发系统的范畴，本节主要讨论针对并发系统的形式化方法。针对串行系统的局限，学术界从 20 世纪 70 年代起对并发系统中的形式化方法开展了大量研究。其中，在并发系统的建模方面，典型的并发计算模型主要包括自动机、迁移系统、Petri 网、通信顺序进程、通信系统计算、进程代数等。在形式规约方面，图灵奖得主伯努利在 20 世纪 70 年代首次提出了采用时序逻辑（temporal logic）的方式对并发系统的形式规约进行描述与验证。在此基础上，克拉克和艾默生等人在 20 世纪 80 年代提出了模型检测的基本方法，采用状态空间搜索对并发系统的时序逻辑提供了有效的检验方法，这也为后续至今的大量程序验证与模型检测工作奠定了基础。

形式验证只关注证明现有系统的正确性，形式设计则更多关注如何设计一个新的系统或者原有系统的执行策略。因此，与形式验证问题相比，形式设计问题则与控制问题更加密切相关。

形式设计问题的基本思想最早可以追溯到邱奇在 1962 年发表的著名论文《逻辑、算术和自动机》（*Logic, arithmetic, and automata*），其定义了针对一元二阶逻辑的系统实现问题，即是否可自动生成一个系统以满足一给定逻辑。这一问题被比奇和兰德韦伯在 1969 年证明是可判定的，并给出了有限状态的解决方法；拉比在 1972 年的工作中通过提出拉比自动机的概念，给出了该问题相对更为简单的解法，然而这个问题的算法复杂性极高，其复杂性下限是非初等的，因此这一结果的意义更多的是在理论层面上，而在实际应用中几乎是无法实现的。伯努利 1977 年发表的《程序的时序逻辑》（*The temporal logic of programs*）彻底改变了形式化设计在实际问题中几乎无用的局面，提出了线性时序逻辑（linear temporal logic，LTL）的概念，从而将哲学家们用来探索时间在自然语言中的作用之时态逻辑应用于程序行为的分析和验证中，并在 Kamp 定理的基础上证明了 LTL 在表达能力上与一阶逻辑是等价的。与最初的邱奇问题的非初等复杂度相比，基于 LTL 规约的形式设计问题被证明是在双指数时间内可判定的，伯努利与罗斯纳在后续工作中证明了这一问题是 2-EXPTIME-complete，同时 LTL 一部分特殊情况可在多项式时间内判定。伯努利在这一方向上的工作不但开创了基于时态方法研究分析、验证的新领域，也极大改变了之前形式设计研究的局限，为后续井喷似的研究奠定了基础。此外，伯努利还与哈雷尔一同在 1985 年提出了反应式系统的概念，从而能够更好地刻画并发系统在开放环境中与外界交互的行为特性。在此基础上，伯努利与罗斯纳在 1989 年提出了反应式设计的概念，为解决不确定开放条件下的设计问题提供了一个有效框架。与其他系统设计方法相比，形式设计的最大优点在于其是设计期正确的，即可保证所设计的系统、控制器一定验证正确，因此大大简化了传统“设计 – 验证 – 再设计”这一反复流程。

在逻辑层面上，控制问题本质上也属于反应式系统设计的范畴，然而与软件系统不完全相同，控制系统有其鲜明特点，比如控制系统中受控对象与控制器是相互独立的，并且系统中存在的不可控性与不可观性很难直接用形式设计的方法来解决。针对这些控制系统中的特有问题，拉马奇（Ramadge）与沃纳姆（Wonham）在 20 世纪 80 年代中期提出了基于离散事件系统（discrete-event systems，DES）的监控理论，由此开辟了自动控制学科中离散事件系统理论这一新的领域，该理论也被称为“RW 框架”。DES 监控理论本质上是将开环系统（受控对象）看作一个形式模型，将其中的事件划分为可控事件、不可控事件、可观事件以及不可观事件，从而对控制扰动、不确定性、观测误差等控制系统中普遍存在的问题进行建模。在此基础上施加一个监控器来约束开环系统的行为，从而形成一个回路以保障闭环系统的行为满足某类形式规约。因此，监控器在本质上是一个逻辑层面上的对系统形式行为的一个反馈控制器。监控理论在提出之初，仅针对有限状态自动机建模的形式系统进行研究，Petri 网作为一类直观且能够更好刻画并发性的计算模型，也被广泛应用在基于形式系统的控制中。王飞跃首先提出基于 Bag 理论和 Petri 网对并发 DES 进行控制的机制，提出 RW 框架中的许多结果可以到并发 DES 的情况。霍洛威等人在 90 年代中期则针对 RW 框架下的 Petri 网系统监控理论做了大量深入研究，周孟初等针对 Petri 网系统针对状态避免以及防死锁等控制问题进行了大量研究。

从本质上来说，由于采用了形式语言与逻辑推理的方式，形式化方法属于一类典型的人工智能方法。人工智能创始人之一、认知科学家明斯基在其著作《心智社会》以及其早期与派珀特合著的《感知器》一书中均认为人工智能研究的基础在于以推理和逻辑为主的“符号化”形式系统之上。在这一基本思想框架下，王飞跃等在 80 年代中期也基于 Petri 网系统的形式模型提出了智能机的协调理论。

2.2 形式系统基础

2.2.1 形式化语言

在形式系统中，“事件 / 字符”是其中最基本的元素，每个事件 / 字符代表系统中一个基本的抽象行为或特性单元。设 Σ 是一个有限的事件集，其中一系列事件按照顺序依次发生，从而形成事件串，事件串可以为有限长也可以为无限长，两个事件串 s_1 和 s_2 可通过连接形成一个更长的事件串。一个不包含任何事件的事件串被称为空事件串，用符号 ϵ 表示。对任意事件串 s，满足 $s\epsilon=\epsilon s=s$，其长度是其中包含事件的个数，记作 $|s|$，并定义空事件串的长度为 0。设事件串 s 可以被写作 $s=s_1s_2s_3$ 的形式，其中 s_1、s_2、s_3 也为事件串，则称 s_1 是 s 的前缀，s_2 是 s 的子串以及 s_3 是 s 的后缀。

设 Σ 是一个有限的事件集，事件集 Σ 上的一个语言是一个有限长事件串的集合。事件集 Σ 的克林闭包（Kleene-closure）是由 Σ 中事件所构成的所有有限长事件串的集合，其中包含空事件串 ϵ。Σ 的克林闭包记为 Σ^*。对于一些基本语言，往往可以通过普通的集合运算，如交（$\cap$）、并（$\cup$）、差（$\setminus$）等，来获得新的语言。除此之外，一般还常使用以下语言算子来获得新的语言：

- 连接（Concatenation）：语言 $L_1\subseteq\Sigma^*$ 与 $L_2\subseteq\Sigma^*$ 的连接语言定义为 $L_1L_2:=\{s_1s_2\in\Sigma^*: s_1\in L_1,\ s_2\in L_2\}$；
- 前缀闭包（Prefix-closure）：语言 $L\subseteq\Sigma^*$ 的前缀闭包定义为 $\overline{L}:=\{u\in\Sigma^*: \exists v\in\Sigma^* \text{ s.t. } uv\in L\}$；
- 克林闭包：语言 $L\subseteq\Sigma^*$ 的克林闭包定义为 $L^*=\{\epsilon\}\cup L\cup LL\cup LLL\cup\cdots$；如果 $\overline{L}=L$，则称 L 是前缀闭的。

例 2.1　设 $\Sigma=\{a,\ b\}$ 为一个有限事件集，其中 a 和 b 为两个抽象事件，可在具体问题中有着具体的含义。那么 $\Sigma^*=\{\epsilon,\ a,\ b,\ aa,\ bb,\ ab,\ ba,\ aaa,\cdots\}$ 为 Σ 的克林闭包。考虑 Σ 上的两个事件串，$s_1=ab$ 和 $s_2=ba$，则 $s_1s_2=abba$ 以及 $s_2s_1=baab$。考虑 $L_1=\{\epsilon,\ a,\ ba\}$ 和 $L_2=\{bbb\}$ 为 Σ 上的两个语言，则 $L_1L_2=\{bbb,\ abbb,\ babbb\}$，$\overline{L_1}=\{\epsilon,\ a,\ b,\ ba\}$ 以及 $\overline{L_2}=\{\epsilon,\ b,\ bb,\ bbb\}$。

设 Σ 是一个有限事件集，$\Sigma_s\subseteq\Sigma$ 是 Σ 的一个子集，则 Σ 到 Σ_s 的自然投影 P：$\Sigma^*\to\Sigma_s^*$ 定义如下：

$$P(\epsilon)=\epsilon,\ P(s\sigma)=\begin{cases}P(s)\ \sigma\ , & \text{如果 } \sigma\in\Sigma_s\\ P(s), & \text{如果 } \sigma\in\Sigma\setminus\Sigma_s\end{cases}$$

即对任意事件串$s\in\Sigma^*$，$P(s)$是其移除s中不属于Σ_s事件后所剩下的事件串。逆投影P^{-1}：$\Sigma_s^*\rightarrow 2^{\Sigma^*}$可定义为$\forall t\in\Sigma_s^*$：$P^{-1}(t):=\left\{s\in\Sigma^*:P(s)=t\right\}$。投影与逆投影均可被拓展到$P$: $2^{\Sigma^*}\rightarrow 2^{\Sigma_s^*}$和$P^{-1}$：$2^{\Sigma_s^*}\rightarrow 2^{\Sigma^*}$。

2.2.2 有限状态自动机

在形式系统中，语言往往用来描述系统可以产生的行为。然而对于包含无穷个事件串的语言，采用集合列举的方式是难以描述的，此外，采用集合列举描述的方式也很难描述一个形式系统运行的直观意义。因此，采用模型的方式来生成语言，进而对形式系统进行建模则是更为通用的方式。

在众多形式模型中，有限状态自动机（finite-state automata，FSA）是一个最为简单常用的模型。有限状态自动机是一个五元组$G=(X,\ \Sigma,\ \delta,\ x_0,\ X_m)$，其中$X$是非空有限状态集，$\Sigma$是有限事件集，$x_0$是初始状态，$X_m$是标识状态集，$\delta$：$X\times\Sigma\rightarrow X$称为状态转移函数，其中对于任意$x$，$x'\in X$，$\sigma\in\Sigma$，$\delta(x,\ \sigma)=x'$表示如果$G$在$x$状态时发生事件$\sigma$，则系统将转移至状态$x'$。

如果将每个事件看成系统的输入（可由外界输入，也可由系统内部产生），那么有限状态自动机本质上描述了一个可以处理输入事件串的计算模型。系统从初始状态x_0开始读取输入事件，每处理一个输入事件，系统进入下一个状态并处理下一个事件，以此类推，直到整个事件串发生完毕。因此，也可以将状态转移函数δ按照如下规则拓展到δ：$X\times\Sigma^*\rightarrow X$：对于任意$x\in X$，$s\in\Sigma^*$，$\sigma\in\Sigma$，定义$\delta'(x,\ \epsilon)=x$；$\delta(x,\ s\sigma)=\delta(\delta(x,\ s),\sigma)$。

以上自动机的定义考虑的是确定型自动机，因为其状态转移方程δ：$X\times\Sigma\rightarrow X$与初始状态$x_0$都是确定的，因此给定初始状态与事件，其后续状态是唯一确定的。在很多问题中，由于不确定性的存在，状态转移方程以及初始状态都可能是不确定的，即δ：$X\times\Sigma\rightarrow 2^X$以及初始状态属于一个集合$X_0\subseteq X$，因此一串事件发生后，其后续状态将不确定地落入一个集合，这类自动机被称为不确定型自动机。对于一个不确定型自动机$G=(X,\ \Sigma,\ \delta,\ X_0)$，将$x'\in\delta(x,\ \sigma)$记作$x\xrightarrow{\sigma}x'$。然而在建模能力上，确定型自动机与不确定型自动机是等价的，因此本节只讨论确定型自动机。对于任意一个不确定型自动机，可通过子集构造得到一个与之语言等价的确定型自动机。

设G是一个有限状态自动机。对于任意事件串$s\in\Sigma^*$，如果$\delta(x_0,\ s)!$，则

称 s 由 G 所生成，其中符号“！”表示函数在该处有定义。如果 $\delta(x_0, s)\in X_m$，则称 s 由 G 所标识/接受。定义 $L(G):=\{s\in\Sigma^*: \delta(x_0, s)!\}$ 为 G 所生成的语言；定义 $L_m(G):=\{s\in\Sigma^*: \delta(x_0, s)\in X_m\}$ 为 G 所标识的语言。根据定义，所生成的语言 $L(G)$ 是前缀闭的。生成语言一般用来描述一个系统所有可以执行的行为，而标识语言一般用于描述在系统全部生成语言中完成相应任务的部分。对任意在 Σ 上的语言 $L\subseteq\Sigma^*$，如果存在一个有限状态自动机 G 使得 $L_m(G)=L$，则称 L 是正则语言[①]。

例 2.2 图 2.2 给出了一个有限状态自动机 G，其中每个圆圈表示一个状态，双圆圈用来表示标识状态，即 $X=\{1, 2, 3, 4, 5, 6\}$ 和 $X_m=\{2\}$。各状态之间的箭头用来表示存在状态转移关系 δ，箭头旁的字母标识该变迁所对应的事件，即 $\Sigma=\{a, b, c\}$，没有前缀状态的箭头表示箭头所指的状态为系统的初始状态，即 $x_0=1$。对于该系统，有 $L(G)=\overline{\{a\}\{cba\}^*(\{a\}\cup\{b\}\{ac\}^*)}$ 以及 $L_m(G)=\{a\}\{cba\}^*$。

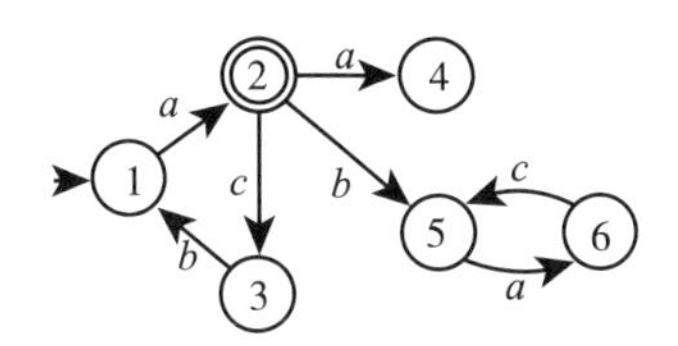

图 2.2 一个有限状态自动机

有限状态自动机的最大优点是其为系统各状态之间的转移关系提供了一个非常直观的模型。对于一个复杂的大规模系统，其一般由多个规模较小的子系统交互、通讯所构成，这也是并发系统的典型特点之一。这一类模块化系统可通过将每个子系统的有限状态自动机模型加以组合，得到整体系统的模型。在并发系统中，常见的组合方式主要包括并行组合与乘积组合。设 $G_1=(X_1, \Sigma_1, \delta_1, x_{0,1}, X_{m,1})$ 和 $G_2=(X_2, \Sigma_2, \delta_2, x_{0,2}, X_{m,2})$ 为两个有限状态自动机，其并行组合是一个新的有限状态自动机 $G_1\|G_2=(X_1\times X_2, \Sigma_1\cup\Sigma_2, \delta, (x_{0,1}, x_{0,2}), X_{m,1}\times X_{m,2})$，其中状态转移方程 δ 定义为：对任意 $(x_1, x_2)\in X_1\times X_2$，$\sigma\in\Sigma=\Sigma_1\cup\Sigma_2$，满足

$$\delta((x_1, x_2),\sigma)=\begin{cases}(\delta_1(x_1, \sigma), \delta_2(x_2, \sigma)), & \text{如果 } \sigma\in\Sigma_1\cap\Sigma_2\\ (\delta_1(x_1, \sigma), x_2), & \text{如果 } \sigma\in\Sigma_1\setminus\Sigma_2\\ (x_1, \delta_2(x_2, \sigma)), & \text{如果 } \sigma\in\Sigma_2\setminus\Sigma_1\end{cases}$$

① 实际上，正则语言最初始的定义是可由正则表达式所描述的语言。麦克诺顿与山田在 1960 年证明了正则表达式所描述的语言与有限状态自动机生成语言是等价的，这里采用了后者作为正则语言的定义。

2.2.3 系统特性与形式规约

对于形式语言，其最基本的两类特性是安全性与阻塞性。其中，安全性是关于系统可达性的特性，要求系统不能够执行不安全的事件串；阻塞性也是系统的一类重要性质，刻画了系统最终是否可以完成某种任务，比如达到标识状态等。具体而言，对任意有限状态自动机 G，设 $L_{legal}\subseteq\Sigma^*$ 为一个安全的语言集合，如果 $L(G)\subseteq L_{legal}$，则称 G 是关于 L_{legal} 安全的；否则，则称 G 是关于 L_{legal} 不安全的。如果 $\overline{L_m(G)}=L(G)$，则称 G 是非阻塞的；如果 $\overline{L_m(G)}\subset L(G)$，则称 G 是阻塞的。

非阻塞性本质上要求，对于系统中的任意一个可达状态，其总存在一个路径，使得从这一状态可以达到一个标识状态。对于一个有限状态自动机，有以下两种情况会导致其阻塞：①死锁，即存在一个非标识状态，从中没有事件定义发生；如果系统进入了一个死锁状态，那么其将永远停留在这里，无法继续执行任务。②活锁，即存在一个完全由非标识状态组成强连通分量，其中没有可离开该强连通分量的事件；一旦系统进入了一个活锁，即使其可以继续执行，但将永远无法达到一个标识状态。因此，活锁与死锁都是一个非阻塞系统所需要避免的情况。

例 2.3 考虑图 2.2 中所示的有限状态自动机 G，由于 $\overline{L_m(G)}\subset L(G)$，该系统是阻塞的。这一系统既包括死锁，也包括活锁，其中状态 4 是一个死锁状态，而状态 5 和状态 6 则构成了一个活锁。

自动机模型的安全性与阻塞性分析相对比较直接。对于系统的安全性，当语言 L_{legal} 为一个正则语言时，其可由一个有限状态自动机 G_{legal} 实现。可通过对 G 和 G_{legal} 进行并行组合，并将其对应第二部分分量不在 G_{legal} 中的状态定义为不安全状态，因此安全性的测试本质上为系统对不安全状态可达性的测试。针对系统的阻塞性，需要测试其中是否存在死锁以及活锁。其中，死锁可以通过对系统可达状态的遍历而实现，一般可通过深度优先搜索或者广度优先搜索，其复杂度均为线性时间；对于系统的活性，可通过 Kosaraju 算法或者 Tarjan 算法找出系统全部的强联通分量，从而确定是否存在完全由非标识状态构成的最大强联通分量。

2.3 离散事件系统的监控理论

2.3.1 离散事件系统的监督控制

基于模型状态空间的性质，可以分为连续状态空间和离散状态空间。在连续状态空间模型中，状态空间 X 是由实数（或有时是复数）的维向量组成的连续系统。

通常，X 是有限维的（即 n 是有限数）。在离散状态空间模型中，状态空间是一个离散集。在这种情况下，状态变量仅允许在离散时间点从一个离散状态值跳转到另一个离散状态值，所以，它的样本路径是分段常数函数。在很多情况下，混合状态空间模型是存在的，即一些状态变量是离散的、而一些是连续的。

离散事件系统是指一类离散状态空间下事件驱动的系统，其状态演化完全依赖于异步离散事件的发生时间。

对于离散事件系统的仿真，可将它建模为离散的时间序列。每个事件都发生在特定的时刻，并标志着系统状态的变化。图 2.3 显示了一个离散事件系统的状态演化。在时刻 t_1，事件 e_1 驱动系统状态从 s_1 转变到 s_2，以此类推，状态空间可以表示为有限状态的集合 $X=\{s_1, s_2, s_3, s_4, s_5, s_6\}$。

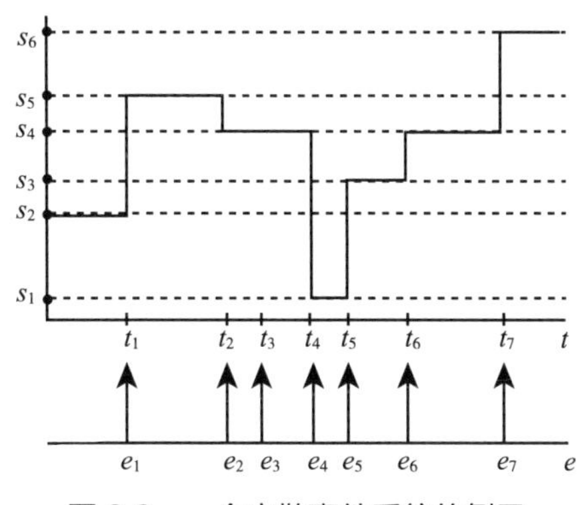

图 2.3 一个离散事件系统的例子

离散事件系统常被用来解决排队问题。一个典型的例子是学习如何构建离散事件模拟一个队列模型。例如客户到达银行并由柜员服务（图 2.4）：系统实体定义为客户队列和柜员，系统事件定义为客户到达和客户离开（柜员开始服务事件可以是客户到达或离开事件逻辑的一部分），系统状态定义为由这些事件改变的队列客户数（从 0 到 n 的一个整数）和柜员状态（忙或闲），系统随机性变量定义为客户到达间隔时间和柜员服务时间。

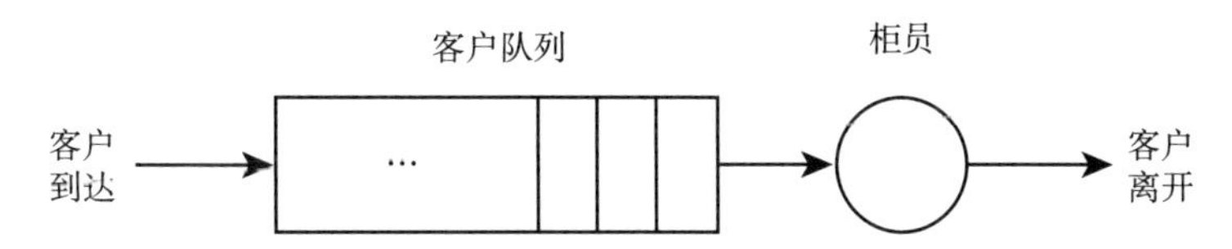

图 2.4 离散事件系统解决客户排队服务的例子

由于离散事件系统是一类无法用微分方程和差分方程描述的系统，其动力学特征与连续变量系统是不同的，系统的状态由一系列相互作用的离散事件驱动，而状态的变迁又引发新事件的产生。离散事件系统具有如下特征：①系统的状态只在离散时间上自发、瞬时地发生；②异步和并发性；③系统状态的变化具有不确定性。

RW 监控理论源于计算机科学的形式语言，被控的物理对象可用自动机建模，系统的行为相当于一个语言发生器。它考虑一个由自动机表示的系统 $G=(Q, \Sigma, \delta, q_0, Q_m)$，需要对其施加控制以约束系统行为，从而使受控的闭环系统满足某种特性。在监控理论中，监控器是一个在每一时刻对系统下一时刻可能发生的事件进行决策，并且监控器只能对可控事件的发生与否进行干预，无法控制不可控事件的发生与否。

给定一个监控器 S，在 RW 监控理论中，假设系统的事件集合 Σ 可被划分为可控事件集合 Σ_c 和不可控事件集合 Σ_{uc}，其中 $\Sigma_c \cup \Sigma_{uc} = \Sigma$ 以及 $\Sigma_c \cap \Sigma_{uc} = \varnothing$。其工作方式如下：开始时，监控器作出一个初始决策 $S(\varepsilon)$，表示集合 $S(\varepsilon)$ 中的事件在此刻被允许发生。当其中任意一个事件 $\sigma \in S(\varepsilon)$ 发生之后，监控器观测到该事件 σ 的发生并改变其控制决策为 $S(\sigma)$，以此类推，将受控闭环系统生成的语言记作 $L(S/G)$。图 2.5 给出了监控系统的基本结构。

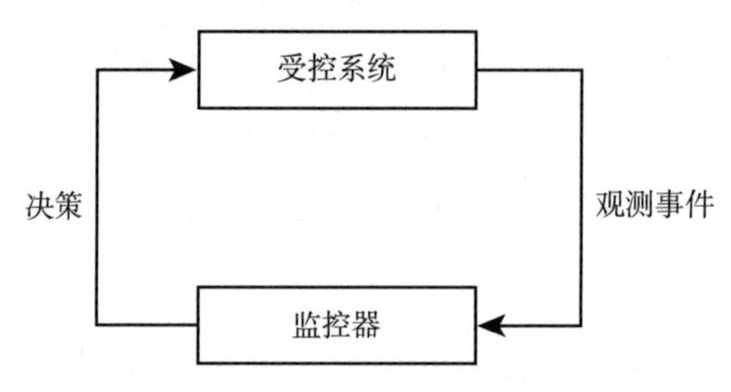

图 2.5　一个监控系统的基本组成结构

监控的目的是让给定自动机 G 中某些不希望出现的事件序列不发生。为此，假定 G 中的事件分为可控的 Σ_c 和不可控的 Σ_{uc} 两部分。通常有

$$\Sigma_c \cup \Sigma_{uc} = \Sigma, \ \Sigma_c \cap \Sigma_{uc} = \varnothing$$

RW 监控理论最初是在认为给定的自动机 G 中所有事件均为监控器可观测假设之下建立的（图 2.6）。在此假设下，监控器 S 根据观测到的 G 中发生的事件确定当前状态 q 时接着允许发生的事件 $\Sigma_s(q)$，所以监控器发出的控制信号只对 Σ_c 中的事件有影响。各种可能信号构成控制模式集 $\Gamma = \{\gamma: \ \gamma: \ \Sigma_c \to \{0,1\}\}$。这样，监控器实际是一个 $L(G)$ 到 Γ 的映射 $f: \ L(G) \to \Gamma$。

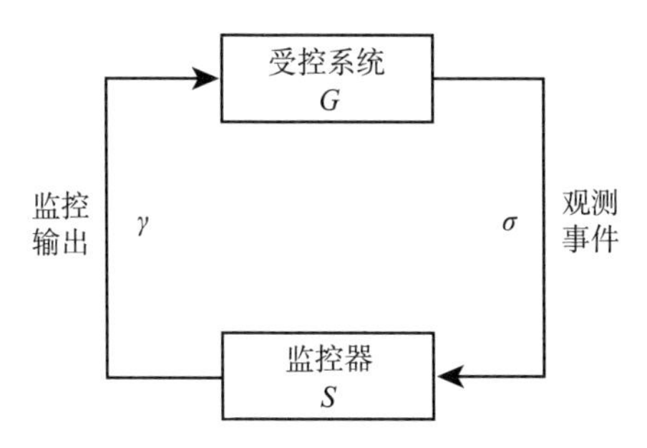

图 2.6　状态完全可观时的受控离散事件系统

为使监控器描述形式化，可用一个 Moore 型自动机来表示监控器 S，即

$$S=\{X,\Sigma,\xi,\ x_0,\ X_m,\ f,\ \Gamma\}$$

其中，X、X_m、x_0 分别是 S 的状态空间、可标识状态空间和初始状态，$\xi:\Sigma\times X\to X$ 是状态转移函数，Σ 是事件集合。该自动机的特点是：①受控系统 G 是受发生的事件驱动其状态变化；②监控器 S 的监控输出 γ 决定 G 中的待发生事件 $\Sigma_s(q)$ 。

一般认为，G 中所有状态都是从 q_0 可达的，这时满足

$$L_m(S/G)\subseteq L_c(S/G)\subseteq L_m(G)$$

2.3.2　监控器设计问题

监控器设计是一个很难形式化的领域，这是因为在设计监控器时必须参照受控系统 G 和对它附加的限制条件 CSG（G），而 CSG（G）的形式化工作十分艰难。通常只能针对特殊问题找出其 CSG（G）的形式化表示，然后使设计出的监控器 S 满足 $L(S/G)=L(G)-CSG(G)$ 。当系统太大时，直接对受控系统 G 设计监控器的复杂性大大增加，对此，理论界发表了设计监督器的模块化方法。尽管这种方法还停留在判定给定控制问题是否存在其监督器的模块化设计上，但它为降低设计复杂性带来了曙光。

设 $K\subseteq L(G)$ ，如果 K 能表示成 $K_1\cap K_2$，则当满足 $\overline{K_1\cap K_2}=\bar{K}_1\cap\bar{K}_2$ 时，称 K_1 和 K_2 是非冲突的。这时，K_1 和 K_2 均可控，则 K 也可控。当 K_1 和 K_2 同时满足 $\bar{K}_1\cap L_m(G)=K_1$ 和 $\bar{K}_2\cap L_m(G)=K_2$ 时，有 $\bar{K}\cap L_m(G)=K$ 。

关于模块化设计非阻塞监控器的存在性有下述定理。

定理 2.1　设 S_1 和 S_2 是受控系统 G 的两个非阻塞监控器，则

$$L(S/G)=L(S_1/G)\cap L(S_2/G)$$
$$L_m(S/G)=L_m(S_1/G)\cap L_m(S_2/G)$$

而且，S 非阻塞的充要条件是 $L_m(S_1/G)$ 和 $L_m(S_2/G)$ 非冲突。

该定理表明：当 S_1 和 S_2 实现对 G 的相矛盾的监督任务时，即

$$\overline{L_m(S_1/G)\cap L_m(S_2/G)}\neq \bar{L}_m(S_1/G)\cap \bar{L}_m(S_2/G)$$

则它们对 G 的合作监督会使闭环系统中某些事件序列难以实现。

2.3.3 部分可观下的监督控制

假设监控器 S 观测到的受控系统 G 所发生的事件和 G 实际发生的事件之间存在某个观测（或屏蔽）函数 M（图 2.7）。这时，G 中发生的事件 $\sigma\in\Sigma$ 有可能被 S 作为 ε 观测到，即 S 可能无法区分某两个事件 σ 和 σ' 或者 $\sigma\in\Sigma_{uo}$ 被当作 ε 观测到。观测器 M 把 Σ 映射成可观的事件集合 Σ_o 和不可观的事件集合 Σ_{uo}。一般情况下，$\Sigma_o\cup\Sigma_{uo}=\Sigma$，但 $\Sigma_o\cap\Sigma_{uo}=\varnothing$ 不一定成立。

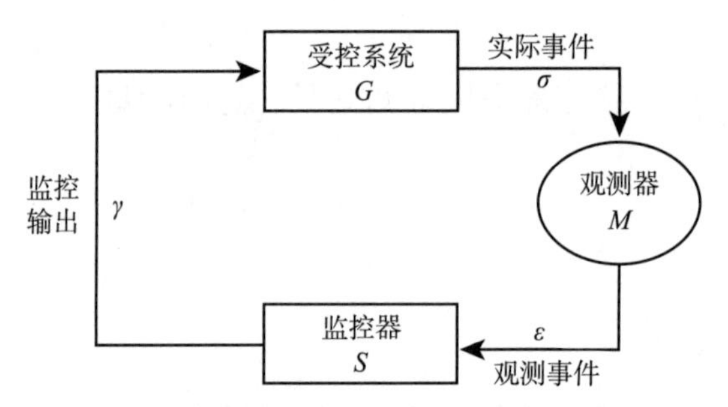

图 2.7　状态部分可观时的受控离散事件系统

与完全可观条件不同的是，监控器 S 在部分可观条件下只能在可观的事件集合 Σ_o 上进行操作。观测器 M 的逻辑模型可以表示为 M：$\Sigma^*\to\Sigma_o^*$ 其中，Σ^* 表示事件集的序列，Σ_o^* 表示可观测事件

$$M(\sigma)=\begin{cases}\sigma, & \sigma\in\Sigma_o\\ \varepsilon, & \sigma\notin\Sigma_o\end{cases}$$

集合的序列。

为了研究 G 和 S 之间存在 M 时监控器 S 的存在性，可引入语言可观性概念。设 $K=\bar{K}\subseteq L(G)$，如果任给 s，$s'\in K$、$\sigma\in\Sigma_c$，由 $s\sigma\in K$、$s'\sigma\in L(G)$ 和 $M(s)=M(s')$ 可得 $s'\sigma\in K$，则称 K 是 M 可观的。直观上，当 M 的存在并不影

响对 K 的可控性判别时，便认为 K 是 M 可观的，这时的监控器 S 称为 M 监控器。

当 K 可控且 M 可观时，得到下述监控器 S 的存在性定理。

定理 2.2　设 $K \subseteq L(G)$ 且 $K \neq \varnothing$，那么存在 M 监控器 S，使之满足 $L(S/G)=K$ 的充要条件是 K 可控且 M 可观。

当 K 非 M 可观时，能否找到近似 K 的最大可控且 M 可观的子语言呢？回答是否定的。为此，只能设法找出近似 K 的最大可控子语言。这需要引进 K 的可识别性概念。如 K 满足 $L(G)\cap M^{-1}[M(K)]=K$ 时，便称其为 M 可识别的。K 的 M 可识别性导致下述实用定理。

定理 2.3　设 $K=\bar{K}\subseteq L(G)$，如果 K 是 M 可识别的，则 K 是 M 可观测的且 K 的最大 M 可识别子语言唯一。

该定理的有用性在于，求近似的近似最大可控子语言，可借助于求出 K 的最大 M 可识别子语言获得，M 的可识别性还对研究当存在 M 时 S 对 $L(G)$ 的可标识性及可控性提供了方便。

定理 2.4　设 K_1，$K_2 \subseteq L_m(G)$，$K_3 \subseteq L(G)$ 且 $K_3 \neq \varnothing$，那么存在一个完备 M 监督器 S，使之满足 $L_m(S/G)=K_1$，$L_c(S/G)=K_2$ 和 $L(S/G)=K_3$ 的充要条件是：

- $K_1 \subseteq K_2$ 且 K_1 和 M 是可识别的；
- $K_2=K_3\cap L_m(G)$；
- $K_3=\overline{K_3}$ 且 K_3 是可控且 M 是可观的。

此外，拉马奇还研究了受控系统 G 所产生的语言中包含无穷事件序列时的监控问题，并指出了相应的最大可控语言及监控器存在性。

2.4　Petri 网系统的监督控制

有限状态自动机为并发的形式系统提供了一种基本的建模方式，但其依然存在以下缺点。首先，有限状态自动机在刻画多子系统并发交互的时候，由于采用了并行或者乘积组合，往往会导致状态空间的指数爆炸。其次，对一些存在资源分配的系统，有限状态自动机需要对系统的全状态空间进行展开，无法直观刻画系统资源与状态的关系。最后，有限状态自动机只能对有限记忆的系统进行建模，无法描述无穷状态系统。而 Petri 网则是可较好解决以上问题的一类形式模型。

Petri 网是 20 世纪 60 年代由佩特里提出，适于描述异步的、并发的计算机系统模型。Petri 网既有严格的数学表述方式，也有直观的图形表达方式，可以方便地用图形描述，从而生成 Petri 网图。Petri 网图非常直观，能够捕捉系统大量的结构信息。此外，自动机总是可以表示为 Petri 网，而并不是所有的 Petri 网都可以表示为有限状态自动机。

2.4.1 Petri 网系统

定义 Petri 网系统的过程包括两个步骤：首先，定义 Petri 网图，其类似于自动机的状态转移图，也称 Petri 网结构；然后，将一个初始状态、一组标识状态和一个转移函数与该图相连，从而得到完整的 Petri 网模型。

Petri 网结构是一个加权有向图 $N=(P,\ T,\ A,w)$ ，其中 $P=\{p_1,\ p_2,\cdots,\ p_n\}$ 是有限库所的集合，$T=\{t_1,\ t_2,\cdots,\ t_m\}$ 是有限变迁的集合，$A\subseteq(P\times T)\cup(T\times P)$ 是有向弧的集合（也称流关系），w：$A\rightarrow\mathbb{N}^+$ 是有向弧的权重。

这里将库所的个数记为 $n=|P|$，将变迁的个数记为 $m=|T|$。典型有向弧的形式为（p_i，t_j）或（t_j，p_i），有向弧的权重为正整数。在描述 Petri 网结构时，对任意变迁 $t_j\in T$，采用 $I(t_j)$ 表示其所有输入库所，采用 $O(t_j)$ 表示其所有输出库所，即 $I(t_j)=\{p_i\in P:(p_i,\ t_j)\in A\}$，$O(t_j)=\{p_i\in P:(t_j,\ p_i)\in A\}$。对任意库所 $p_i\in P$，其输入变迁集 $I(p_i)$ 以及输出变迁集 $O(p_i)$ 的定义类似。

在 Petri 网结构中，惯例是用圆圈来表示库所，用竖线来表示变迁。连接库所和变迁的有向弧用箭头表示。通常在一张图上通过多个弧来表示权重。然而，当 Petri 网中包含较大的权重时，将权重写在弧上是一种更有效的表示方法。如果 Petri 网图的弧上没有标注权重，我们则假定其为 1。

如图 2.8 所示，该 Petri 网结构由 $P=\{p_1,\ p_2\}$，$T=\{t_1\}$，$A=\{(p_1,\ t_1),(t_1,\ p_2)\}$，其中 $w(p_1,\ t_1)=2$，$w(t_1,\ p_2)=1$ 。在这种情况中，$I(t_1)=\{p_1\}$ 且 $O(t_1)=\{p_2\}$，从库所 p_1 到过渡 t_1 的两个输入弧表明该有向弧权重为 2。

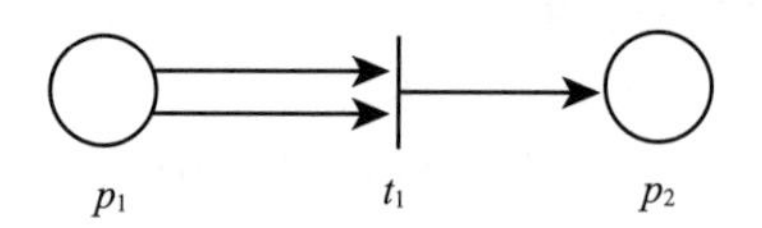

图 2.8　简单 Petri 网结构

Petri 网结构本质是用来刻画每条弧所对应事件的触发条件，为了描述其触发机制，需要引入“令牌”（Token）的概念。令牌往往用于描述资源数量，并被放置于库所中用于判定该库所的条件是否满足。

定义 Petri 网的一个标识 M 为给每个库所赋予令牌数量的函数 M：$P\rightarrow N=\{0,\ 1,\ 2,\cdots\}$，其亦可被记作一个向量 $M\in\mathbb{N}^n$ 。

Petri 网系统是一个五元组（P，T，A，w，M_0），下文将其简记为（N，M_0），

其中 $N=(P,\ T,\ A,\ w)$ 是一个 Petri 网结构，$M_0: P\rightarrow \mathbb{N}$ 是系统的初始标识。

一般采用库所中黑点的数量表示每个库所令牌的数量，从而表示标识。图 2.9 展示了两种可能的标识，即 $[1,\ 0]$ 与 $[2,\ 1]$。

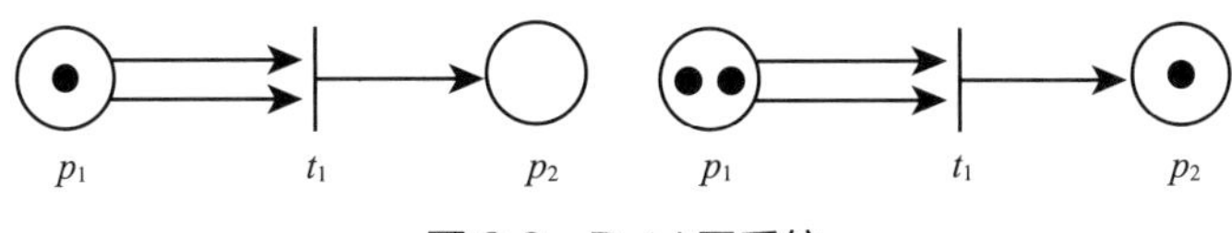

图 2.9　Petri 网系统

由于系统建模工作一直依赖于状态的概念，在 Petri 网中，我们将 Petri 网的状态定义为它的标识向量 $[M(p_1),\ M(p_2),\cdots,\ M(p_n)]$。同时，分配给一个位置的标识是一个任意的非负整数，不一定有界。因此，我们可以拥有的状态的数量一般来说是无限的。那么，具有 n 个库所的 Petri 网的状态空间由所有维向量定义。

2.4.2　Petri 网系统的动态过程

Petri 网本质上是一个动态系统，其动态特性由以下规则定义。对于 Petri 网中任意变迁 $t_j \in T$，其使能条件为

$$\forall p_i \in I(t_j),\ M(p_i) \geqslant w(p_i,\ t_j)$$

换句话说，对于输入到变迁 t_j 的所有位置 p_i，当中的令牌数至少与连接 p_i 到 t_j 的弧的权重一样大时，Petri 网中的转换 t_j 被启用，记作 $M\overset{t}{\rightarrow}$。如图 2.9 所示，在系统标识表示为 $[1,\ 0]$ 时，$M(p_1)=1<w(p_1,\ t_1)=2$，因此 t_1 没有被启用；而对标识为 $[2,\ 1]$ 时，有 $M(p_1)=2=w(p_1,\ t_1)$，此时变迁 t_1 被启用。如上所述，由于库所与发生变迁的条件相关，当满足发生变迁所需的所有条件时，变迁被启用；令牌是用于确定条件满足程度的机制。

在自动机中，状态转换机制由状态转换图中连接节点（状态）的弧直接捕获，相当于由转换函数 f 捕获。Petri 网中的状态转换机制则是通过在 Petri 网中移动令牌，从而改变 Petri 网的状态来提供。当一个变迁被启用时，我们说它可以触发或发生。Petri 网的状态转移函数是通过启用变迁后 Petri 网状态的变化来定义的。

考虑一个由五元组（N, M_0）表示的 Petri 网，其中任意变迁 $t_j \in T$，若 t_j 在 M 下被允许发生，则变迁 t_j 的发生将引起库所中令牌的转移，从而将系统标识从 M 变为 M'，记作 $M\overset{t_j}{\rightarrow}M'$。其中

$$M'(p_i)=M(p_i)-w(p_i,\ t_j)+w(t_j,\ p_i),\ i=1,\cdots,\ n$$

在自动机中，状态转移函数是任意的，而在这里，状态转移函数基于 Petri 网的结构，因此，Petri 网的下一个状态明确取决于变迁的输入和输出库所以及连接这些库所与变迁的弧的权重。

直观来说，如果 p_i 是 t_j 的一个输入位置，那么它损失的令牌数与从 p_i 到 t_j 的弧的权重一样多；如果它是 t_j 的一个输出位置，它将获得与从 t_j 到 p_i 的弧的权重相同的令牌数。显然，p_i 可能同时是 t_j 的输入和输出位置，在这种情况下，从 p_i 中移除 $w(p_i, t_j)$ 数量的令牌，然后立即将 $w(t_j, p_i)$ 数量的令牌放回其中。值得注意的是，在 Petri 网中触发变迁时，令牌的数量不需要守恒。

同理，对于一个变迁串 $\sigma = t_1t_2\cdots t_k \in T^*$ 和标识 $M: P \to \mathbb{N}$，如果 $\forall i = 1, \cdots, k$: $M_i \overset{t_i}{\to}$，其中 $M_1 = M$，$M_i \overset{t_i}{\to} M_{i+1}$，则称 σ 在 M 下被允许发生，并记作 $M \overset{\sigma}{\to}$。同理，$M \overset{\sigma}{\to} M'$ 表示 σ 在 M 下发生后系统标识变为 M'。对任意 Petri 网系统（N, M_0），定义 $L(N, M_0) = \left\{\sigma \in T^*:\ M \overset{\sigma}{\to}\right\}$ 为其所生成的语言。

如图 2.10（a）所示 Petri 网系统（N, M_0），其中初始标识由库所中的令牌数所示，即 $M_0 = [0,\ 1]$。对于变迁 t_1，由于 $I(t_1) = 0$，其在任何标识状态下均是使能的。然而对变迁 t_2 而言，必须保证库所 p_1 与 p_2 内都有至少一个令牌才能使其发生。这一 Petri 网系统本质上生成了以下语言：

$$L(N,\ M_0) = \left\{s \in T^*:\ s\text{ 中}t_2\text{发生的次数不得超过}t_1\text{发生的次数}\right\}$$

然而这一语言采用有限状态自动机是无法描述的，如图 2.10（b）所示，采用自动机建模需要记住“t_1 比 t_2 多发生了几次”这一信息，因此需要无穷状态。而 Petri 网系统则通过（无穷容量）库所的方式刻画了这一信息。

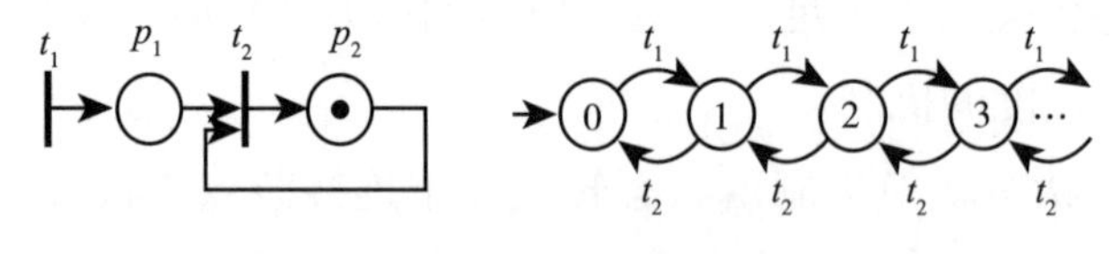

（a）Petri 网系统（N, M_0）　（b）其对应的无限状态系统

图 2.10　Petri 网与无限状态自动机语言的比较

此外，Petri 网系统还可以采用矩阵表示的形式进行分析。对于 Petri 网结构 $N = (P,\ T,\ A, w)$，设 $P = \{p_1,\ p_2, \cdots,\ p_n\}$ 以及 $T = \{t_1,\ t_2,\ \cdots,\ t_m\}$，则其发生矩阵（incidence matrix）记作 A，是一个 $m \times n$ 的矩阵，其中（j, i）位置元素为 $a_{ji} = w(t_j,\ p_i) - w(p_i,\ t_j)$。对于变迁 t_j，其发生向量是一个 m 维的行向量，除

了第 j 个位置为 1 之外，其他位置均为 0。因此，假设系统当前的标识为 M，则其演化动力方程可写作 $M'=M+uA$ 的形式，其中 u 为所对应变迁（串）的发生向量。

2.4.3 Petri 网的系统特性

对于由 Petri 网描述的模型，常常关注其是否满足某些特性。设（N，M_0）是一个 Petri 网系统，一般关注其是否满足以下几类特性。

Petri 网中最重要的特性是系统的可达性。具体而言，设 M 是一个标识，若存在一个变迁序列 $\sigma \in T^*$ 使得 $M \xrightarrow{\sigma} M'$，则称 M' 在 N 中从 M 可达。将 $R(N, M_0)$ 记为在 N 中从 M_0 可达的标识集合。除了可达性之外，很多时候我们只考虑一个标识能否被覆盖，而非精确可达。因此，若存在一个可达标识 $M' \in R$（N，M_0）使得 $M \leqslant M'$，则称 M 在（N，M_0）中可覆盖。当存在一个正整数 K 使得 $\forall M \in R(N, M_0)$，$\forall p \in P$: $M(p) \leqslant K$，则称（N，M_0）是有界的。当满足该条件的正整数为 1 时，则称（N，M_0）是安全的。

与自动机系统类似，Petri 网系统同样具有活性与死锁。若对于任意 $M \in R$（N，M_0），存在 $M' \in R$（N，M），使得 $M' \xrightarrow{t}$，则称变迁 t 是活的。若所有变迁都是活的，则称该 Petri 网系统是活的。若对于任意可达标识 $M \in R$（N，M_0），不存在 $t \in T$，使得 $M \xrightarrow{t}$，则称标识 M 是个死锁标识。若不存在一个可达死锁标识，则称该 Petri 网系统是无死锁的。

2.4.4 基于 Petri 网系统的监督控制理论

在 DES 监控理论中，其考虑系统与规约均可由有限状态自动机建模的情况。然而，有限状态自动机仅仅能够用来表示正则语言，采用 Petri 网系统取代自动机则可以表示更加丰富的系统行为。王飞跃首先提出基于 Bag 理论和 Petri 网对并发离散事件系统进行控制的机制，提出 RW 框架中的许多结果可以到并发 DES 的情况。霍洛威等人在 90 年代中期则针对 RW 框架下的 Petri 网系统监控理论做了大量深入研究：①开环系统由 Petri 网建模，而形式规约由有限状态自动机建模；②开环系统由有限状态自动机建模，而形式规约由 Petri 网建模；③开环系统与形式规约均由 Petri 网建模。

当规约关于系统可控时，第一种情况下依然可以设计出一个有限状态的监控器，从而实现规约。后两种情况由于规约语言可能是非正则的，一般情况不存在一个有限状态监控器。而事实上，对于第三种一般情况，如何验证规约是否关于系统可控本身是一个不可判定的问题。因此，纯粹的将监控理论推广到 Petri 网系统中并没有很好地利用 Petri 网系统的结构特性，在实际问题中的应用并不多。

然而与有限状态自动机模型相比，Petri 网有着良好的结构特性，不需要对系统所有可达状态展开建模，因此，如何利用 Petri 网的结构特性进行控制是 Petri 网系统控制研究中的焦点问题。

其中一类非常重要的控制问题是考虑状态避免的安全控制问题，希望系统在运行过程中不会达到一个不安全的状态（标识）。一种常用的描述系统安全状态的方式是基于线性不等式的广义互斥条件。具体而言，设（N，M_0）是一个 Petri 网系统，ℓ 是一个 n 维整数列向量，b 是一个常数，A 是 Petri 网系统的发生矩阵，如果对于任意可达标识 $M \in R$（N，M_0），满足 $M\ell \leqslant b$，则称（N，M_0）满足关于 ℓ 的广义互斥条件。

由于一般来说 Petri 网系统的状态是无穷的，因此采用状态展开的方式控制系统以满足广义互斥条件并非一种好的途径。针对这一问题，一种高效的方式则是通过采用库所不可迁的概念，通过新增一个控制库所 p_c 对系统进行控制。对于一个 Petri 网结构 N，设 A 是其发生矩阵，ℓ 是一个维整数列向量，如果 $A\ell = 0$，则称 ℓ 是一个库所不可迁。则假设 $A' = [A \ \ A_c]$ 为新增库所 p_c 之后的系统发生矩阵，其中用于描述控制库所与原系统连接关系的矩阵 A_c，可由 $A_c = -A\ell$ 确定。同时，新库所 p_c 中的初始令牌数定义为

$$M_0'(p_c) = b - M_0\ell$$

这样的设计使得 $[\ell \ 1]^{\top}$ 成为增广新系统的一个库所不可迁，即对于任意 $M \in R$（N，M_0），满足 $M\ell + M$（p_c）$= b$。因此，加入受控库所的新系统可以保证原库所满足广义互斥条件，从而避免系统进入不安全状态。此外，这样的设计同时能够保证控制器是最大可允许的。

以上基于控制库所与库所不可迁的设计方法假设所有变迁均是可控的，即对新的发生矩阵没有结构限制。当部分变迁不可控，控制库所不能够连接到这些变迁上，一种有效的解决方法是约束转化，即通过状态变换，将考虑不可迁变迁的规约条件转化为等价的无约束规约进行求解，这一思想也可应用到存在不可观变迁的系统中。

另外，Petri 网系统作为一类重要的并发系统计算模型，其中一个需要避免的情况是系统的死锁。因此，如何采用控制方式避免系统进入死锁状态一直以来是 Petri 网系统研究的一个焦点问题。一类重要的防死锁控制策略是采用基于区域理论的方法，另一种典型方法则是采用基于信标的方法。设 $S \in P$ 为一个库所集合，如果 $\cup_{p\in S} I(p) \subseteq \cup_{p\in S} O(p)$，则称 S 是一个信标。

Petri 网系统中信标的存在与系统的死锁之间有着直接紧密的联系。信标最基本

的特性是，当系统存在死锁时，其一定存在一个信标（反之，不一定成立）。因此，如果我们可以保证系统中不存在信标，则可保证系统不存在死锁。一种典型的防死锁控制思路是不断地检测信标，加以受控库所以移除信标，并对新的系统进行测试反复迭代，收敛于一个无信标的受控系统，从而防死锁控制。对于一些特殊类型的 Petri 网系统，比如若干类柔性制造系统以及软件系统，这类算法不仅可以保证系统无死锁，还能够保证控制策略的最大可允许性。

2.5　本章小结

首先介绍了形式化方法的发展历程，包括起最初从数理逻辑领域起源、进一步发展到理论计算机领域、再进一步发展到控制领域的过程，并具体介绍了离散事件系统监控理论，即 RW 监控理论。进一步介绍了形式化系统的基本建模与描述语言，包括形式化语言、有限状态自动机、形式化规约等。在此基础上介绍了基于离散事件系统的监控理论，包括监控系统的框架、状态完全可观以及部分可观下的监控系统结构，并给出了在完全可观和部分可观下的设计监控器的存在性定理。最后介绍了基于 Petri 的离散事件系统建模与控制方法，包括 Petri 网的语义以及基于 Petri 网的监控理论。

第三章　系统辨识与动态系统建模

3.1　引言

3.1.1　背景与意义

系统是对象、现象、事物、过程或某种因果关系的一种表征，其属性必须具有对应的输入输出关系和不同类型、相互作用，并能产生可观测信号的变量（如输入变量、输出变量）和不可观测的干扰变量等基本要素。模型是描述系统的主要手段，是把系统的本质部分信息简缩为有用的描述形式，用来描述系统的变化规律。

随着信息技术革命的到来，自动化技术所直接面对的工业工程、航空航天等领域发生了巨大的变化。传统工业工程大多关注单个装置的建模与控制，而现在人们常要面对时间、空间上相互联系的群体，如传感器网络、多智能体系统、新能源并网后的智能电网等；工程技术人员现今要面对诸多高速、极端环境（如高速轨道交通、高超声速飞行器）的建模与控制问题。

例如，近几年提出的赛博物理（cyber-physical）系统的概念，强调信息系统与实际系统的紧密结合并突出"3C"（computer，communication，control）的协调组织管理，其中系统建模十分关键。再如，与人们日常生活已变得密不可分的各类网络搜索引擎，其算法核心是对网络链接矩阵的特征值、特征向量的估计。这些问题给传统的系统辨识带来了挑战，同时也为系统辨识的发展提供了巨大机遇。

广义上，系统辨识是以数据为基础，以信息为手段，以模型为媒体，以减少系统、信号、环境不确定性为目标的学科。系统辨识支持和协助监控、诊断、控制、决策、调度。它与反馈结构、鲁棒控制、自适应方法从不同角度提取信息用来处理不确定性，但目标一致，因而相关、相连、相辅、相成。最大限度地利用数据、通信、计算、观测资源和在系统辨识与控制决策之间的最优资源分配，使得系统辨识复杂性研究必不可少。

例如，在一个搅拌槽的两边注入两股液态流体，通过阀门开关控制两股流体的注入量，可以改变两种流体的浓度能。流体的注入量是系统的输入，搅拌槽的流体输出和槽内流体浓度是系统的输出变量。输入流体的浓度不能控制，可以视为干扰。假定我们要测量数据搅拌槽的流体输出和槽内流体浓度，设计一个装在两个注入管道的调控器，即使注入流体浓度变化很大，也尽可能使得数据搅拌槽的流体输出和槽内流体浓度保持稳定。对于这样的设计，我们需要一个数学模型描述输入、输出和干扰之间的关系。但其中流体的有效面积作为重要参数较难确定，所以我们需要辨识方法去估计这一参数。

再如，飞机一般被看作是比较复杂的动态系统。飞行器保持的恒定高度和速度可看作输出变量，升降机位置和发动机推力是输入；飞机的状态也受到其负载重量和大气状况影响，这些变量可看作干扰。要设计一个自动驾驶仪使飞机保持恒定速度和航线，我们需要一个数学模型来描述飞行器的状态如何受输入和干扰的影响。飞机的动态性质（如速度和高度）变化非常大，因此需要用辨识方法跟踪这些变化。

广义上的系统辨识是跨学科的。从本质上讲，系统辨识是一个从数据求逆变换的问题。而数据挖掘、模式识别、机器学习、数理统计等学科也关注同类问题，所以系统辨识应尽量吸取周边学科的新成果以丰富自身。

具体来讲，系统模型的表现形式主要可以分为三大类：一是意识、心智、语言模型，系统的行为特性以非解析的形式储存在人脑中，靠人的直觉控制系统行为，如司机控制方向盘用到的模型；二是图形和表格，以图形或者表格形式表现系统的行为特性，如伺服系统的伯德图（Bode Plot）、阶跃响应、脉冲响应和频率响应等；三是数学模型，用数学结构的形式来反映系统的行为特性，如微分方程模型、差分方程模型和状态方程模型等。

一般来说，动态系统的数学模型在很多领域及其应用中是非常常用的，也是本章所主要关注的主题。建立数学模型主要有两种方法：一是机理建模，这是一种分析方法，通常需要分析系统的运动规律，在一定的假设条件下运用一些已知的定律、定理和原理（如牛顿定律和能量平衡方程）描述一个现象或过程；二是系统辨识，这是一种试验方法，在系统上进行试验，利用记录的输入、输出等数据所提供的信息来建立系统模型。

比较这两种建模方法可知，在很多情形下，系统过程是十分复杂的，不可能只通过机理建模的方法来解释和建立模型，我们不得不使用系统辨识的方法；并且往往用机理建模建立的模型含有许多未知参数，可以用系统辨识的方法来估计未知参数。所以，本章将从系统辨识的角度来总结和回顾系统（非线性系统）的数学模型描述方法。

3.1.2 系统辨识

系统辨识作为现代控制论的重要内容，是近几十年发展起来的一门学科，它研究的基本问题是如何通过运行（或实验）数据来建立控制与处理对象（或实验对象）的数学模型。因为系统的动态特性被认为必然表现在它变化着的输入 / 输出数据之中，辨识就是利用数学方法从数据序列中提炼出系统的数学模型。

1962 年，扎德将辨识定义为“在输入和输出数据的基础上，从一组给定的模型类中确定一个与所测系统等价的模型”。按照扎德的定义，寻找一个与实际过程完全等价的模型无疑是非常困难的。根据实用性观点，对模型的要求并非如此苛刻。1974 年，艾克霍夫给出辨识的定义为：“辨识问题可以归结为用一个模型来表示客观系统（或将要构造的系统）本质特征的一种演算，并用这个模型把对客观系统的理解表示成有用的形式。”1978 年，莱纳德 · 荣给辨识下了更加实用的定义：“辨识有三个要素——数据、模型类和准则。辨识就是按照一个准则在一组模型类中选择一个与数据拟合得最好的模型。”

通过辨识建立数学模型的目的是估计表征系统行为的重要参数，建立一个能模仿真实系统行为的模型，用当前可测量的系统输入和输出来预测系统输出未来的演变以及设计控制器。

系统辨识包括结构辨识和参数估计两个方面，其过程必须包括下列主要阶段：①根据系统建模的目的及验前知识，进行系统辨识实验的设计；②根据系统建模的目的及验前知识，选择合适的模型类和结构；③根据实验观测数据，采用适当的方法估计出模型的未知参数；④对所得的数学模型进行检验。系统辨识算法的原理如图 3.1 所示。

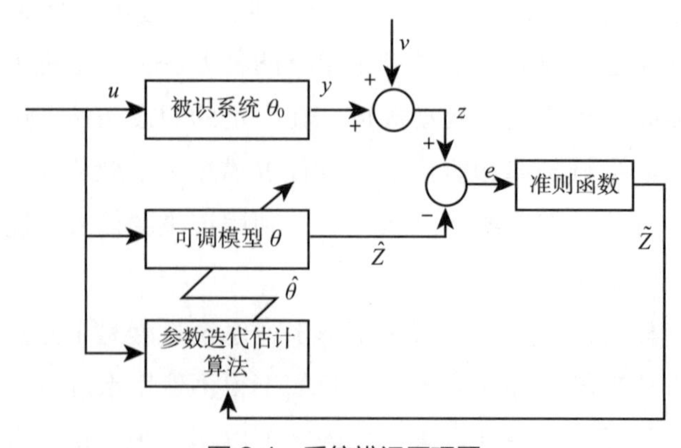

图 3.1 系统辨识原理图

3.1.3　模型分类

系统的行为特性有线性与非线性、动态与静态、确定性与随机性之分，系统模型也有这几种类型的区别。

1）线性模型与非线性模型：若模型的输出关于输入线性，称为系统线性；若模型的输出关于参数空间线性，称为关于参数空间线性。若模型经过适当的数学变换或处理，可将本来是非线性的模型转变为线性模型，那么原来的模型就是本质线性的，否则是本质非线性的。

2）动态模型与静态模型：动态模型是用来描述系统处于过渡过程时各状态变量之间的关系，一般是时间的函数。静态模型是动态系统处于稳态时的表现，或者说静态模型是用来描述系统处于稳定时各状态变量之间的关系，不再是时间的函数。

3）确定性模型与随机性模型：确定性模型所描述的系统是，当系统的状态确定后，系统的输出响应是唯一确定的。随机性模型所描述的系统是，即使系统的状态稳定了，系统的输出响应仍然是不确定的。严格地说，随机性模型只是描述系统不确实性的主要传统方法，处理出现在系统观测序列中的随机观测噪声、控制信号中的驱动噪声以及导致系统结构变化的随机过程。这些不确定性往往来自传感器误差，通信数据的压缩、传输、编码和解码、系统重组或故障等。而实际系统中有着更为广泛的不确定性，比如系统结构的非随机不确定性。系统的许多结构不确定性来自模型的简化，如将一个无限维系统表示为一个有限维系统，或者用低阶系统代替高阶系统，都会引入未建模动态；利用线性模型局部逼近一个非线性函数，或者用简单的非线性函数表示未知结构系统，就会导致模型失配；对高复杂度系统作集群系统建模以减少建模复杂性，不可避免地会产生结构不确定性。由于这些不确定性不随时间和观测输出而改变，它们一般不具有随机性质，因此不能用平均量来减少或消除它们的影响。这类不确定性对估计及模型的精度有着直接影响，因此有必要在系统辨识中加以考虑。

除此之外，模型的分类还有很多，比如连续与离散、定常与时变、集中参数与分布参数等。

3.2　传统辨识方法

传统的系统辨识方法分为非参数辨识方法（古典辨识方法）和参数辨识方法（现代辨识方法）两类。

非参数辨识方法获得的模型是非参数模型，不是用有限维参数向量来参数化表达的，模型特征用曲线或函数等形式来表示，在假设系统是线性的前提下，不必事先确定模型的结构。非参数辨识方法主要包括脉冲响应法、频率响应法、阶跃响应法、谱分析法和相关分析法。

参数辨识方法必须假定模型结构，再根据准则函数来估计模型的参数。如果模型结构无法事先确定，需要先辨识模型结构参数，再估计模型参数。如图 3.2 所示，参数辨识方法按照计算方式，可以分为一次完成算法、递推辨识算法、迭代辨识算法；按照实时性，可以分为离线辨识算法和在线估计算法；按照基本原理，可以分为通过实现线性状态空间模型的子空间辨识法和利用预测误差的辨识方法，后者又主要可以分为最小二乘法类辨识方法（包括最小二乘法、增广最小二乘法、广义最小二乘法等）、梯度校正辨识方法（包括随机逼近法、随机梯度法等）、概率密度逼近辨识方法（包括极大似然法、预报误差法等）。本节只简单介绍一些参数辨识方法。

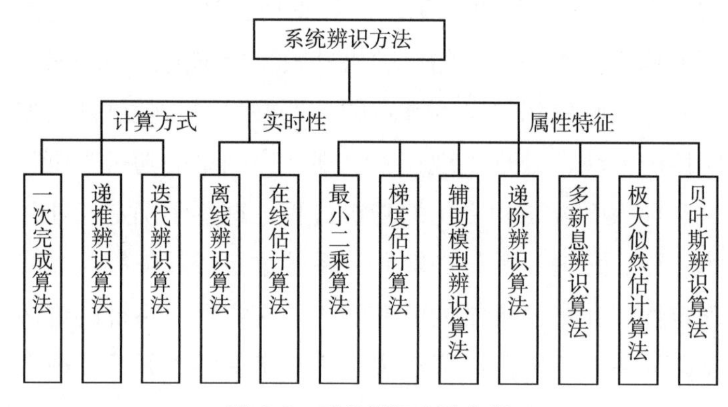

图 3.2　系统辨识方法分类

3.2.1　最小二乘方法

最小二乘理论是高斯在 1795 年预测行星和彗星运动轨道时提出的，他认为“未知量的最大可能的值是这样一个数值，它使各次实际观测和计算值之间的差值的平方乘以度量其精确度的数值以后的和为最小”。这一估计方法的特点是计算原理简单，不需要随机变量的任何统计特性，目前已成为动态系统辨识的主要手段。从计算方法讲，它既可以离线计算，又可在线递推计算，并可在非线性系统中扩展为迭代计算。从计算的数学模型看，它既可用于参数型模型估计，也可用于非参数型模型估计。

最小二乘辨识方法提供一个估算方法，使之能得到一个在最小方差意义上与实验数据最好拟合的数学模型。由最小二乘法获得的估计在一定的条件下有最佳的统计特性，即估计的结果是无偏的、一致的（收敛的）和有效的，而且经典法中相关辨识法、频域辨识法也可以从最小二乘法推导演绎而成。递推最小二乘法与卡尔曼滤波法也有着一定的联系，因此有可能通过最小二乘理论将其他的辨识方法联系起来。

最小二乘辨识方法在系统辨识领域中应用已相当普及，方法也已相当完善，可以有效地用于系统的状态估计、参数估计以及自适应控制及其他方面。如图 3.3，假设在 x–y 平面有许多固定点，我们计算出它们 y 坐标的平均值，并作出相应的水平线，将其固定。之后，我们在弹簧与水平线之间连接弹簧。一些数据点离水平线更远，因此相应的弹簧比其他弹簧拉伸得更多。拉伸最远的弹簧在水平线上将施加最大的力。

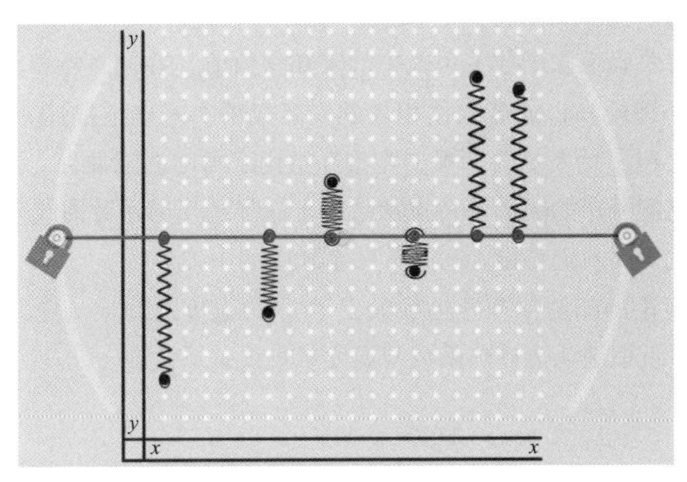

图 3.3　弹簧－固定水平线模型演示最小二乘方法

如果我们不再锁定这条水平线，让其自由旋转，线将会旋转至弹簧上的力平衡。最终，该线将会稳定在使所有弹簧蕴含的弹性势能之和最小化的状态，这一物理现象正演示了最小二乘法的作用过程（图 3.4）。

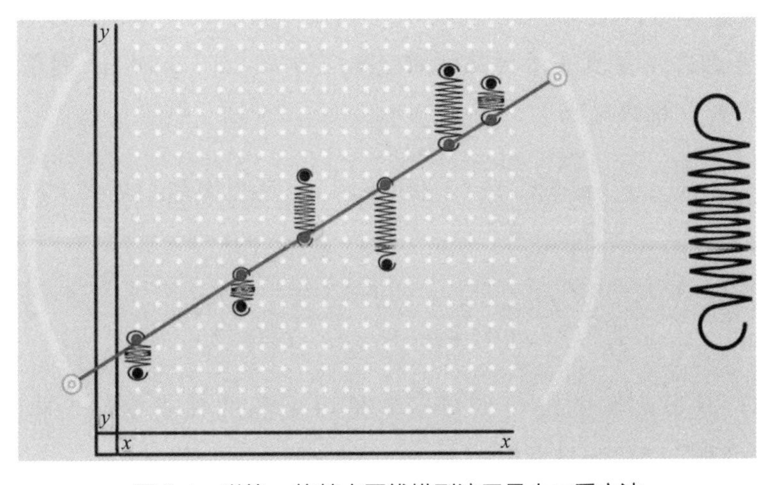

图 3.4　弹簧－旋转水平线模型演示最小二乘方法

再比如，导热系数λ是物质的一种物性参数，表示物质导热能力的大小，其数值是单位温度作用下物体内所允许的热流密度值，单位为W/（m·℃）。

不同的物质导热系数是不同的，即使对同一种物质，其导热系数也会随着物质的结构（密度、孔隙度）、温度、压力和湿度而改变。各种物质导热系数是用实验的方法测定的。金属的导热系数在各种物质中最大，纯金属中加入任何杂质，其导热系数便迅速降低，且材料的导热系数随温度而变化，变化的规律比较复杂。

工程上一般通过实验在不同温度对变量$\lambda(t)$做多次观测，得到一组观测资料。我们要设法根据观测所得到的数据，寻找一个函数$\lambda(t)=g(t)$去拟合这些实验数据，同时要确定该函数关系式中的未知参数值。首先，要靠人们对所处理对象的掌握程度（理论知识或者以往积累的实际经验）来确定描述$\lambda(t)$和之间关系的数学函数$g(t)$的类型，即模型类型和结构。当出现困难时，就需要根据观测所得数据，由它们分布的图形及特点从数学上选择适当的函数曲线来逼近这些实验数据。随之，就是要确定变量之间函数关系式中的未知参数。

对我们所讨论的问题，若导热系数$\lambda_i(t)$与温度之间在一定的条件下（在一定的范围内）可近似地认为导热系数与温度成直线关系，即

$$\lambda(t)=\lambda(0)+\alpha t \tag{3.1}$$

其中，$\lambda(t)$为t℃时材料的导热系数；$\lambda(0)$为0℃时材料的导热系数；α为温度系数，视不同材料由实验确定。

公式（3.1）中，参数$\lambda(0)$和α是未知的，将它们作为两个待估计的参数。从理论上来说，如果测量没有误差，那么只要取得两个不同温度t下的导热系数$\lambda(t)$的测量数据，就可以解出$\lambda(0)$和α，从而求得$\lambda(t)$与t的函数关系。但是，实际上由于种种原因，测量中总是具有随机性能的测量误差，所以每次测量所得的导热系数并不是真正的导热系数$\lambda_i(t)(i=1, 2, \cdots, N)$，而是带有噪声的导热系数$\lambda_i'(t)$，且应写成

$$\lambda_i'(t)=\lambda_i(t)(\text{真值})+v_i(t)(\text{随机误差})$$

或

$$\lambda_i'(t)=\lambda(0)+\alpha t_i+v_i(t),\ i=1, 2,\cdots, l$$

式中，$\lambda_i'(t)$是可观测的随机变量；t_i是可观测的独立变量（非随机变量）；$v_i(t)$是不可测的随机测量噪声；$\lambda(0)$和α是未知参数。

因此，被观测到的 $\lambda_i'(t)$ 和相应的 t 之间并不存在公式（3.1）的直线函数关系。为了尽量降低测量误差的影响，可进行多次测量，即在 t_1，t_2,⋯，t_l 共 $l(l>2)$ 个温度下对导热系数进行测量（通常观测次数都要取得比较大），得到在相应温度下导热系数的一组观测数据 $\lambda_1'(t)$ ，$\lambda_2'(t)$ ，⋯，$\lambda_l'(t)$ 。则可根据 l 个观测数据 $\left\{\lambda_i'(t)，t_i\right\}(i=1, 2, \cdots, N)$ 来估计所选的公式（3.1）中的未知参数 λ（0）和 α 的值。

根据什么来确定参数 λ（0）和 α 的值呢？其原则是希望 λ（0）和 α 的值确能使观测值和模型计算值之间的误差为最小。因为各次观测误差可表示为

$$v_i(t)=\lambda_i'(t)-\lambda_i(t)=\lambda_i'(t)-\left[\lambda(0)+\alpha t_i\right],\ i=1, 2, \cdots, N$$

整个观测过程的误差是由各次观测误差所组成的，故采用每个误差的平方和作为总误差

$$J=\sum_{i=1}^{N}v_i^2(t)=\sum_{i=1}^{N}\left[\lambda_i'(t)-(\lambda(0)+at_i)\right]^2$$

所选的这个误差平方和函数就是估计参数时所采用的准则函数（或者称为性能指标）。显然，准则函数越小越好，即希望所选取的 λ（0）和 α 的值能使每个误差的平方和的值为最小。由于平方运算也称“二乘运算”，因此，按照这种原则来估计参数 λ（0）和 α 的方法通常称为“最小二乘估计法”。

3.2.2 梯度校正辨识方法

梯度校正法的基本原理完全不同于最小二乘类方法，梯度校正的做法是沿着准则函数的负梯度方向逐步修正模型参数估计值，直至准则函数达到最小值。这类辨识方法的特点就是计算简单，可用于在线实时辨识，属于递推辨识方法，但是在极小点附近收敛速度变得较慢。

3.2.2.1 随机逼近法

参数估计问题可以转化为未知函数的求根问题。随机逼近算法递推地求解未知函数的零点，自 20 世纪 50 年代美国数学家罗宾斯和蒙罗给出这类算法开始，由于其处理对象的普适性和在线计算的特点，在系统控制、统计和信号处理等领域得到了广泛应用。

设未知参数为 x_0，不失一般性，设 x_0 为函数 $f(\cdot)$ 的零点［如 $f(x)=x-x_0$］，记系统 $k+1$ 时刻的测量数据为 y_{k+1}，k 时刻对 x_0 的估计值为 x_k，则系统的测量数据总可以分解成两部分：一部分是对函数 $f(\cdot)$ 在点 x_k 的测量；另一部分是测量误差（或称噪声）ε_{k+1}，即

$$y_{k+1}=f(x_k)+\varepsilon_{k+1} \tag{3.2}$$

从公式（3.2）可见，系统的测量数据包含对函数f（·）在点x_k的测量和噪音，因而，对未知参数x_0的估计可转化为利用测量数据y_k来寻找函数f（·）的零点。假若噪音$\varepsilon_k \equiv 0$，可借助一些确定性的优化算法来寻找f（·）的零点。但对许多问题，ε_k不仅包含随机噪音，还包括结构性误差，为此，罗宾斯和蒙罗针对系统（3.2）给出了如下公式递推求解f（·）的零点

$$x_{k+1}=x_k+a_k y_{k+1},\ k \geqslant 0 \tag{3.3}$$

其中$\left\{a_k\right\}_{k\geqslant 1}$为算法步长，$x_{k+1}$为$k+1$时刻对函数$f$（·）零点$x_0$的估计，该算法称随机逼近算法，也称为RM算法。

依上可见，由于求根问题的一般性和许多情形对计算实时性的要求，随机逼近算法在实际应用和理论研究两方面都得到了广泛关注，形成了丰富的方法论和思想体系，包括随机逼近算法在样本轨道的收敛性、随机逼近算法的弱收敛理论、动态随机逼近算法及相关理论、随机逼近算法的稳健性、稳定与不稳定极限点、收敛速度和渐近正态性、随机逼近算法派生而来的适应随机逼近、Kiefer–Wolfowitz算法、随机逼近算法收敛速度的改进等。

另外，就随机逼近算法的实际应用而言，大家往往更为关心的是某条样本轨道下估计序列的渐近性质。本节从样本轨道这个角度着眼，回顾随机逼近算法收敛性分析的几类方法和思想脉络，并给出其在系统控制若干问题中的具体应用。

在随机逼近算法创立之初，为保证算法所得估计序列的收敛性，通常假设噪音为随机变量并分析算法的几乎必然性质。为此，需要对函数f（·）和噪音作相当强的假设，如f（·）的增长速度不超过线性、噪声为鞅差序列等，进而利用概率论的相关工具进行理论分析，这种方法称为概率鞅方法。概率鞅方法中关于函数和噪音的假设过于苛刻，特别是在许多具体问题中，噪音不仅包含随机部分，还包含结构性误差，不能用鞅差序列来刻画。因而，如何进一步放宽算法收敛所需的假设条件，吸引了系统控制和统计等领域的许多学者。

对于实际问题，估计序列往往是概率空间中某条样本轨道的具体实现，因而，针对特定样本轨道分析算法的相关性质对于工程应用有实际意义。20世纪七八十年代，递推算法的收敛性分析是系统控制领域的一个研究热点，瑞典学者莱纳德·荣将递推序列的收敛性与常微分方程平衡点的稳定性结合起来，成为递推估计收敛性分析的一类代表性方法。这种思想也被应用到随机逼近算法的收敛性分析中，相应地，这类方法被称为常微分方程。

常微分方程（ODE）方法的思路体现在以下三步：首先，将公式（3.3）所得到的估计序列内插成一族连续函数，并证明这族连续函数存在一致收敛的子序列；其次，考察极限函数所满足微分方程平衡点的稳定性；最后，将微分方程平衡点的稳定性和递推序列结合起来，证明算法所得估计值的收敛性。ODE 方法是基于特定样本轨道的确定性分析方法，其关键在于先验地要求公式（3.3）所得的估计序列有界，这就涉及算法的稳定性。在非线性情形，这不是一个平凡的问题。因此，在非线性函数或者更复杂噪音条件下如何去掉“有界性”假设，即保证算法具有稳定性，不仅是 ODE 方法难以绕开的困难，也是传统随机逼近算法中的一个缺陷。

从公式（3.2）和公式（3.3）可见，需要对随机逼近算法作一些改进，并且更为宽泛和自然的假设条件应直接加在样本轨道上。为此，陈翰馥等给出了一类称为扩展截尾的随机逼近算法，这类算法的思想在于引入扩张的截断界，通过计算过程自动调节算法搜索区域及算法步长。其基本过程是：若估计值超出给定截断界，则算法重新回到初值，并相应地减小步长、增加截断界；若估计值落于截断界之内，则完全等同于 RM 算法。扩展截尾的引入使算法能够根据计算过程自动选择步长和搜索区域，而且在理论上给出了只在样本轨道上的收敛子序列 $\left\{x_{n_k}\right\}_{k\geqslant 1}$（而非全序列 $\left\{x_k\right\}_{k\geqslant 1}$）验证的噪音条件，保证了截尾次数的有限性，从而巧妙地解决了随机逼近算法的稳定性问题。这个分析方法被称为轨线 - 子序列方法，与 ODE 方法相比，所得到的收敛条件更弱、适用范围更广。

扩展截尾随机逼近算法已成功解决了许多与参数估计相关的系统控制问题，包括多变量线性系统的递推辨识、随机非线性系统的递推辨识、随机非线性系统的适应调节、多智能体系统的同步控制、主成分分析的递推算法和 PageRank 的分布式随机化算法收敛性分析等。上述问题中的噪音不仅含有随机部分，也含有结构性误差，并且无法先验地假设估计序列有界，因而，随机逼近算法的概率方法和 ODE 方法均不适用。

3.2.2.2　随机牛顿法

随机逼近辨识算法实际上是沿着负梯度方向搜索极小值，其作用和最速下降法是一样的，当接近极值点时，收敛速度会变得很慢。为了加快算法的收敛速度，我们可以进一步考虑准则函数的二次导数信息，改用牛顿搜索梯度

$$-\left[\frac{\partial^2 J\ (\theta)}{\partial\theta^2}\right]^{-1}\left[\frac{\partial J\ (\theta)}{\partial\theta}\right]^T\Bigg|_{\hat{\theta}\ (k-1)}$$

就得到了牛顿算法

$$\hat{\theta}(k)=\hat{\theta}(k-1)-\left[\frac{\partial^2 J(\theta)}{\partial\theta^2}\right]^{-1}\left[\frac{\partial J(\theta)}{\partial\theta}\right]^T\Bigg|_{\hat{\theta}(k-1)}$$

这里模型参数的二阶导数（也叫黑塞矩阵）必须是正定的，才能使搜索方向始终指向“下山”方向。对于随机性准则函数，牛顿算法不再适用，需要借助随机逼近原理，随机牛顿算法为

$$\hat{\theta}(k)=\hat{\theta}(k-1)-\rho(k)\left[J''(\hat{\theta}(k-1), z^k)\right]^{-1}q(\hat{\theta}(k-1), z^k)$$

其中，$E\left[q(\theta, z^k)\right]=\left[\frac{\partial J(\theta)}{\partial\theta}\right]$，$J''(\hat{\theta}(k-1), z^k)$ 是黑塞矩阵 $\frac{\partial^2 J(\theta)}{\partial\theta^2}$ 的近似表达式。

3.2.3 概率密度逼近辨识方法

极大似然法和与之密切相关的预报误差方法的基本思想与前两类方法完全不同。就极大似然法来说，需要构造一个以数据和未知参数为自变量的似然函数，并通过极大化似然函数获得模型的参数估计值。这意味着模型输出的概率分布将最大可能地逼近实际系统输出的概率分布。为此，极大似然法需要预先知道系统输出的条件概率密度函数。对预报误差方法来说，需要事先确定预报误差准则函数，并利用预报误差的信息来确定模型参数。

3.2.3.1 极大似然估计法

极大似然估计方法也称为最大概似估计或最大似然估计，1821 年首先由德国数学家高斯提出，但是这个方法通常被归功于英国的统计学家罗纳德·费希尔。其原理是利用已知的样本结果，反推最有可能（最大概率）导致这样结果的参数值。极大似然的原理可以用下面一个例子来展示。

如图 3.5 所示，有两个外形完全相同的箱子，甲箱中有 99 只白球、1 只黑球；乙箱中有 99 只黑球、1 只白球。每次试验取出 1 只球，结果取出的是黑球。那么黑球从哪个箱子取出？人们的第一印象就是“此黑球最像是从乙箱中取出的”，这

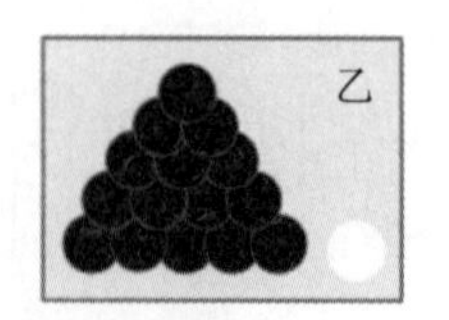

图 3.5 极大似然估计法示意

个推断符合人们的经验事实，因为乙箱的黑球更多，从中取出黑球的可能性更大。“最像”就是“最大似然”之意，这种想法常称为“最大似然原理”。

这一思想可以扩展到参数辨识上。假设我们知道箱子里有 100 只球，但不知道其中黑球的数量有多少，此时黑球的数量就是一个参数。如果我们有放回地取里面的黑球，假设 10 次中有 3 次拿出的是黑球，通过计算发现箱子里的黑球最有可能是 30 个左右。

总结起来，最大似然估计的目的就是利用已知的样本结果，反推最有可能（最大概率）导致这样结果的参数值。

设有离散随机过程 $\{V_k\}$ 与未知参数 θ 有关，假定已知概率分布密度 $f(V_k, \theta)$。如果我们得到 n 个独立的观测值 $V_1, V_2, \cdots, V_n$，则可得到分布密度 $f(V_1|\theta)$，$f(V_2|\theta), \cdots, f(V_n|\theta)$。要求根据这些观测值来估计未知参数 θ，估计的准则是观测值 $\{V_k\}$ 的出现概率最大。为此，定义一个似然函数

$$L(V_1, V_2, \cdots, V_n|\theta) = f(V_1|\theta) f(V_2|\theta) \cdots f(V_n|\theta)$$

如果 L 达到极大值，$\{V_k\}$ 的出现概率为最大。因此，极大似然法的实质就是求出使 L 达到极大值的 θ 的估计值 $\hat{\theta}$。为了便于求解，一般采用对数似然函数的形式：

$$\ln L = \sum_{i=1}^{n} \ln\left[f(V_i|\theta)\right]$$

由于对数函数是单调递增函数，当 L 取极大值时，$\ln L$ 也同时取极大值。取上式对参数 θ 的偏导数，令偏导数为 0，求得方程的解即是 θ 的极大似然估计 θ_{ML}。

3.2.3.2　预报误差法

极大似然辨识方法要求数据序列的概率分布已知，通常还要假设服从高斯正态分布，预报误差辨识方法作为极大似然法的一种推广，能解决更加一般的辨识问题，而且不需要知道数据序列的概率分布。因此，预报误差法孕育着有广泛应用价值的辨识思想。

（1）预报误差模型

考虑一般的模型类

$$z(k) = f(Z^{k-1}, U^k, k, \theta) + w(k)$$

其中，$z(k)$ 为模型输出变量，Z^{k-1} 表示时刻以前的输出数据集合 $\{z(k-1), z(k-2), \cdots\}$；$U^k$ 表示 k 时刻以前的输入数据集合 $\{u(k-1), u(k-2), \cdots\}$，

θ为模型参数向量；$w(k)$为模型新息。在给定的数据集合Z^{k-1}，U^k下，模型新息的条件均值等于0。这种模型称作预报误差模型。

（2）预报误差准则

在获得数据集合Z^{k-1}，U^k的情况下，对模型输出$z(k)$的最好预报可取它的条件数学期望，即

$$\hat{z}(k|\theta)=E\left[z(k)|Z^{k-1},\ U^k,\ \theta\right]=\min$$

这种最好的输出预报应该就是最好模型的输出，对于特定的参数θ值，模型的预报误差可写成

$$\hat{z}(k|\theta)=z(k)-\hat{z}(k|\theta)=z(k)-f(Z^{k-1},\ U^k,\ k,\ \theta)$$

预报误差$\hat{z}(k|\theta)$的样本协方差阵为

$$D(\theta)=\frac{1}{L}\sum_{k=1}^{L}\tilde{z}(k|\theta)\,z^{\mathrm{T}}(k|\theta)$$

因此，可用$D(\theta)$的正标量函数作为预报误差准则，常用的有以下两种：

$$J_1(\theta)=Trace\left[\Lambda_L D(\theta)\right]，\ \Lambda_L \text{为正定的加权矩阵}$$

$$J_2(\theta)=\log det\left[D(\theta)\right]$$

3.2.4 子空间辨识方法

子空间辨识方法旨在从输入输出数据中辨识线性时不变状态空间模型。子空间辨识方法不要求在解决参数优化问题之前对系统矩阵进行参数化，因此，子空间辨识方法不会遇到与局部极小值相关比较棘手的问题。

子空间辨识方法源于德国数学家利奥波德·克罗内克的工作。克罗内克表明，当以幂级数为符号的汉克尔算子的秩有限时，幂级数可以写成有理函数，秩决定了有理函数的多项式的阶数。

20世纪60年代，克罗内克的工作启发了系统和控制领域的许多研究人员，他们将线性时不变系统的马尔可夫参数存储到有限维汉克尔矩阵中，并从该矩阵导出线性时不变系统的实现。注意到当汉克尔矩阵的维数与线性时不变系统的阶数相对应时，汉克尔矩阵的秩就是线性时不变系统的阶数，汉克尔矩阵的奇异值分解为线性时不变系统的列空间可观测性矩阵和可控性矩阵的行空间提供了基础。这个关键

空间的知识允许通过线性最小二乘法估计系统矩阵。

1985—1995年，第二代子空间辨识方法试图使子空间辨识法直接对线性时不变系统的输入输出测量值进行操作。其中一种是以特征系统实现算法的名义提出的，该算法利用了考虑脉冲输入的特定输入输出测量值，已被用于柔性结构（如桥梁、空间结构等）的模态分析，并已被证明适用于共振结构。它们不适用于其他类型的系统和不同于脉冲的输入。子空间辨识方法的发展受到了新的推动，它可以直接对一般的输入输出数据进行操作，避免在实现系统矩阵之前先显式地计算马尔可夫参数或估计协方差函数的样本。

3.3 新型系统辨识方法

3.3.1 神经网络系统辨识法

神经网络技术是20世纪末迅速发展起来的一门高新技术。由于神经网络具有良好的非线性映射能力、自学习适应能力和并行信息处理能力，为解决未知不确定非线性系统的辨识问题提供了一条新的思路。在辨识非线性系统时，我们可以根据非线性静态系统或动态系统的神经网络辨识结构，利用神经网络所具有的对任意非线性映射的任意逼近能力，模拟实际系统的输入输出关系。利用神经网络的自学习、自适应能力，可以方便地给出工程上易于实现的学习算法，经过训练得到系统的正向或逆向模型。

在神经网络辨识中，神经网络（包括前向网络和递归动态网络）将确定某一非线性映射的问题转化为求解优化问题。优化过程可根据某种学习算法，通过调整网络的权值矩阵来实现，从而产生了一种改进的系统辨识方法——从函数逼近观点研究线性和非线性系统辨识问题，导出辨识方程，用神经网络建立线性和非线性系统的模型，根据函数内差逼近原理建立神经网络学习过程。该方法计算速度快，具有良好的推广、逼近和收敛特性。

与传统的基于算法的辨识方法相比，神经网络用于系统辨识具有以下几个特点：①神经网络本身作为一种辨识模型，其可调参数反映在网络内部的连接权上，因此不再要求建立实际系统的辨识格式，即可以省去对系统建模这一步骤；②可以对本质非线性系统进行辨识，而且辨识是通过在网络外部拟合系统的输入输出数据、在网络内部归纳隐含在输入输出数据中的系统特性来完成的，这种辨识是非算法式的；③辨识的收敛速度不依赖于待辨识系统的维数，只与神经网络本身及所采用的学习算法有关，传统的辨识算法随模型参数维数的增大而变得很复杂；④由于神经网络中的神经元之间存在大量连接，这些连接上的权值在辨识中对应于模型参数，通过调节这些权值即可使网络输出逼近系统输出；⑤神经网络作为实际系统的辨识模型，实际上也是系统的一个物理实现，可用于在线控制。

但是，由于神经网络尚有一些理论和实际问题有待深入研究，如学习算法的收敛性、收敛的速度精度等问题，因此在实时性、辨识精度方面还不理想。另外，由于非线性模型的特性多种多样，对于某一系统的辨识问题，网络的选择、网络结构的确定等在理论和实践上都有待进一步探讨。

3.3.2 遗传算法系统辨识法

遗传算法是一种新兴的优化算法，是建立在自然选择和自然遗传学机理基础上的迭代自适应概率性算法，由于具有不受函数性质制约、全方位搜索及全局收敛等诸多优点，得到广泛应用。将遗传算法用于线性离散系统的在线辨识，能够较好地解决最小二乘法难以处理的时滞在线辨识和局部优化的问题。而针对现有的遗传算法易陷入局部最优（收敛到局部极小，简称早敛）的局限，产生了一种改进的遗传算法，可成功应用于系统辨识，同时确定出系统的结构和参数，此算法简单有效，亦可应用于非线性系统辨识。由遗传算法、进化编程等构成的进化计算近年来发展很快，具有强鲁棒性且不易陷入局部解，为系统辨识问题的解决提供了一条新途径。用进化计算来解决系统辨识问题，得到了一种将遗传算法和进化编程相结合的新的进化计算策略，并将这种策略用于系统辨识。该方法的主要思想是用遗传算法操作保证搜索是在整个解空间进行的，同时优化过程不依赖于种群初值的选取，用进化编程操作保证求解过程的平稳性。用进化计算算法进行系统辨识，可以一次辨识出系统的结构和参数，比遗传算法和进化编程的效果都好。此外，还有其他一些遗传算法在系统辨识中的应用。

3.3.3 模糊逻辑系统辨识法

应用模糊集合理论，从系统输入和输出量测值来辨识系统的模糊模型，是系统辨识的又一有效途径。模糊逻辑辨识具有独特的优越性：能够有效辨识复杂和病态结构的系统；能够有效辨识具有大时延、时变、多输入单输出的非线性复杂系统；可以辨识性能优越的人类控制器；可以得到被控对象的定性与定量相结合的模型。模糊逻辑建模方法的主要内容可分为模型结构的辨识和模型参数的估计两个层次。T–S 模型以局部线性化为出发点，具有结构简单、逼近能力强的特点，已成为模糊辨识中的常用模型，进而在 T–S 模型基础上又形成了一些新的辨识方法。另外，还有一些把模糊理论与神经网络、遗传算法等结合形成的辨识方法。

3.3.4 小波网络系统辨识法

源于小波分析理论的小波网络由于其独特的数学背景，使得它的分析和设计均有许多不同于其他网络的方面。其中以紧支正交小波和尺度函数构造的正交小波网络具有系统化的设计方法，能够根据辨识样本的分布和逼近误差要求确定网络结构和参数；此外，正交小波网络还能够明确给出逼近误差估计，网络参数获取不存在局部最小问题。正交小波网络系统辨识方法是针对输入样本空间非均匀分布时的非线性系统建模问题，讨论了其中网格系设计和参数辨识的有关算法。而在采用小波基分解法建立系统模型时，小波基分支越多，则模型与原系统的拟合越好。但过多的小波基分支会引起所需辨识参数的增加，加大辨识工作量。有些小波基分支在小波基模型中所占的权值很小，以至于可以忽略不计，这时如何筛选掉一些不必要的分支而又能保持原有模型的辨识精度就成为一个重要问题。因而，可借用经典辨识方法中的阶次判定准则来解决系统辨识中小波基展开模型的优化问题，与原小波基模型相比，优化小波基模型不仅保留了原模型的辨识精度，而且模型简化、辨识工作量降低。

3.3.5 多层递阶系统辨识法

多层递阶方法这一概念是 1983 年由韩志刚教授提出的，该方法以时变参数模型的辨识方法为基础，基本思想是在输入输出等价的条件下，把一大类非线性模型化成多层线性模型，为非线性系统的建模提供了一条有效的途径。非线性模型结构的确定是系统辨识中的一个困难问题，多层递阶辨识方法可以借助层数的增加，用多层的线性模型来描述所考虑的系统，并且将预报模型分成两部分，分别为基本结构部分和时变参数部分，然后基于模型等价的原理，依次对每层模型的时变参数进行建模，直到参数为非时变为止。该方法最显著的特点是采用时变参数，能够对客观实际进行精确拟合，准确地反映波动特性。20 世纪 90 年代初开始，多层递阶方法的研究取得了长足的进展，多层递阶辨识所得到的模型尤其利于解决某些预报问题。1997—1999 年，多层递阶预报方法在气象领域、水利方面、农业病虫害预报以及经济和金融系统中的应用研究取得了一系列令人鼓舞的成果。正如一些学者所指出的，多层递阶方法是近几年提出并发展起来的含时变参数的新型统计预测理论。

3.3.6 集员系统辨识法

集员辨识是假设在噪声或噪声功率未知但有界的情况下，利用数据提供的信息给参数或传递函数确定一个总是包含真参数或传递函数的成员集（如椭球体、多面体、平行六边体等）。不同的实际应用对象，集员成员集的定义也不同。集员辨识理论已广泛应用于多传感器信息融合处理、软测量技术、通信、信号处理、鲁棒控制及故障检测等方面。

在实际应用中，飞行器系统是一个较复杂的非线性系统，噪声统计分布特性难以确定，要较好地描述未知参数的可行解，用统计类的辨识方法辨识飞行器动参数很难达到理想效果。采用集员辨识可解决这种问题。首先用迭代法给出参数的中心估计，然后对参数进行集员估计（即区间估计）。这种方法能处理一般非线性系统参数的集员辨识，已经成功地应用于飞行器动参数的辨识。当系统数学模型精确已知，模型参数具有明显的物理意义或者物理参数具有明确的对应关系时，一般的辨识方法能够快速有效地进行故障检测与隔离。所给检测方法可快速且有效地检测出传感器故障、参数跳变故障和参数缓变故障等。该方法具有一定的适用性，不需要知道数学模型参数的先验信息，未建模动态和未知噪声均可当作有界误差来处理。集员辨识作为系统辨识的一种新的方法，给系统辨识带来了巨大的方便。

3.4 特殊结构的非线性系统辨识

非线性系统已经广泛地存在于人们的生产生活中，大部分的实际系统都是非线性系统，因此，对非线性系统辨识的研究具有理论意义和实际意义。非线性系统辨识存在的困难之一在于系统的模型描述，也就是说缺乏一个准确的动态模型来描述系统的实际结构。因此，非线性系统的辨识往往针对具体的某一类特定问题而言。下面介绍几类非线性系统可能选择的模型结构，实际应用时要视具体情况而定，而且还需要做必要的近似处理。

Wiener 模型（W 模型）和 Hammerstein 模型（H 模型）是两类结构清晰、具有典型代表性的模型，多数情况下都可以用来表示常见系统的非线性特性，长期以来受到学者们的广泛关注，在诸多研究领域都有一定的应用。随着这两类系统的推广和发展，又出现了如 Wiener–Hammerstein 模型（W–H 模型）和 Hammerstein–Wiener 模型（H–W 模型）等组合模型（图 3.6）。另外，Volterra 级数模型也是描述非线性系统的一种手段，还有 NARAMX 模型、跳变模型以及量化观测（集值）模型等。

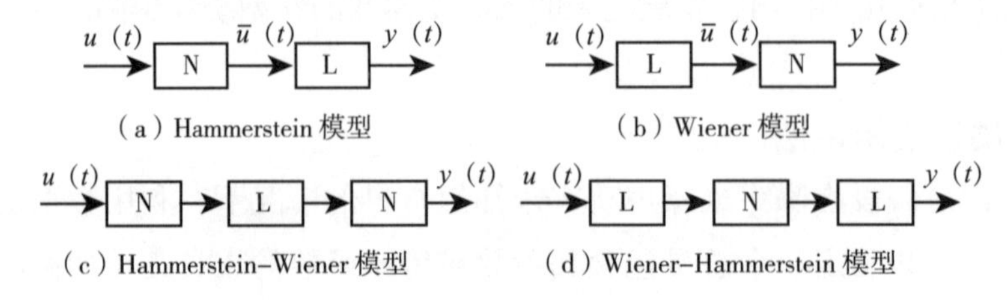

图 3.6 Wiener 模型和 Hammerstein 模型

3.4.1 Wiener 模型

Wiener 模型描述的是由一个动态的线性模块与一个静态的非线性模块（如多项式模型）串联组合而成的系统，系统的输入输出关系描述如下：

$$A(z^{-1})x(k)=B(z^{-1})z^{-d}u(k)$$
$$y(k)=f\left[x(k)\right]+e(k)$$

其中

$$A(z^{-1})=1+a_1z^{-1}+a_2z^{-2}+\cdots+a_nz^{-n}$$
$$B(z^{-1})=1+b_1z^{-1}+b_2z^{-2}+\cdots+b_mz^{-m}$$

一般非线性部分采用一个 p 阶多项式来表示或者逼近

$$f\left[x(k)\right]=r_0+r_1x(k)+r_2x^2(k)+\cdots+r_px^p(k)$$

其中，$u(k)$、$y(k)$ 和 $e(k)$ 分别是 k 时刻系统的输入、输出和量测噪声；$x(k)$ 是 k 时刻线性部分的输出，是不可测量的；$A(z^{-1})$ 和 $B(z^{-1})$ 分别是 n 阶和 m 阶后移算子多项式；d 为系统时延；$f(\cdot)$ 为无记忆非线性增益。为辨识 Wiener 模型，一般对系统作出以下假设：

- 系统结构参数 n、m、d 是已知的；
- 非线性增益 $f(\cdot)$ 为连续函数；
- $A(z^{-1})$ 为渐近稳定的多项式。

对 Wiener 模型辨识的难点主要有两个：一是线性部分与非线性部分的内部变量是不可测的，这就导致了在对线性部分和非线性部分参数进行辨识时会出现解不唯一的情况；二是 Wiener 模型非线性部分的结构如果是未知的，会对辨识产生较大影响。目前，关于 Wiener 系统辨识的经典方法主要有迭代算法、相关性分析方法、最小二乘和奇异值分解方法、随机递推算法等。

3.4.2 Hammerstein 模型

Hammerstein 模型和 Wiener 模型一样，描述的也是由一个动态的线性模块和一个静态的非线性模块串联而成的系统，但是串联顺序是相反的。其结构如图 3.6（a）所示，系统的输入输出关系描述如下：

$$x(k)=f[u(k)]$$
$$A(z^{-1})y(k)=B(z^{-1})z^{-d}x(k)+e(k)$$

其中$A(z^{-1})$和$B(z^{-1})$等定义见Wiener模型。类似地，无记忆非线性增益一般采用一个p阶多项式来表示或者逼近：

$$x(k)=r_0+r_1u(k)+r_2u^2(k)+\cdots+r_pu^p(k)$$

相比W模型，H模型非线性部分的模型参数方程没有那么严格，所以对H模型的研究结果较多，该模型在许多领域都已经有了成功应用，比如自动控制、通信系统、信号处理以及生物医药等。对H模型的研究大致可分为两个部分，一是如何对H模型中的非线性部分进行建模，二是如何对H模型中的串联环节参数进行辨识。H模型非线性部分的建模可用基函数的线性组合来实现。但是由于H模型的非线性部分为多变量非线性函数，因此，在利用基函数的线性组合来对非线性部分进行建模时，需要用到大量的参数，并且模型会有很高的阶次。如果非线性部分为分段函数的形式，就无法利用基函数的线性组合来建模。为了解决这个问题，人们提出用神经网络、模糊系统等新型算法来对H模型的非线性部分进行建模。对于H模型的串联环节参数辨识，通常使用过参数法、随机法、盲辨识法等方法对H模型的线性部分和非线性部分参数进行辨识。

3.4.3 Wiener-Hammerstein模型

Wiener-Hammerstein模型由一个动态的输入线性模块、一个静态的非线性模块和一个动态的输出线性模块串联而成。离散的W-H模型差分方程可描述为

$$P(z^{-1})v(k)=Q(z^{-1})z^{-d_1}u(k)$$
$$x(k)=f[u(k)]$$
$$A(z^{-1})y(k)=B(z^{-1})z^{-d_2}x(k)+e(k)$$

其中，$A(z^{-1})$和$B(z^{-1})$等定义见Wiener模型

$$P(z^{-1})=1+p1z^{-1}+p_2z^{-2}+\cdots+p_{n_p}z^{-n_p}$$
$$Q(z^{-1})=q_0+q_1z^{-1}+q_2z^{-2}+\cdots+q_{n_q}z^{-n_q}$$

$u(k)$、$y(k)$和$e(k)$分别是时刻k系统的输入、输出和量测噪声；$v(k)$是k时刻输入线性模块的输出；$x(k)$是k时刻线性部分的输出，是不可测量的；

$P(z^{-1})$ 和 $Q(z^{-1})$ 分别是 n_p 阶和 n_q 阶后移算子多项式；d_1 和 d_2 为系统时延；$f(\cdot)$ 为无记忆非线性增益。

3.4.4 Hammerstein-Wiener 模型

Hammerstein-Wiener 模型由一个静态的输入非线性模块、一个动态的线性模块和一个静态的输出非线性模块串联而成。其结构如图 3.6（c）所示，离散的 H-W 模型差分方程可描述为

$$\begin{aligned} y(k) &= h\left[x(k)\right]+e(k) \\ x(k) &= G(z)v(k) \\ v(k) &= f\left[u(k)\right] \end{aligned}$$

其中，线性模块部分为

$$G(z)=\frac{B(z^{-1})z^{-d}}{A(z^{-1})}$$

一般地，静态的输入非线性模块和输出非线性模块采用多项式逼近

$$\begin{aligned} v(k) &= r_0+r_1u(k)+r_2u^2(k)+\cdots+r_pu^p(k) \\ h\left[x(k)\right] &= s_0+s_1x(k)+s_2x^2(k)+\cdots+r_qu^q(k) \end{aligned}$$

H-W 模型和 W-H 模型的结构包含了两个非线性模块，模型结构更复杂，某种程度上更接近于那些规模庞大、结构复杂的实际系统，所以，这两类模型应该有更广泛的应用。但由于其模型结构复杂，模型输入与输出间的数学关系处理起来也更困难，辨识算法泛化能力比较差，因此，对这两类模型的研究成果相对不是很多，要将其用来解决实际的工程问题，还有很多问题尚待解决与处理。

3.4.5 NARMAX 模型

NARMAX 模型具有如下形式：

$$y(t)=F\left[y(k-1),\cdots,y(k-n_a),u(k-1),\cdots,u(k-n_b),e(k-1),\cdots,e(k-n_e)+e(k)\right]$$

其中，$F(\cdot)$ 是一个非线性函数，$\left\{e(k),\ k=0,1,\cdots\right\}$ 是一列具有零均值和有限方差的独立噪声。

NARMAX 模型提供了一个统一的有限可实现的非线性系统表达式，比如双线性模型、ARMAX 模型等，其优点是逼近精度高、收敛速度快、对线性参数的子集模型辨识简便，可以采用最小二乘法进行参数估计。这种模型已用在化工领域、海洋工程和电力工程当中。但是当被测对象是多变量系统且阶数较高时，模型中的参数或非常多，给系统辨识带来很大的困难，这种模型中的模型结构辨识问题一直未得到解决。

3.4.6 集值模型

集值系统是在网络化和信息化环境下涌现出来的一类新型系统。这类系统的可用信息不再是系统数据（输出或状态）的精确值，只是知道它们是否属于某个集合，或者说，只能获得它们与测量元件阈值的大小关系，我们称这类数据为集值数据。

集值系统的模型结构如图 3.7 所示，从结构上看，集值系统与经典系统最大的不同之处就是多了集值传感器这个模块，在实际中，可以是工业上氧传感器、智能传感器和生物上的比较器，当然也可以是虚拟的集值器。目前，在集值系统辨识方面已经产生一系列重要成果。

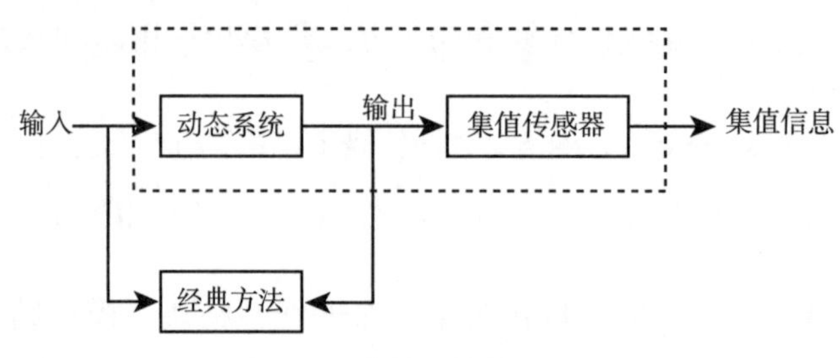

图 3.7 集值系统辨识示意

3.4.6.1 二集值输出的线性系统辨识

考虑有限脉冲（FIR）系统

$$y(k)=\sum_{i=0}^{n-1}a_i u(k-i)+d(k),\ k=1,2,\cdots$$

其中，$\{u(k)\}$ 是系统输入，$\{y(k)\}$ 是系统输出，$\{d(k)\}$ 是噪声，系统输出 $\{y(k)\}$ 被阈值为 c 的二集值传感器测量，其数学表达式为

$$s(k)=S(y(k))=I_{\{y(k)\leqslant c\}}=\begin{cases}1, & \text{如果}\ y(k)\leqslant c\\ 0, & \text{其他}\end{cases}$$

假设噪声序列 $\{d(k)\}$ 是独立同分布的随机变量序列，$d(1)$ 满足 $\sigma_d^2=E|d_1|^2<\infty$，分布函数 $F(\cdot)$ 连续可导，密度函数 $F(\cdot)$ 有界，且分布函数的反函数 $F^{-1}(\cdot)$ 存在。针对集值数据，对以上最为基本带输出随机噪声的二集值输出的线性系统，满秩输入设计方法和经验分布函数法被提出，给出了输入信号充分丰富的条件，并且构造了强一致收敛的辨识算法。另外，对于系统不仅存在输出噪声，而且存在输入噪声和输入测量噪声的情况，以及阈值未知或噪声的分布函数未知时，均可以构造强一致收敛的辨识算法。

3.4.6.2　二集值输出的非线性系统辨识

1）二集值输出的 Wiener 系统：对二集值输出的 Wiener 系统辨识的研究与以往研究相比，主要难点有两个，一个是输出信息少，另一个是系统的非线性。输出信息少使得经典辨识方法不再适用，而非线性特性使得二集值输出线性系统的已有工具也不再有效。

考虑如下的 Wiener 系统：

$$x(k)=\sum_{i=1}^{n-1}a_i u(k-i)$$
$$y(k)=H[x(k),\ \eta]+d(k)$$

其中，$\{u(k)\}$ 是系统输入，$\{y(k)\}$ 是系统输出，$\{x(k)\}$ 是中间变量，$\{d(k)\}$ 是随机噪声；$H(\cdot,\ \eta)$：$D_H\subseteq R\to R$，是 D_H 上的参数化静态非线性函数，含未知参数 $\eta\subseteq\Omega$，$\eta\subseteq R^m$；n 和 m 是已知的。系统输出 $y(k)$ 被阈值为 c 的二集值传感器测量，其数学表达式为

$$s(k)=S(y(k))=I_{\{y(k)\leqslant c\}}=\begin{cases}1, & \text{如果 } y(k)\leqslant c\\ 0, & \text{其他}\end{cases}$$

2）二集值输出的 Hammerstein 系统：已有的关于 Hammerstein 系统的方法都是以输出精确测量为基础的，研究二集值输出的 Hammerstein 系统辨识，同样要克服输出信息少和系统的非线性两个困难；而且辨识 Hammerstein 系统比辨识 Wiener 系统还要难，这是因为 Hammerstein 系统与二集值传感器这种非线性元件结合之后，非线性同时存在于输出端和输入端，这为系统辨识带来了一定的难度。

考虑如下的 Hammerstein 系统：

$$y(k)=\sum_{i=0}^{n-1}a_i x(k-i)+d(k)$$

$$x(k)=b_0+\sum_{j=1}^{m}b_j u^j(k)$$

其中，$\{u(k)\}$是系统输入，$\{y(k)\}$是系统输出，$\{x(k)\}$是中间变量，$\{d(k)\}$是随机噪声，n 和 m 都是已知的。系统输出$\{y(k)\}$被阈值为 c 的二集值传感器测量，其数学表达式为

$$s(k)=S(y(k))=I_{\{y(k)\leqslant c\}}=\begin{cases}1, & \text{如果 } y(k)\leqslant c\\ 0, & \text{其他}\end{cases}$$

针对前面两类具有集值特性的典型非线性系统 Wiener 系统和 Hammerstein 系统，提出了比例满秩信号和联合可辨识性的概念，有效克服了两端非线性给辨识带来的困难；构造了辨识算法，并分析了算法的最优性。

3.5 本章小结

现实中的非线性系统广泛存在且结构复杂，但是关于非线性系统的辨识研究，客观存在着的需求相当迫切，其研究具有重要的理论和实际意义。非线性辨识方法要与具体的非线性模型相结合，不同的非线性模型对应着不同的辨识方法。对于一些具有参数线性化特征的非线性模型，如 NARMAX 模型、Hammerstein 模型以及集值模型等，可以采用传统的系统辨识方法（如最小二乘类辨识方法）求解。对于其他非线性模型，随机梯度法等也可以用来对其求解，目前也存在一些具有普遍性的算法，现总结如下。

1）过参数法：过参数方法的思想是将非线性部分看作是一些基底函数的和，然后对系统进行过参数化，使未知参数接近于线性化，然后利用线性的辨识方法对系统进行辨识。但这种方法经常会出现线性部分和非线性部分参数的乘积项，从而导致实际所要辨识的未知参数的维度增加。

2）非参数方法：非参数方法的思想是通过分析脉冲响应或阶跃响应直接或间接地获得模型参数。如果模型的结构事先已知，则可立即获得模型参数。它不需要较深的数学理论，但是有些算术运算相当麻烦。

3）随机梯度法：随机梯度法的思想是利用白噪声性质将非线性部分从线性部分中分离，它甚至在非线性歌式未知的情况下也可对模型进行辨识。该方法的优点是计算简单，缺点是收敛速度慢，而且只能在输入为白噪声的情况下适用，因此在应用方面常常受到限制。

4）迭代法：迭代法的思想是将未知参数划分为两个集合（线性部分和非线性部分），在每次迭代过程中固定一个集合通过来计算另一个集合，然后将两个集合互换进行操作，最终得到两个集合的结果。迭代法在众多算法中是一种简单且高效的算法，常用来离线辨识，但是其收敛性常常是一个不可忽略的问题。

5）可分离最小二乘法：可分离最小二乘法的思想基于一阶充要条件，将一个变量集合看作是另一个变量集合的函数，将非线性系统（如 Hammerstein 模型）的辨识问题转化成求解两个最优化的问题，从而简化优化空间。该方法尤其适用不光滑的非线性情形。

6）盲辨识法：盲辨识法的思想是在非线性的结构未知的条件下，应用盲系统辨识技术直接辨识 Hammerstein 模型的线性部分。该方法在输出部位快速取样，仅根据输出测量来辨识线性部分。

7）智能算法：智能算法是一类借助生物群体或者客观存在着的一些规律来解决某类问题的算法。数学、物理学、化学、心理学、生物学以及神经科学等学科的现象或规律都可以成为智能算法的思想源泉。如之前提到的神经网络辨识算法、模糊逻辑辨识算法都属于智能算法的范畴。基于智能计算的非线性系统辨识是目前系统辨识领域研究的一个热点和难点，该方法主要是将智能知识跟已知或者假定的模型结构相结合，利用合理的模型结构表示对象模型结构，用智能进化方法求取模型中的未知参数或确定模型中的待定因素。群体智能算法是智能算法的又一块内容，它起源于仿生学，受自然界生物的群体生活方式启发而来。比较成熟和典型的群体智能算法有粒子群优化算法、蚁群优化算法、鱼群优化算法以及基于群体的人工免疫系统等。

传统的辨识方法与近年来新出现的智能算法相结合已经是系统辨识领域新的研究方向，神经网络、模糊理论及群体智能算法等方法已经被应用于辨识研究的很多方面，这是系统辨识发展的一个趋势。

第四章　自适应动态规划与平行控制基础

4.1　自适应动态规划思想

4.1.1　自适应动态规划的数学基础

20 世纪 50 年代，动态规划由美国数学家贝尔曼提出，是求解多阶段决策过程最优化问题的数学方法，现已在最优控制领域获得广泛应用。动态规划主要应用于求解以时间划分阶段的动态过程的优化问题，然而只要人为地引进时间因素，很多与时间无关的优化问题都可以视为多阶段决策过程，因此可以用动态规划方法求解，这是动态规划方法被广泛应用的重要原因。动态规划方法在许多领域已经获得广泛应用，在生产、收益、资源分配、设备更新、工业控制、多级工艺设备的优化设计以及信息处理等方面都有成功应用。

最优化原理和无后效性是使用动态规划方法求解最优控制问题的两个条件。动态规划方法解决最优控制问题的原理是将系统的初值作为参数，然后利用最优目标函数的性质，得到性能指标函数满足的动态规划方程，这个方程是动态规划方法的精髓。从动态规划方法可以看出，整体最优一定是局部最优，这个原理称为“最优性原理”。最优性原理可以将多阶段决策过程转化为多个单阶段决策过程。对于离散时间控制系统，可以得到最优迭代方程，从而建立起迭代计算方法；对于连续控制系统，除了可以得到最优关系表达式，还可以建立与变分法和极小值原理的关系。一个多阶段决策过程最优化问题的动态规划模型通常包含以下要素。

1）阶段：阶段是对整个过程的自然划分，通常根据时间顺序或空间特征来划分阶段，以便按阶段的次序求解优化问题。描述阶段的变量称为阶段变量。在多数情况下，阶段变量是离散的，用 k 表示。此外，也有阶段变量是连续的情形。如果过程可以在任何时刻作出决策，且在任意两个不同时刻之间允许有无穷多个决策时，阶段变量就是连续的。

2）状态：表示每个阶段开始时过程所处的自然状况。状态用于描述过程的特征并且具有无后向性，即当某阶段的状态给定时，这个阶段以后过程的演变与该阶段以前各阶段的状态无关，即每个状态都是过去历史的一个完整总结。通常还要求状态是直接或间接可以观测的。描述状态的变量称状态变量，用 x 表示，变量允许取值的范围称允许状态集合。另外，状态可以有多个分量，用向量 x 来表示，称为多维状态。每个阶段的状态维数可以不同。

3）控制：当一个阶段的状态确定后，可以做各种选择，从而演变到下一阶段的某个状态，这种选择手段称为决策，在最优控制问题中也称为控制。描述控制的变量称控制变量，用 u 表示。变量允许取值的范围称允许控制集合。

4）性能指标函数：任何一个控制过程都必须有一个度量其控制效果好坏的准则，称为性能指标函数或值函数。性能指标函数是衡量过程优劣的数量指标，是关于控制变量和状态变量的数量函数。

5）最优控制和最优状态轨迹：使性能指标函数达到最优值的控制是从初始时刻开始的后部子过程的最优控制，简称最优控制。从初始状态出发，过程按照系统方程和最优控制演变所经历的状态序列称最优状态轨迹。

4.1.1.1　离散系统的动态规划

对于离散系统，一个多级控制过程如图 4.1 所示。对第 $k+1$ 阶段来说，$x(k)$ 是初始状态，是由前面 k 阶段所有的控制 $u(0)$，$u(1)$，…，$u(k-1)$ 所产生的结果。从第 $k+1$ 阶段到终段为这个多级决策过程的后部子过程，后部子过程的初始状态即为 $x(k)$。

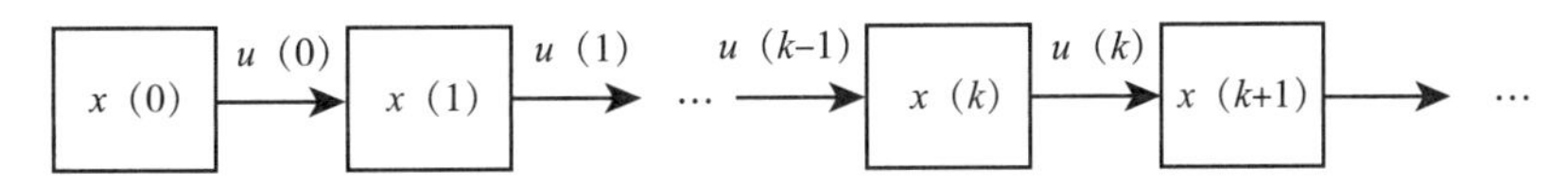

图 4.1　离散系统动态规划示意图

根据最优性原理，对于上述多级控制过程，可以总结出多级控制过程的最优控制具有如下性质：对于多级控制过程的后部子过程，无论初始状态 $x(k)$ 及前 k 阶段控制如何，后部子过程的控制 $u(k)$，$u(k+1)$，… 对于初始控制形成的状态 $x(k)$ 来说必定是一个最优控制。我们可以将上述最优性原理用数学语言来表示，即对于一个给定离散时间的非线性系统：

$$x(k+1)=f(x(k),u(k)) \tag{4.1}$$

式中，$x(k)\in\mathbb{R}^n$ 为系统状态，$u(k)\in\mathbb{R}^m$ 为控制变量。定义性能指标函数为

$$J(x(k))=\sum_{i=k}^{\infty} l(x(i),u(i)) \tag{4.2}$$

式中，$l(x(i),u(i))$ 称为效用函数。最优控制的目标是使性能指标函数（4.2）最小化。假设已经计算出从 $k+1$ 时刻的所有可能的状态 $x(k+1)$ 的性能指标函数 $J^*(x(k+1))$，并且已经找到从 $k+1$ 时刻的所有最优控制 $u^*(k+1)$，$u^*(k+2)$,…，那么 k 时刻的性能指标函数可以表示为 $l(x(k),u(k))+J^*(x(k+1))$。根据贝尔曼最优性原理，k时刻的最优性能指标函数可以表示为

$$J^*(x(k))=\min_{u(k)}\left\{l(x(k),u(k))+J^*(x(k+1))\right\}$$

因此，k时刻的最优控制 $u^*(k)$ 可以表示为

$$u^*(k)=\arg\min_{u(k)}\left\{l(x(k),u(k))+J^*(x(k+1))\right\}$$

4.1.1.2　连续系统的动态规划

对于连续系统，其状态变量轨迹如图 4.2 所示，从已知初始状态 $x(t_0)$ 转移到 $x(t_f)$。在连续系统最优控制问题中，同样以最优性原理为理论基础。假设状态在这条轨迹上运行是最优的，则必然使下列性能指标函数为极小：

$$J(x(t_0))=\int_{t_0}^{t_f} l(x(\tau),u(\tau))\,d\tau$$

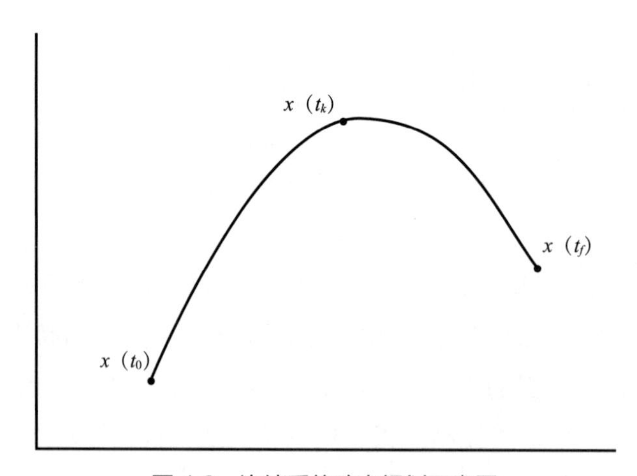

图 4.2　连续系统动态规划示意图

假设 $t=t_1$ 时，状态为 $x(t_1)$，则后部子过程的性能指标函数也为极小，即

$$J_1(x(t_1))=\int_{t_1}^{t_f} l(x(\tau),u(\tau))\,d\tau$$

最优性原理说明，如果从 t_0 到 t_f 的控制是最优的，则无论系统是怎样转移到状态 $x(t_1)$ 的，一旦 $x(t_1)$ 已知，则 t_1 到 t_f 的控制是最优控制，即 J_1 为极小值。

将上述最优性原理用数学语言表示，即对于一个给定的连续时间非线性系统：

$$\dot{x}=f(x(t),\ u(t))$$

式中，$x(t)\in\mathbb{R}^n$ 为系统状态，$u(t)\in\mathbb{R}^m$ 为控制变量。定义性能指标函数为

$$J(x(t))=\int_t^{\infty}l(x(\tau),\ u(\tau))\,d\tau \tag{4.3}$$

式中，$l(x(\tau),\ u(\tau))$ 为效用函数。最优控制的目标是最小化性能指标函数（4.3）。定义 $U[t,\ \infty]$ 为在区间 $[t,\ \infty)$ 上的控制集合。根据贝尔曼最优性原理可知，t 时刻的最优性能指标函数可以表示为

$$J^*(x(t))=\min_{u(\cdot)\in U[t,\ \tau]}\left\{\int_t^{\tau}l(x(s),\ u(s))\,ds+J^*(x(\tau))\right\}$$

由于上述方程几乎无法获得解析解，因此针对连续系统推导出如下 Hamilton-Jacobi-Bellmn（HJB）方程。假设 $J^*(x(t))$，$f(x(t),\ u(t))$ 和 $l(x(t),\ u(t))$，偏导数存在且在定义域上连续，则沿着最优控制 $u^*(t)$ 的最优性能指标函数 $J^*(x(t))$ 满足如下 HJB 方程：

$$\begin{aligned}-\frac{\partial J^*(x(t))}{\partial t}&=\min_{u\in U}\left\{l(x(t),\ u(t))+\left(\frac{\partial J^*(x(t))}{\partial x(t)}\right)^T f(x(t),u(t))\right\}\\&=l(x(t),\ u^*(t))+\left(\frac{\partial J^*(x(t))}{\partial x(t)}\right)^T f(x(t),\ u^*(t))\end{aligned} \tag{4.4}$$

HJB 方程（4.4）是动态规划方法应用到连续系统的理论基础，我们将以其为基础研究连续系统的自适应动态规划方法。

4.1.2 自适应动态规划方法阐述

对于高维数、长时间的最优控制问题，如果使用传统的动态规划方法，那么计算量和存储量会呈指数增长，通常被称为动态规划的“维数灾”问题。这是传统的动态规划方法无法解决的问题。另外，动态规划要求按照时间阶段逆向计算，而同时动态系统的状态又要求根据系统函数按照时间正向顺序计算，这使得传统动态规划方法的直接应用变得更为困难。

为了克服这些缺点，韦伯斯提出了自适应动态规划方法，也称为自适应评价设计、启发式动态规划和神经元动态规划等。自适应动态规划的基本原理是通过利用函数近似结构（如用神经网络）来逼近经典动态规划中的性能指标函数，从而逼近最优性能指标函数和最优控制。由于神经网络不仅可以自适应调节自身的权值并自适应地逼近性能指标函数，同时又能对最优控制的近似效果给出评价信号，因此被广泛应用于自适应动态规划方法中。

自适应动态规划算法主要由三部分组成：动态系统、执行模块和评价模块（图4.3）。当系统模型未知时，可以通过神经网络对系统模型进行辨识；执行模块用于生成系统的控制策略，通过调节执行模块的参数来达到逼近最优控制策略的目的；评价模块用于评价执行模块生成的控制策略的优劣。

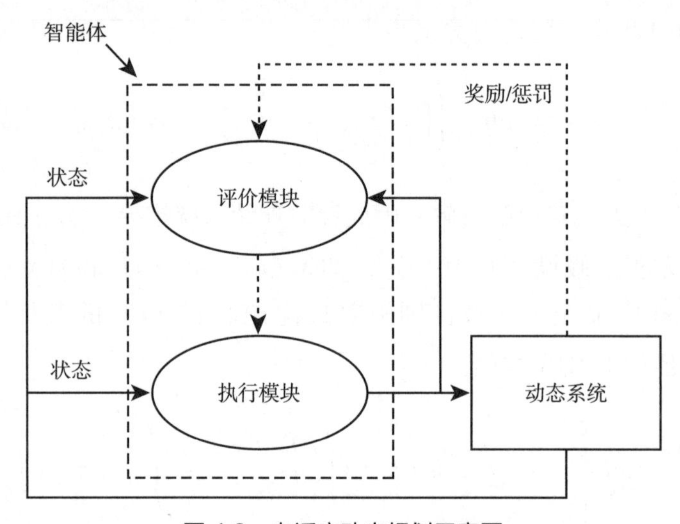

图 4.3　自适应动态规划示意图

评价模块和执行模块可以视为一个智能体。通过智能体与环境的交互，对执行模块产生的控制策略进行奖惩强化，从而利用奖惩信号对智能体的评价体系进行更新，使其对执行模块输出的控制决策评价更准确。评判函数的参数更新是基于贝尔曼最优原理进行的，这样不仅可以减少前向计算时间，而且可以在线响应未知系统的动态变化，对网络结构中的某些参数进行自动调整。

4.2　自适应动态规划原理

实现自适应动态规划方法有很多途径，根据神经网络权值更新方法的不同，自适应动态规划方法的结构可分为多种。韦伯斯给出了两种自适应动态规划的结构，一种是启发式动态规划（heuristic dynamic programming，HDP），另一种是二次启发式规划（dual heuristic programming，DHP）。HDP 是 ADP 方法中最基础且应用最广泛的结构，其中的评价模块和执行模块均采用神经网络实现，分别称为评价网络（critic neural network，CNN）和执行网络（action neural network，ANN）。HDP 中评价网络的作用仅仅是近似代价函数，而 DHP 中评价网络近似的是代价函数对于状态的导数，所以 DHP 具有更高的精度，但是也需要更大的计算量。随后，韦伯斯提出了一种新的结构——“执行依赖”结构，并分别构建了执行依赖启发式动态规划（action dependent heuristic dynamic programming，ADHDP）和执行依赖二次启发式规划（action dependent dual heuristic programming，ADDHP）。此外，全局二次启发式规划（globalized DHP，GDHP）也被广泛应用，其特点是评价网络不仅估计系统的代价函数本身，同时也估计代价函数的梯度。此外，还有目标导向启发式动态规划（Goal representation HDP，GrHDP）等多种其他结构。下面将详细介绍自适应动态规划方法中比较重要的几种结构。

4.2.1 启发式动态规划

HDP 实现简单、应用广泛，是使用最普遍的一种。其结构如图 4.4 所示，由执行网络、评价网络和模型网络组成，这三个网络通常都采用 BP 神经网络实现。其中，执行网络的输入是系统状态，输出是最优控制量；评价网络的输入是执行网络输出的最优控制，输出的是性能指标函数；模型网络是对动态系统模型的近似，输出状态供给评价网络和执行网络更新权值。下面用数学模型对 HDP 结构进行详细描述。性能指标函数可以由下式计算得出：

$$J(x(k))=l(x(k),u(k))+J(x(k+1)) \tag{4.5}$$

其中，$u(k)$ 是控制策略，性能指标函数 $J(x(k))$ 和 $J(x(k+1))$ 由评价网络输出。如果评价网络的权值设为 w，可以令（4.5）右式为

$$d(x(k),w)=l(x(k),u(k))+J(x(k+1),w)$$

同时（4.5）左式可以写为 $J(x(k),w)$。因此，可以调节评判网络权值 w，最小化如下均方误差函数：

$$w^*=\arg\min_{w}\left\{\left|J(x(k),w)-d(x(k),w)\right|^2\right\}$$

根据最优性原理可知，最优控制满足如下一阶微分必要条件：

$$\frac{\partial J^*(x(k))}{\partial u(k)}=\frac{\partial l(x(k),u(k))}{\partial u(k)}+\frac{\partial J^*(x(k+1))}{\partial u(k)}$$
$$=\frac{\partial l(x(k),u(k))}{\partial u(k)}+\frac{\partial J^*(x(k+1))}{\partial x(k+1)}\frac{\partial f(x(k),u(k))}{\partial u(k)}$$

因此得到最优控制

$$u^*=\arg\min_u\left\{\left\|\frac{\partial J(x(k))}{\partial u(k)}-\frac{\partial l(x(k),u(k))}{\partial u(k)}-\frac{\partial J(x(k+1))}{\partial x(k+1)}\frac{\partial f(x(k),u(k))}{\partial u(k)}\right\|\right\}$$

其中，$\frac{\partial J(x(k+1))}{\partial x(k+1)}$ 可由评判网络权值 w 和输入输出关系获得。

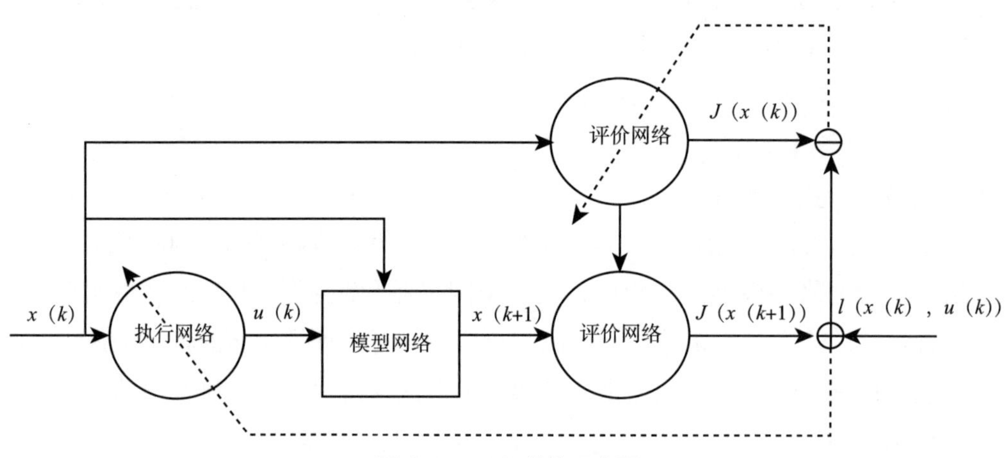

图 4.4　HDP 结构示意图

4.2.2　二次启发式规划

DHP 结构如图 4.5 所示。DHP 的结构基本与 HDP 结构相似，二者的主要区别在于评价网络的输出，DHP 的评价网络输出为性能指标函数 J 对状态 x 的导数，其中 $\frac{\partial J(x(k))}{\partial x(k)}$ 也叫作协状态。为此，我们需要知道效用函数对状态的导数 $\frac{\partial l(x(k),u(k))}{\partial x(k)}$ 以及系统函数对状态的导数 $\frac{\partial f(x(k),u(k))}{\partial x(k)}$ 。DHP 中评价网络的权值更新策略根据性能指标函数和效用函数对状态的导数计算得出：

$$\frac{\partial J(x(k))}{\partial x(k)}=\frac{\partial l(x(k),u(k))}{\partial x(k)}+\frac{\partial J(x(k+1))}{\partial x(k)} \tag{4.6}$$

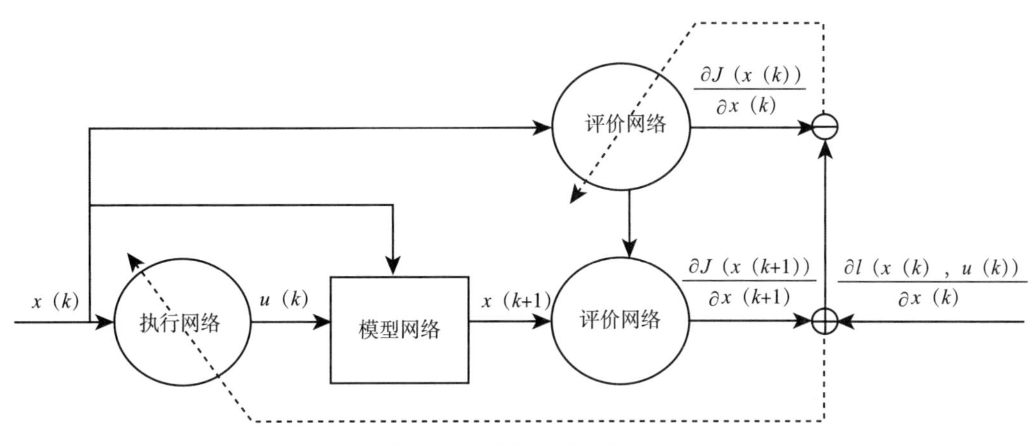

图 4.5 DHP 结构示意图

其中，协状态 $\frac{\partial J(x(k))}{\partial x(k)}$ 和 $\frac{\partial J(x(k+1))}{\partial x(k)}$ 为评判网络的输出。设评判网络的权值为 w，令（4.6）右式为

$$e(x(k),w)=\frac{\partial l(x(k),u(k))}{\partial x(k)}+\frac{\partial J(x(k+1),w)}{\partial x(k)}$$

同时（4.6）左式可以写为 $\frac{\partial J(x(k),w)}{\partial x(k)}$ 。通过调节评判网络的权值为 w，最小化如下均方误差函数：

$$w^*=\arg\min_{w}\left\{\left|\frac{\partial J(x(k),w)}{\partial x(k)}-e(x(k),w)\right|^2\right\} \tag{4.7}$$

获得最优协状态。根据最优性原理，最优控制应满足一阶微分必要条件，即

$$\begin{aligned}\frac{\partial J^*(x(k))}{\partial u(k)}&=\frac{\partial l(x(k),u(k))}{\partial u(k)}+\frac{\partial J^*(x(k+1))}{\partial u(k)}\\&=\frac{\partial l(x(k),u(k))}{\partial u(k)}+\frac{\partial J^*(x(k+1))}{\partial x(k+1)}\frac{\partial f(x(k),u(k))}{\partial u(k)}\end{aligned}$$

因此，得到最优控制

$$u^*=\arg\min_{u}\left\{\left|\frac{\partial J(x(k))}{\partial u(k)}-\frac{\partial l(x(k),u(k))}{\partial u(k)}-\frac{\partial J(x(k+1))}{\partial x(k+1)}\frac{\partial f(x(k),u(k))}{\partial u(k)}\right|\right\}$$

其中，$\frac{\partial J(x(k+1))}{\partial x(k+1)}$ 为最优协状态，满足式（4.7）。

4.2.3 全局二次启发式规划

通过上述推导可以看出，在 HDP 方法中，最优控制要通过评判网络权值 w 和输入输出关系式得出；而在 DHP 方法中，最优控制可以通过协状态直接获得。因此，一般地，DHP 相对于 HDP 具有更高的控制精度。然而，HDP 直接计算性能指标函数本身，而 DHP 则需要计算性能指标函数对于状态的导数，从而需要更高的计算量。

在 HDP 和 DHP 基础上，普罗霍夫和翁施提出了全局二次启发式规划。GDHP 可以看成是 HDP 和 DHP 的结合，其评价网络输出既有代价函数 J，也有协状态 $\frac{\partial J(x(k))}{\partial x(k)}$。GDHP 的误差反传路径多于 HDP 和 DHP，其实现颇为复杂，实际应用相对较少。

4.2.4 控制依赖结构的 ADP 方法

在 HDP 和 DHP 基础上，韦伯斯进一步提出了两种改进结构——ADHDP 和 ADDHP。这两种方法与 HDP 和 DHP 的主要区别在于评价网的输入不仅有系统状态，还包含控制输入。控制依赖启发式动态规划（ADHDP）的结构如图 4.6 所示，评判网络的输出通常称为 Q 函数，因此 ADHDP 也被称为 Q 学习。执行依赖二次启发式规划（ADDHP）的结构如图 4.7 所示，ADDHP 比 DHP 具有更高的控制精度。

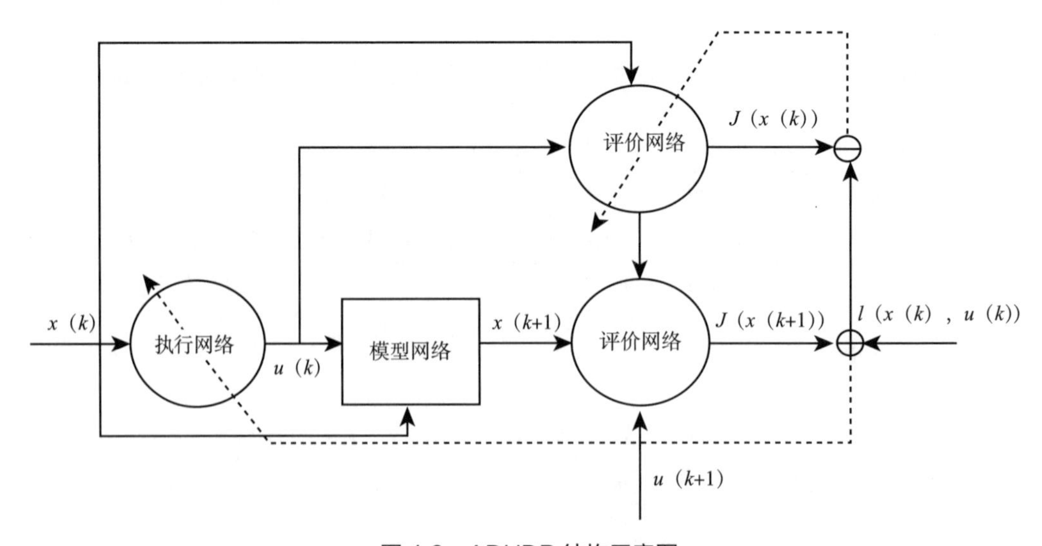

图 4.6　ADHDP 结构示意图

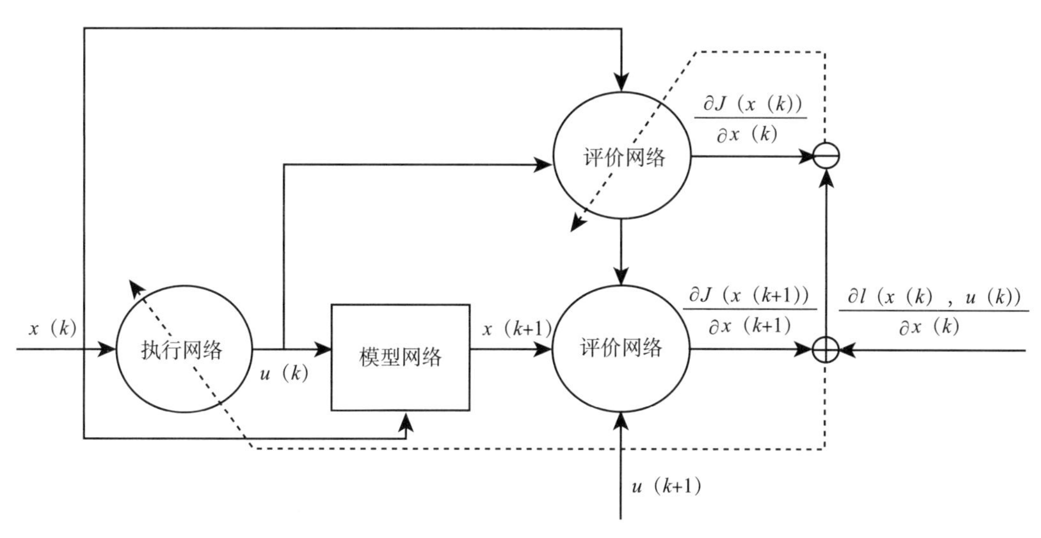

图 4.7　ADDHP 结构示意图

4.3　平行控制

随着工业的快速发展，大型生产中的过程控制系统、制造执行系统和企业资源规划集成程度不断提高，不可避免地导致工程复杂性不断增加；越来越多的人文需求以及互联网的迅速崛起也使得传统的工程领域越来越多地考虑社会与人的因素，从而不可避免地引入社会复杂性。工程复杂性和社会复杂性之间的交互程度也越来越高。

平行控制是一种应对复杂系统管控的数据驱动的计算控制方法，是 ACP 理论在控制领域的具体应用，其核心是利用人工系统进行系统建模和表示，通过计算实验进行分析和评估，最后借助平行执行实现对复杂系统的控制和管理。平行控制是反馈控制特别是自适应控制方法向复杂系统问题扩展的自然结果。

平行控制（parallel control）与并行计算（parallel computing）中的 parallel 含义不同，前者指虚实之间的平行互动，是实际物理过程与人工计算过程之间的平行交互。并行计算是将问题划分为许多子问题同时计算的一种解决问题的方式；而平行控制是将实际问题向虚拟空间扩充，通过虚实互动完成控制任务的一种解决问题的方式（图 4.8）。

4.3.1　复杂系统和复杂性研究的虚实结合思路

1990 年，钱学森、于景元、戴汝为联名发表了论文《一个科学新领域——开放的复杂巨系统及其方法论》，以“综合集成”的思路开创了复杂系统研究的新局面。

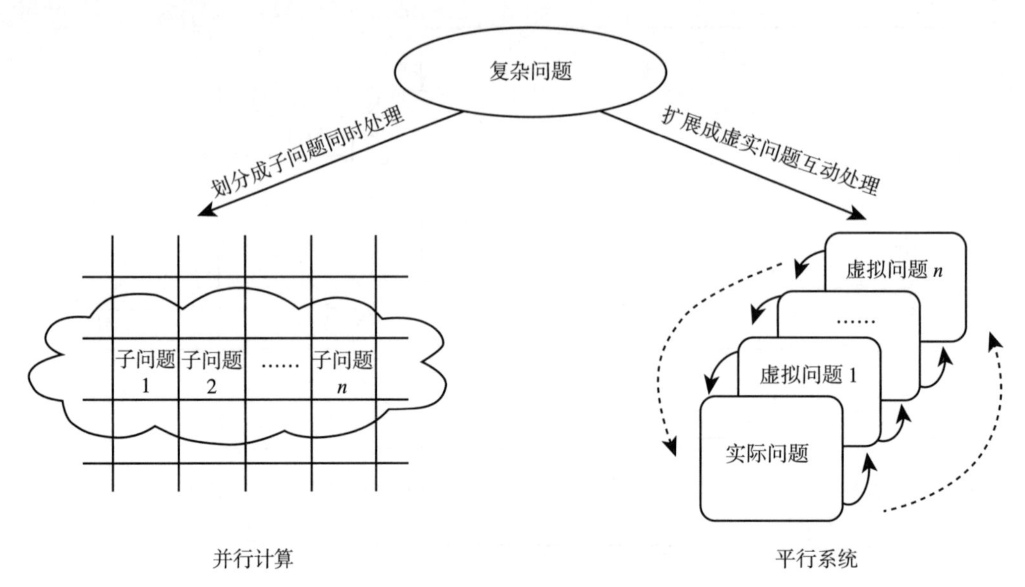

图 4.8 并行计算与平行系统

1999 年,《科学》杂志组织了“复杂系统”专刊，提出了复杂性科学是 21 世纪的科学这一观点。然而，除了针对一些有解析模型的特殊系统外，至今研究者对复杂系统和复杂性问题并没有形成共识，更谈不上普适的解决方法。

平行控制的提出人王飞跃认为，复杂性的科学是关于可能性的科学，对其研究需要跳出传统的牛顿体系的经典科学观念，考虑默顿系统的特性。基本上，复杂系统应当包含两个特征——“不可分”与“不可知”。不可分特征指相对于任何有限资源，在本质上，一个复杂系统的整体行为不可能通过对其部分行为的独立分析而完全确定；不可知特征指相对于任何有限资源，在本质上，一个复杂系统的整体行为不可能预先在大范围内（如时间、空间等）完全确定。

所谓“不可分”，就是不能按照传统的方式一直分下去，最后还原出来整个复杂系统的行为，即还原论方法。所谓“不可知”，则因为社会复杂性中人的因素，在对实际复杂系统的控制和管理中无法简单地依照经典博弈理论中的假定，认为任何人的行为都是理性的。这就导致了复杂系统“不可分又要分”“不可知又要知”的对立性矛盾。

实际上，复杂性问题的实质就是矛盾。研究复杂系统要面临许多矛盾，例如，要对不能建模的系统进行建模、要对不能分析的东西进行分析、要对不能预测的事件进行预测，等等。然而这都是表面上的矛盾，反映的是有限资源与无限需求之间永恒且本质性的矛盾。解决的核心是对立统一思想：对立是矛盾，“知必虚而解”就是通向“统一”的一种思路和途径。

对“虚”，可有各种各样的理解，比如现代量子力学的创始人之一波恩在《我的一生和我的哲学观》中提出要把主观性的倾向融入科学领域，这就是“虚”的一部分，是社会学心理学的应用。四百年前，虚数的提出使得简单的 $x^2+1=0$ 和其他的代数方程有了“解”，也为后来量子力学和相对论的建立铺平了道路。时至今日，虚数早已不“虚”，实实在在地成为数的一半，与实数一起组成复数，形成新的复数空间（图 4.9）。就像代数方程需要虚数的概念及其开拓的新的解空间一样，复杂系统要有“解”，也必须引入相应的“虚数”才可以，即“知必虚而解”。

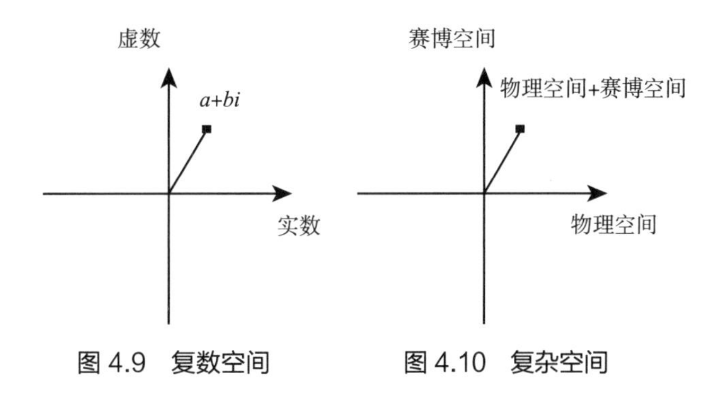

图 4.9 复数空间　　图 4.10 复杂空间

但何为复杂系统的“虚数”？这一“虚数”又如何能够用来构造复杂性科学的新的解空间？对此，目前并没有明确的答案，但我们认为今天的网络空间和正在兴起的赛博空间（cyberspaces）可以回答这些问题，至少可以成为这一“虚数”和相应的解空间的载体。未来的生活空间将从过去的物理空间扩展到包含正在兴起的虚拟空间的复杂空间（图 4.10）。很显然，如何利用这一认识，特别是已经存在的数字化资源和新的社交、学习、工作和生活方式，具体地构造求解复杂问题的“虚数”和解空间，无论在研究或技术上都是一项挑战。平行控制及其所基于的 ACP 方法正是沿着这个思路的一种尝试。

4.3.2 ACP 方法的基本概念

ACP 方法可以分成三步。第一步，利用人工系统对复杂系统进行建模。由于复杂系统难以甚至无法精确建模的特点，相比传统牛顿力学系统的确定性建模，人工系统建模构建于可能性层面。第二步，利用计算实验对复杂系统进行分析和评估。一旦有了针对性的人工系统，我们就可以把人的行为、社会的行为放在计算机里，把计算机变成一个实验室进行“计算实验”，并通过“实验”来分析复杂系统的性质，评估其可能的后果。第三步，将实际社会与人工系统并举，通过实际与人工之间的虚实互动，以平行执行的方式对复杂系统的运行进行有效控制和管理。人工系统可以看成是传统数学或解析建模的扩展，计算实验是仿真模拟的升华，而平行执行就是包括内模控制、预测控制、自适应动态规划等自适应控制方法在内的进一步推广。

在一定意义上，ACP 方法解决了复杂系统“科学解决方案”的“科学悖论”问题。对于多数复杂系统，由于问题太复杂，根本无法实验，然而科学的解决方案至少要具备两条：一是可以实验，二是能够重复其实验结果。实际上，对于涉及人与社会的复杂系统，无法进行实验的问题十分突出：一是经济方面的原因，成本太高；二是法律方面的原因，做了违法；三是道德方面的原因，不能拿他人的利益甚至生命做实验；四是本质性的原因，在科学上无法做这个实验，许多实验条件再试就不一样了，怎么进行重复试验？更无法重复结果，故此，必然导致“科学解决方案”之“科学悖论”。

所以，ACP 方法退而求其次，只做“计算实验”，让硬的解析知识“软”一点，让软的体验知识“硬”一点，如此，把计算机变成社会“实验室”，做不了“硬”实验，就用“软”实验替代。有真可仿时，做“仿真实验”；无真可仿时，做“计算实验”，而且如此实验的过程可控、可观、可重复。这样，就能满足最起码的“可实验、可重复”的科学要求，在一定程度上破解了复杂系统之“科学悖论”。

ACP 方法是在钱学森、于景元、戴汝为提出的综合集成科学思想和综合研讨体系技术的基础上，把信息、心理、仿真、决策融为一体，以可计算、可操作、可实现的方式为研究复杂性和控制与管理复杂系统提供了一个思路和方法。ACP 的想法还受到艾弗雷特关于量子力学“平行世界”解释以及波普尔关于现实的三个世界理论的影响。

4.3.3 平行控制的基本框架和原则

在 ACP 方法的基础上，平行控制可定义为通过虚实系统互动的执行方式来完成任务的一种控制方法，其特色是以数据为驱动，采用人工系统为建模工具，利用计算实验对系统行为进行分析和评估。平行控制是一种利用从定性到定量的知识转化，面向数据，以计算为主要手段的控制与管理复杂系统的方法。其核心思想为：针对复杂系统，构造其实际系统与人工系统交互的平行系统，目标是使实际系统趋向人工系统，而非人工系统逼近实际系统，进而借助人工系统使复杂问题简单化，以此实现复杂系统的控制与管理。

图 4.11 给出了利用平行系统进行平行互动的基本框架。在此框架之下，可有三种主要的工作模式：①学习与培训，此时以人工系统为主，且人工系统与实际系统可有很大的差别，而且并不必须平行运作；②实验与评估，此时以计算实验为主，

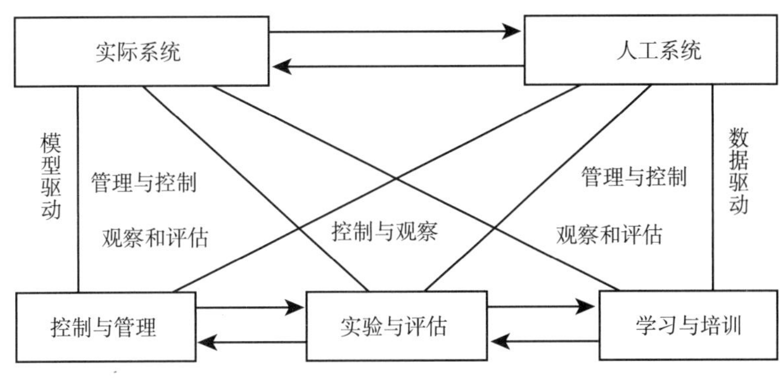

图 4.11　平行系统运行的基本框架与模式

人工系统与实际系统须有相应的交互，以此可以对各种各样的解决方案进行不同程度的测试，对其效果进行评判和预估；③控制与管理，此时以平行执行为主，人工系统与实际系统应当可以实时地平行互动、相互借鉴，以此完成对复杂系统的有效控制与管理。需要指出的是，一个实际系统可与多个人工系统互动。如图 4.12 所示，一个实际系统可同时或分时地与影像人工系统、理想人工系统、试验人工系统、应急人工系统、安全人工系统、优化人工系统、评价人工系统、培训人工系统、学习人工系统等进行交互。

将平行系统之平行互动嵌入如图 4.13 所示的经典控制系统的基本框架，即形成平行控制的基本框架（图 4.15）。从经典控制到平行控制，中间有一个自然的过渡，就是如图 4.14 所示的自适应控制。实际上，即使在经典控制中也隐含着人工系统和平行执行的思想。然而，由于多数情况下经典控制所涉及的系统没有自主行为能力，其所对应的人工系统可由微分方程或差分方程等解析形式的方程来描述，而且逼近的精度很高，可作为实际系统用于分析，直接融入计算控制量的公式之中；此时，由于实际系统与人工系统几乎等价，故此没有必要再分离出独立的人工系统和平行执

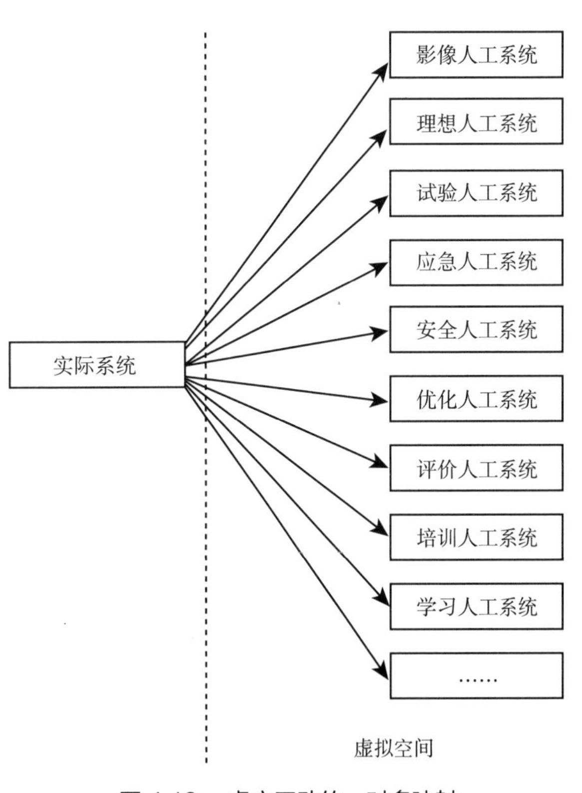

图 4.12　虚实互动的一对多映射

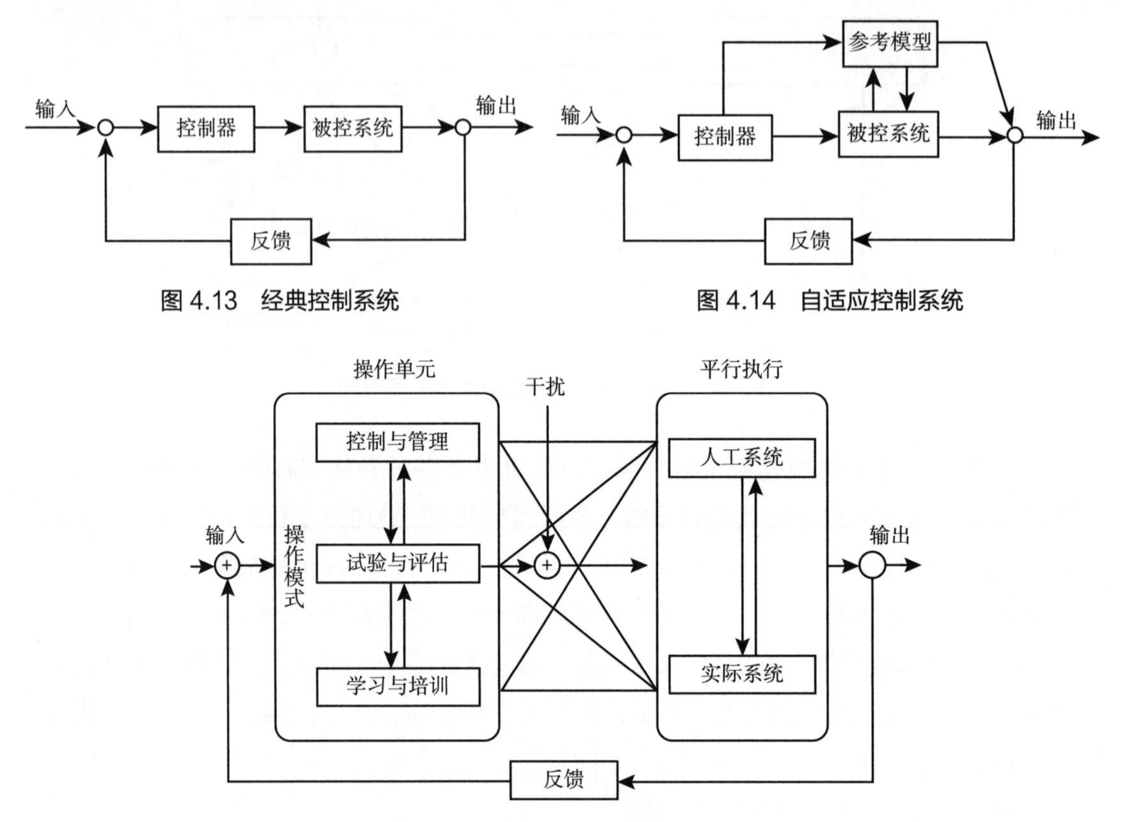

图 4.13　经典控制系统

图 4.14　自适应控制系统

图 4.15　平行控制系统

行部分。当难以甚至无法得到实际系统的解析模型时，就出现了以参考模型及内模为人工系统的自适应控制和内模控制方法（图 4.14）；此时，实际系统、人工系统、控制系统之间的“平行执行”已从经典控制时的隐式变为显式，但所处理的仍然是没有自主行为的系统。在控制复杂系统，特别是当包含诸如操作员、管理者等自主行为元素时，我们已几乎无法建立可以逼近实际系统的模型，因此只能利用独立的人工系统，使实际系统与人工系统相互趋近，但往往以实际系统趋向人工系统为目标，而非用人工系统逼近实际系统；此时，人工系统、计算实验、平行系统成为独立组成部分，ACP 得到充分利用，原本单一的控制器也升华为多功能，多模式的控制甚至成为管理系统或管理器。

图 4.16 给出了控制方法与系统复杂性的关系示意图。简而言之，对于简单系统，以频域分析为代表的经典控制方法足矣，有时可以利用物理实验的手段进行检验；对于一般系统或普通的大型系统，以状态变量为主的现代控制方法也能胜任控制任务，需要时可以利用物理实验或计算机仿真的手段进一步验证；对于其他规模系统和一些复杂系统，可以采用计算智能为主的智能控制方法，必要时需利用计算机仿真及仿真实验的手段进行深入分析；对于复杂系统，特别是具有自主行为能力

的复杂系统，采用以计算实验为核心手段的平行控制方法。

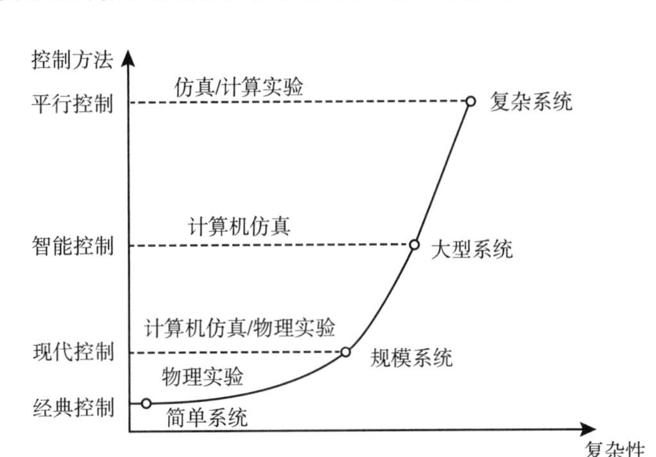

图 4.16 控制的方式与系统复杂性

我们可以通过两个极端情景来进一步阐明常规控制方法与平行控制方法之间的差别。先考虑简单物理过程的常规控制，其中的解析建模是为了使模型系统逼近实际过程，进而可以根据模型来计算实现过程目标的控制行动，因此模型“依附”于实际。再考虑复杂社会系统的平行控制，其中的人工系统是为了使实际系统趋近人工过程，进而可以根据目标来指定如何影响实际系统的管控措施，因此人工“独立”于实际。当然，此处的“依附”和“独立”都不是绝对的，其程度随系统复杂性的变化而变化。换言之，常规控制中的解析模型是控制之模型，而平行控制中的人工系统是目标之社会。对于处于简单物理系统和复杂社会系统之间的系统，其相应的人工系统也将介于二者之间。

4.4 平行动态规划

平行动态规划（parallel dynamic programming，PDP）源于平行控制理论和自适应动态规划方法，是一种基于数据的复杂系统优化控制方法。平行动态规划考虑包括人和社会等要素的大闭环控制，扩展了传统小闭环控制的框架，建立与实际系统对应的人工系统，从而构成双闭环控制系统，即平行控制系统。其基本特点是改变人工系统的非主导地位，使其角色从被动到主动、静态到动态、离线到在线，最后由从属地位提高到对等地位，使人工系统在实际复杂系统的控制和管理中充分发挥作用。对于复杂系统，尤其是考虑了人的因素的赛博物理社会系统，随着集成程度的不断提高以及人的因素，其机理模型几乎不可能精确建立。因此，仅考虑实际系统的自适应动态规划方法存在一定的局限性。

4.4.1 分析智能：从 ACP 到 DPP

在经典自适应动态规划的实现过程中，通过试错机制找到理想控制策略的强化学习是有效的方法之一。但同时应该指出的是，基于试错的方法在实际系统应用时存在一定缺点：由于安全性和成本的原因，许多现实世界的控制系统不能被充分“尝试”；此外，当控制系统处于“发散”状态时，大部分探索可能都是无意义的，反而会导致消耗的无限扩大，同时也让控制系统处于不安全的状态；试错对实际物理系统的伤害可能是巨大的，当处理包含人和社会因素的 CPSS 系统时，有时“错误”甚至是不可容忍的。AlphaGo 的成功表明，通过两个虚拟玩家的虚拟围棋游戏来进行强化学习是有可能的。然而，与围棋问题不同，在实际问题中，我们往往并不知道现实世界中大多数控制和管理问题的动态系统或确切规则。因此，我们需要在一定程度上克服实际物理系统的限制，尝试将实际系统问题扩展到虚拟的赛博空间，再通过虚实互动的方式解决问题。

在赛博空间中，利用数据构造平行系统是进一步解决试错法中存在问题的关键。引用现代管理科学的两位先驱者的著名运筹学格言，爱德华兹·戴明“我们相信上帝；所有其他人都必须依据数据说话”；彼得·德鲁克“预测未来的最佳方式就是创造未来”。基于此，我们在 ACP 方法基础上整合人工智能技术和分析学——用于描述（descriptive）分析的人工系统、用于预测（predictive）分析的计算实验以及用于指示（prescriptive）分析的平行执行。基于 ACP 方法可以构建 DPP（descriptive + predictive + prescriptive）智能（图 4.17）。

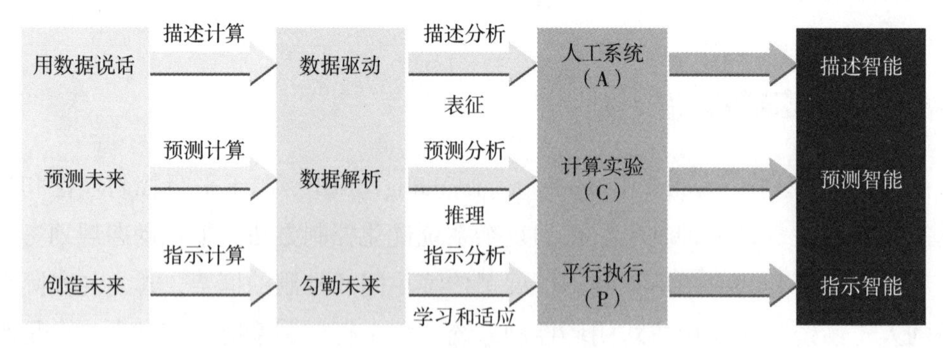

图 4.17 描述、预测和指示分析的 ACP 方法

描述分析就是用数据说话，一般来说，就是告诉我们“历史上发生了什么”“什么时候发生”“为什么发生”。在实际应用中，我们往往只能为作出决策收集“小数据”。结合人工系统，收集到的“小数据”就可以在分析过程中形成很多

可能的“未来”。此外,“未来”是可以通过想象或设计来“创造”的，因此在ACP方法中，人工系统的描述分析不仅是真实世界数据的模型，也是在赛博空间“预测未来”和“创造未来”的模型。

预测分析根据描述分析和历史数据进行推理并预测可能的未来，告诉我们“将会发生什么”“什么时候会发生”以及“为什么会发生”。在ACP方法中，预测分析通过计算实验来预测具有一定控制和管理策略的人工系统的未来。在此,“大数据”不是收集于实际世界，而是在赛博空间通过计算实验产生的。

最后，无论有多少种可能的未来或控制、管理策略，我们只能选择一个策略在现实世界中实施。因此，在对不同的策略和不同的人工系统进行预测分析后，我们精简“大数据”并提取规则，通过学习和适应创造真实的未来。在ACP方法中，指示分析基于预测和平行执行后的数据，找到有效的控制和管理策略以及对未来的勾勒，同时收集数据进一步用于平行执行中的描述分析和预测分析。

4.4.2 基于CPSS的平行动态规划

相对于任何有限资源，一个复杂系统的整体行为不可能预先在大范围内完全确定，因此，我们几乎无法获得完整的复杂系统的实际数据以支持建模。另外，经典自适应动态规划方法非常依赖数据的完整性。当已知数据量不充足或在数据不完备时，自适应动态规划训练出的控制策略不能体现整体系统特征，更无法获得复杂系统的最优控制方法。基于上述DPP思想的平行动态规划方法就是为应对这一挑战而设计的。平行动态规划、自适应动态规划和经典动态规划方法的关系可以由图4.18进行描述。

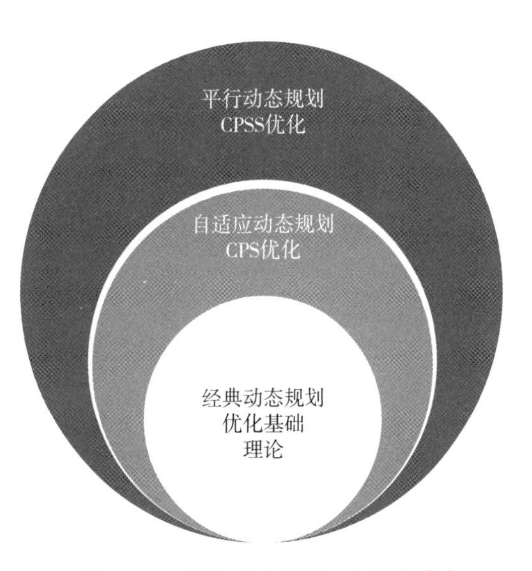

图4.18 平行动态规划、自适应动态规划和经典动态规划的关系

平行动态规划是基于数据的复杂系统优化控制方法。首先，通过对实际世界的观测，收集状态－执行－奖惩信号，构建人工系统。由于实际系统的复杂性以及人类行为等高未知性因素，难以将实际数据直接用来进行复杂系统控制器的设计，因而人工系统的建立是必要的。在此，人工系统并非传统意义上对实际系统的仿真或重构。与平行控制一样，对一个实际复杂系统可以构造单个或多个人工系统，并与实际系统进行互动（图4.19）。

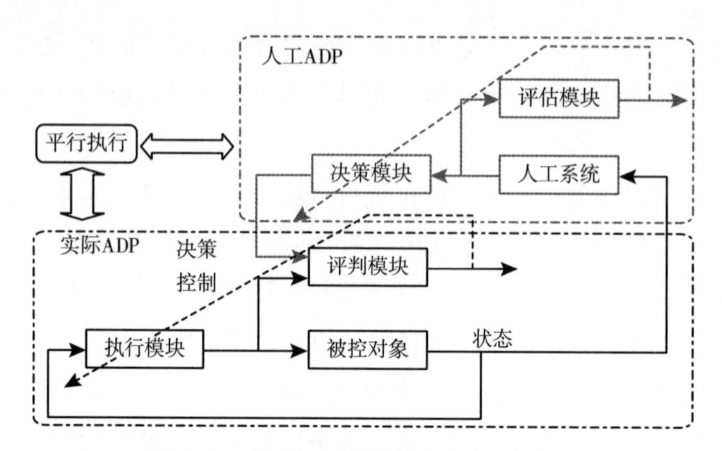

图 4.19 单人工系统的平行动态规划架构

人工系统建立后，我们通过人工系统生成大量数据，包括实际系统中没有或无法获得的数据，这类似于 AlphaGo 系统通过自对弈生成新的棋谱。其后，在人工系统中进行计算实验，优化求解。然而，人工系统上的优化控制策略并不一定适用于实际系统，因此，我们将人工系统的优化控制作为评价实际系统优化效果的一条准则，并用来指导实际系统进行优化。最后，对实际系统进行控制与优化，将实际系统 ADP 与人工系统 ADP 平行执行，两个系统不断交互升级与进步，保持控制策略的有效性与最优性（图 4.20）。

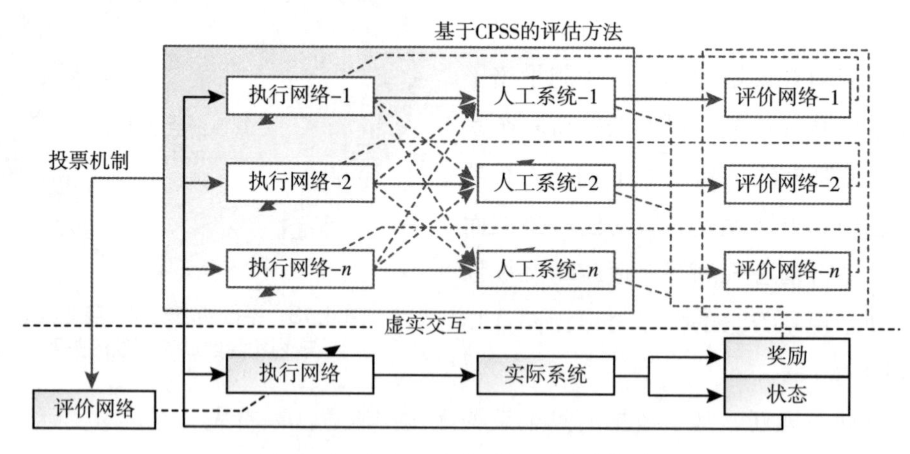

图 4.20 多人工系统平行动态规划架构

自然地，可以将单人工系统的平行动态规划扩展到多人工系统情况。在多层平行动态规划结构中，可以在赛博空间建立更多人工系统用于描述分析和预测分析，覆盖多种因素或多类指标。每个人工系统可以根据预测分析获得数据，并结合实际数据进行计算实验，获得每个系统的优化控制策略。具体而言，对于图 4.20，假设存在 n 个平行的人工系统，在每个人工系统中均采用自适应动态规划方法获得系统优化控制策略，即可获得 n 个优化控制策略，这样很好地避免了在实际系统上的控制风险。在平行执行过程中，基于动态规划的最优性原理，引入投票机制设计，模仿人类决策过程，考虑多种因素指标权衡利弊作出决策，评判网络将根据计算实验中的优化结果择优作出实际系统的决策，并将系统运行结果反馈给人工系统进行下一次的迭代。可以看到，通过实际与虚拟系统的平行执行，系统的性能可以不断被优化，并最终获得复杂系统的优化控制策略。

第五章 学习控制

5.1 回归及优化

5.1.1 线性回归

给定数据集$D=\{(x_1,y_1),(x_2,y_2),\cdots,(x_n,y_n)\}$，其中$x_i=(x_i^1,x_i^2,\cdots,x_i^d)^\top$是一个拥有$d$个特征的输入实例，$y_i\in\mathbb{R}$表示输出。回归分析的目的是根据数据集$D$寻找一个模型$f(x)$，使得$f(x_i)\simeq y_i$，即希望该模型对任意输入尽可能准确地预测输出值。线性回归试图找到一个关于x的线性模型作为回归模型，即

$$f(x;\ \theta)=\theta_1x^1+\theta_2x^2+\cdots+\theta_dx^d+b=\theta^\top x$$

这里“线性”表现为函数$f(x;\ \theta)$是关于θ的线性函数，但不一定是x的线性函数。比如，对于非线性函数Φ_1，$\Phi_2,\cdots$，Φ_m，以下模型同样是线性模型：

$$f(x;\ \theta)=\theta_1\Phi_1(x)+\theta_2\Phi_2(x)+\cdots+\theta_m\Phi_m(x)$$

线性回归模型的输出y_i一般是连续值。特别地，当y_i只有集合$\{+1,-1\}$中这两种取值时，线性回归变成二分类的分类问题。在机器学习领域，回归问题可以归结为有监督的学习问题。

在回归问题中，一般通过预测值与实际输出之间的差值来衡量模型的预测能力。常见的方法是计算最小二乘误差：

$$\text{LSE}(\theta)=\frac{1}{n}\sum_{i=1}^{n}(y_i-f(x_i))^2$$

因此，寻找模型参数 θ 的问题就转化为寻找参数 θ 使最小二乘误差 LSE（θ）最小的问题。为了方便叙述，令 $X=(x_1, x_2, \cdots, x_d)^\top \in \mathbb{R}^{n\times d}$ 表示所有数据组成的矩阵，$y=(y_1, y_2, \cdots, y_n)^\top$ 表示所有输出组成的向量。在线性回归的最小二乘法中，当 $X^\top X$ 满秩时，θ 的最优解是 $(X^\top X)^{-1}X^\top y$。否则，$X^\top X$ 不可逆，无法通过上式直接求得 θ。这种情况下，最小二乘问题的解可能不唯一，可通过求矩阵 $X^\top X$ 的广义逆矩阵得到最小二乘最小范数解，或者通过增加数据使矩阵 $X^\top X$ 满秩。

5.1.2 正则回归

回归的目的是对于输出末知的输入数据尽可能预测其输出，实现的手段是通过输出已知的输入数据学习回归模型，即在训练数据上实现更小的预测误差。但是过分追求拟合有限个已知训练数据的输出值会导致模型的预测能力无法推广到训练集以外的数据，失去泛化性能，也称为“过拟合”现象。所以，好的模型不应该为了严格地拟合训练集的输出而设计得过于复杂，而是要准确刻画数据的分布趋势。为了提高泛化能力，同时方便模型求解，一种方法是为模型的优化目标增加正则项。

当回归出现过拟合现象时，拟合曲线常表现较为曲折和波动。为了表达这种曲线，模型参数 θ 中经常出现一些幅值很大的值。为了降低模型的复杂度、避免过拟合的发生，我们期望系数向量 θ 的幅值不要太大。为此，可在最小二乘法的目标函数上增加 $\|\theta\|_2^2$ 作为正则项，得到 Tikhonov 正则化方法：

$$\min \| y-X\theta \|_2^2 + \lambda \| \theta \|_2^2$$

其中，λ 是平衡常数。这个正则化问题同样存在解析解 $\theta^*=(X^\top X+\lambda I)^{-1}X^\top y$，其中 I 是相应维数的单位矩阵。显然，这个解不是使原最小二乘误差 $\| y-X\theta \|_2$ 最小的最优解，但是对任意 $\lambda>0$ 和任意矩阵 X，$X^\top X+\lambda I$ 一定可逆且正定，避免了最小二乘中矩阵不可逆的问题。

还有一种常用的正则化为 L_1 正则化，对应如下优化问题：

$$\min \| y-X\theta \|_2^2 + \lambda \| \theta \|_1$$

它与 Tikhonov 正则化的区别是将正则项由欧氏距离的平方改为 L_1 距离，同样起到减小系数大小的作用。这个目标函数依然是凸函数，存在唯一的最优解。相比于 L_2 范数，利用 L_1 正则化得到的 θ 往往更为稀疏。对于包含多个特征的数据，稀疏的系数实质上是对特征的选择：特征对应的系数为 0，说明该特征在模型学习中不重要，可以舍弃。这增强了模型的可解释性，即通过模型选出的少量特征解释输入与输出之间的逻辑关系。此外，L_1 正则化与鲁棒线性回归有密切联系，对于训练数据中存在噪声的情况具有较好效果。除了这两种正则化外，还有多种正则化方法，均有着不同的作用。

5.1.3 非线性回归

当回归模型$f(x;\ \theta)$不是θ的线性函数时，对应的回归问题称为非线性回归。非线性模型相比线性模型具有更好的拟合效果，因此得到的模型可能更为准确。但是，非线性函数也给回归问题的求解带来了许多困难。考虑以下回归模型：

$$f(x;\ \theta)=\theta_1+\theta_2 x+\varepsilon \tag{5.1a}$$

$$f(x;\ \theta)=\theta_1+\theta_2 x+\theta_3 x^2+\varepsilon \tag{5.1b}$$

$$f(x;\ \theta)=x^{\theta}+\varepsilon \tag{5.1c}$$

其中，(5.1a) 为线性回归模型；(5.1c) 为非线性回归模型；(5.1b) 中，虽然$f(x;\ \theta)$与的关系是非线性的，但$f(x;\ \theta)$与参数 θ_1、θ_2、θ_3 的关系是线性的，故仍为线性回归模型。

常见的非线性函数有对数曲线、指数曲线、幂函数曲线、双曲线、逻辑斯谛（Logistic）曲线。以上非线性回归可通过引入辅助变量转为线性回归，如令$\bar{x}=lg(x)$，则对数曲线回归可看作新变量$\bar{x}$的线性回归，即$y=\theta_1+\theta_2\bar{x}$。其他函数也可类似操作。

在生物或农业科学中，S 型的生长曲线是很普遍的，这种曲线从某个固定点出发，其生长率在前期单调增加，到达一个拐点，生长率开始下降，最后逐渐地趋于平稳。S 型生长曲线类模型在实际应用中非常广泛，如研究不同月份的传染病累计发病率、自然界中动物种群大小随着时间的变化、农作物产量与时间的关系等。使用频率较高的 S 型生长模型有 Logistic 生长曲线模型、Gompertz 生长曲线模型和 Richards 生长曲线模型（表 5.1）。虽然这三种生长曲线的形状都是 S 型，但也存在着一定的差别，如 Logistic 生长曲线模型和 Gompertz 生长曲线模型各自包含三个参数，而 Richards 生长曲线模型包含了四个参数。由于实际数据的不同，这三类模型对数据的拟合效果各有千秋。

表 5.1 三种 S 型生长曲线模型

曲线类型	曲线方程
Logistic 曲线	$y=\frac{\theta_1}{1+e^{(\theta_2+\theta_3^x)}}$
Gompertz 曲线	$y=\theta_1 e^{\left[-e^{\theta_2+\theta_3 x}\right]}$
Richards 曲线	$y=\frac{\theta_1}{\left[1+e^{\theta_2+\theta_3 x}\right]^{\theta_4}}$

5.1.4 模型求解优化算法

回归模型建立后，关键的问题就是利用训练数据学习到模型的最优解，即最优的参数 θ。对于一般非线性模型，回归问题的解并不能像线性回归一样显式写出来，因此往往通过最优化方法迭代求解。大多数情况下的回归优化目标函数是凸函数，所以回归问题可抽象为无约束凸优化问题：$\min f(x)$。其中，f：$\mathbb{R}^d\rightarrow\mathbb{R}$ 是凸函数。首先定义 x^* 为 f 的全局最小值点，即 $f(x^*)\leqslant f(x)$，$\forall x\in\mathbb{R}^n$。

对于凸函数有以下定理。

定理 5.1 对任意可微凸函数以及任意两点 x、z，下式成立：

$$f(z)\geqslant f(x)+\nabla f(x)^\top(z-x)$$

由此可得 x^* 是全局最小值点的充要条件，如下所示。

定理 5.2 对任意可微凸函数 f，x^* 是 f 全局最小值点当且仅当 $\nabla f(x^*)=0$。

由定理 5.2 可知，求解无约束凸优化问题等价于寻找使目标函数 f 的梯度为 0 的点。为此，常采用迭代下降方法，即从某个初始点 x^0 开始，希望寻找点列 $x^{(0)}$，$x^{(1)}$，$x^{(2)}$，…，满足

$$f(x^{(k+1)})<f(x^{(k)}),\ k=0,1,\cdots \tag{5.2}$$

以此不断搜索，直到找到最优解。初始点一般随机选取。应用该方法的关键是定义生成点列的规则。考虑以下的迭代形式：

$$x^{(k+1)}=x^{(k)}+\alpha^{(k)}d^{(k)}$$

其中，$\alpha^{(k)}>0$ 被称为第 k 次迭代的步长或者学习率，$d^{(k)}$ 被称为第 k 次迭代的搜索方向。这种迭代的几何意义是从当前点 $x^{(k)}$ 出发沿 $d^{(k)}$ 指向的方向前进，前进距离由 $\alpha^{(k)}$ 和 $d^{(k)}$ 共同确定，最终到达新的位置，即 $x^{(k+1)}$。如果对

$f(x^{(k+1)})=f(x^{(k)}+\alpha^{(k)}d^{(k)})$ 做一阶泰勒展开，得到

$$f(x^{(k+1)})=f(x^{(k)})+\alpha^{(k)}\nabla f(x^{(k)})^{\top}d^{(k)}+o(\alpha^{(k)})$$

对足够小的正数 $\alpha^{(k)}$，余项 $o(\alpha^{(k)})$ 可以忽略。那么，当 $\nabla f(x^{(k)})\neq 0$ 时，要使 $f(x^{(k+1)})<f(x^{(k)})$，只需满足 $\nabla f(x^{(k)})^{\top}d^{(k)}<0$。自然地，当 $\nabla f(x^{(k)})=0$ 时，不存在满足条件的 $d^{(k)}$，说明已经到达最小值点，迭代停止。这类算法被称为梯度方法。从几何上讲，梯度方法的意义是寻找当前点上与梯度方向夹角大于 90° 的方向，并按适当的步长前进。由于函数在某个点的梯度总是指向函数值增大最快的方向，所以向其反方向搜索，直观上看也是能使函数值变小的。显然，可以按照不同的方法选择迭代的搜索方向。下面介绍两种最常见的凸优化求解算法。

最速下降法：满足（5.2）最简单的方法是采取负梯度方向，即 $d^{(k)}=-\nabla f(x^{(k)})$。负梯度方向是在所有方向向量长度归一化后单步下降最快的，但该方法的下降路径呈锯齿状，从全局角度看收敛速度并不一定最快。为此，可以对下降方向进行修正，如采用 $d^{(k)}=-D^{(k)}\nabla f(x^{(k)})$，其中 $D^{(k)}$ 是正定矩阵，则 $\nabla f(x^{(k)})^{\top}d^{(k)}=-\nabla f(x^{(k)})^{\top}D^{(k)}\nabla f(x^{(k)})<0$ 依然满足搜索方向条件。通过选取合适的矩阵 $D^{(k)}$，该方法往往能取得比负梯度方向更好的效果。

牛顿法：令 $\nabla^2 f$ 表示 f 的二阶梯度矩阵，也称为黑塞矩阵。对于凸函数，黑塞矩阵一定是半正定矩阵。牛顿法选取的方向为 $d^{(k)}=-D^{(k)}\nabla f(x^{(k)})$，其中 $D^{(k)}=(\nabla^2 f(x^{(k)}))^{-1}$。牛顿法的思路是最小化目标函数值的二阶泰勒近似，将函数 $f(x)$ 在 $x^{(k)}$ 处二阶泰勒展开得到其二阶近似：

$$f^{k}(x)=f(x^{(k)})+\nabla f(x^{(k)})^{\top}(x-x^{(k)})+\frac{1}{2}(x-x^{(k)})^{\top}\nabla^2 f(x^{(k)})(x-x^{(k)})$$

该函数为二次函数，可求得其全局最小值点为 $x^{(k)}-(\nabla^2 f(x^{(k)}))^{-1}\nabla f(x^{(k)})$。上式即为步长为 1 的牛顿法迭代式。但是，直接采用步长为 1 的牛顿法在迭代初期容易发散，一般需要结合线搜索等方法确定步长。牛顿法渐近收敛速度快，不会出现锯齿状的搜索路径，但要求函数的黑塞矩阵 $\nabla^2 f(x^{(k)})$ 正定，不适用于非凸目标函数，因此也出现了很多改进的牛顿法。一种做法是对角线修正，即解如下方程：

$$(\nabla^2 f(x^{(k)})+\Delta^{k})d^{(k)}=-\nabla f(x^{(k)})$$

得到搜索方向 $d^{(k)}$，其中 Δ^{k} 是对角矩阵，它使矩阵 $\nabla^2 f(x^{(k)})+\Delta^{k}$ 为正定矩阵。

5.1.5 生长曲线回归模型应用实例

某研究人员欲分析某县家禽发生瘟疫的季节性特点，观测了某县 1983—1987 年家禽瘟疫的月累计发病率（表 5.2）。采用 Logistic 曲线模型拟合该数据，用梯度法求解最佳参数，回归效果如图 5.1 所示。可以看出，采用 Logistic 回归得到的模型可以较好地拟合真实数据。

表 5.2 某县家禽瘟疫月累计发病率

月份	累计发病率（$1/10^4$）	月份	累计发病率（$1/10^4$）
1	0.57	7	70.28
2	1.33	8	99.36
3	2.91	9	115.57
4	14.25	10	125.31
5	32.76	11	128.46
6	49.68	12	129.89

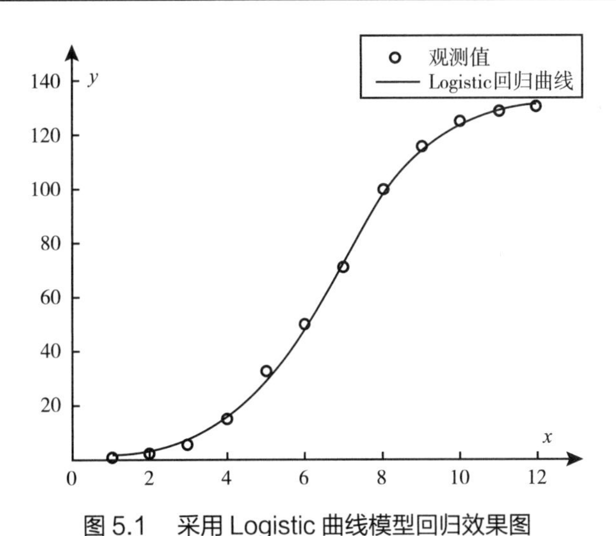

图 5.1 采用 Logistic 曲线模型回归效果图

5.2 神经网络控制

5.2.1 神经网络的基本概念

人工神经网络指的是根据自然神经系统的结构和功能建立数学模型和算法，使其具有非线性映射、自学习等智能功能的一种网络结构。在控制系统中，随着被控对象越来越复杂，对控制系统的要求也越来越高，传统的基于模型的控制方法难以满足要求。利用神经网络强大的非线性映射、自学习和信息处理能力，可有效解决复杂系统的模型辨识、控制和优化问题，从而使控制系统具有良好性能。由于具有诸多优点，神经网络近年在控制系统中被广泛应用。

神经元模型、神经网络模型和学习算法构成了神经网络的三要素。神经元作为神经系统的基本组成单位，主要由细胞体和突起（包括树突和轴突）组成（图5.2）。树突的主要作用是接收其他神经元的信号并传给细胞体，细胞体负责联络和处理信息，轴突负责传出信息。两个神经元之间通过突触传递信息，大量神经元的相互连接构成了复杂的神经系统。

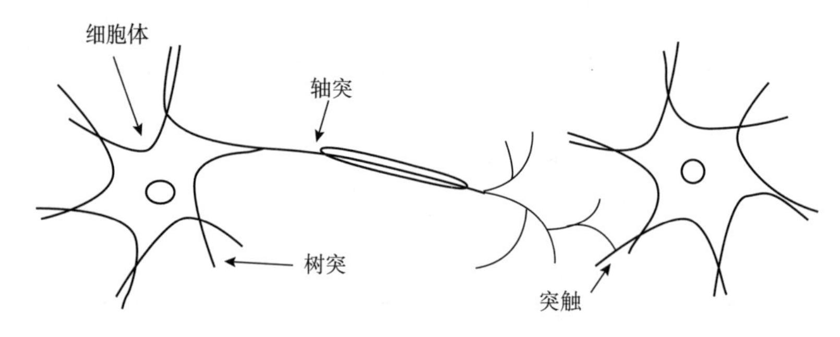

图 5.2　神经元细胞结构

人工神经元是构成神经网络的基本单元，它是对生物神经元的特性和结构进行模拟。人工神经元按照权重接收一组输入信号，并经过激活函数后产生输出信号。典型的神经元结构如图 5.3 所示，其中 $x_1,\cdots$，x_n 表示来自其他神经元的输入，$w_1,\cdots$，w_n 分别为其他神经元与第 i 神经元的联接强度，θ_1 为神经元 i 激活阈值。对于每个神经元，信息处理过程可通过下式描述为

$$u=\sum\nolimits_{i=1}^{n}w_i x_i$$

神经元内对输入信息的处理主要有两步：累加和激活 $y=f(u)$。其中，总输入 u 是对来自其他神经元输入信号的加权和，$f(*)$ 表示激活函数。激活函数是一个非线性函数，需要满足如下性质：①连续并可导（允许少数点上不可导）；②尽可能得简单；③导函数的值域在一个合适区间里。常用的激活函数包括 Sigmoid 型函数、ReLU 函数、S 型函数、高斯函数等。

神经网络结构是一种以人工神经元为节点、以神经元间有向边连接的一种图结构，如图 5.4 所示。从网络拓扑结构的角度看，可以大致分为层次型和网状型两类。层次型网络由若干层（如输入层、隐含层、输出层）组成，每一层由若干个节点组

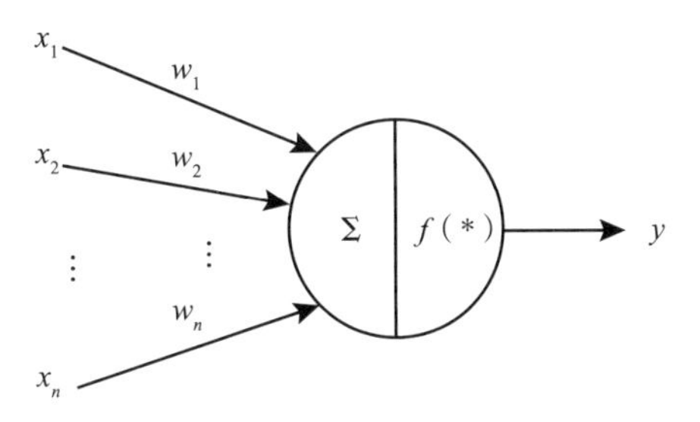

图 5.3 典型的神经元结构

成，每相邻的两层节点间神经元是单向连接的，同层节点间一般不相互连接；网状型神经网络中没有分层的概念，网络中任意两个神经元间都可能存在连接，按照连接的紧密程度可分为全互连型、局部互连型、稀疏互联型。混合型网络综合了层次型结构与网状型结构的特点，既有分层的结构，同层间的节点又存在相互连接。

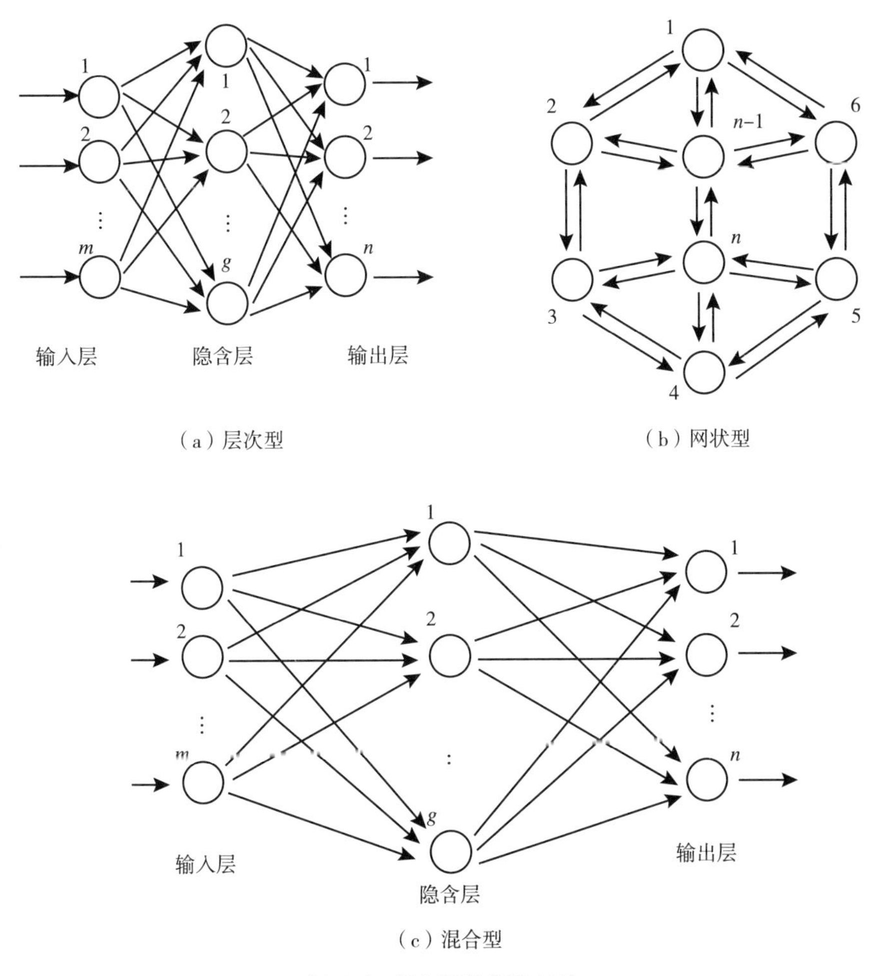

图 5.4 神经网络拓扑结构

5.2.2 控制中的常用神经网络

神经网络的结构形式较多，没有统一的分类标准，在控制系统中的作用和网络本身的学习方法也不尽相同。常用的神经网络有感知器、前向神经网络、反馈神经网络、小脑模型神经网络、自组织神经网络、深度神经网络、宽度神经网络、模糊神经网络等。这里主要介绍感知器、前向神经网络中的径向基神经网络、反馈神经网络以及宽度神经网络这四种具有代表性的神经网络。

5.2.2.1 感知器

感知器模型是人工神经元模型的一种特例。它的激活函数一般采用单位阶跃函数或者符号函数，因此也被称为阈值逻辑单元。其模型可以表示如下：

$$y_i = f\left(\sum_{i=1}^{n} w_i x_i + \delta\right)$$

其中，δ为阈值，$f(*)$为单位阶跃函数或者符号函数，其他符号的含义与上一小节同义。感知器的权值更新规则如下：

$$w_i(t+1) = w_i(t) + \eta(t)\left(y_d(t) - y(t)\right)x_i(t)$$

其中，$\eta(t)$是训练步长，$y_d(t)$是期望输出。当权值w_i对所有的输入样本保持不变时，训练过程就结束了。

需要注意的是，单层感知器的输出是一个二值的量，主要用于解决二分类问题。当输入样本不满足线性可分情况时，该模型会受到限制。

5.2.2.2 前向神经网络

前向神经网络由输入层、隐含层和输出层三部分组成。在此类网络中，前后相邻层的神经元之间相互连接，信息从前到后传递，网络内的神经元之间没有反馈。

径向基神经网络（radial basis function，RBF）为一种具备单隐层的前馈神经网络（图 5.5）。径向基神经网络隐含层中使用高斯基函数为作用函数。由高斯基函数的作

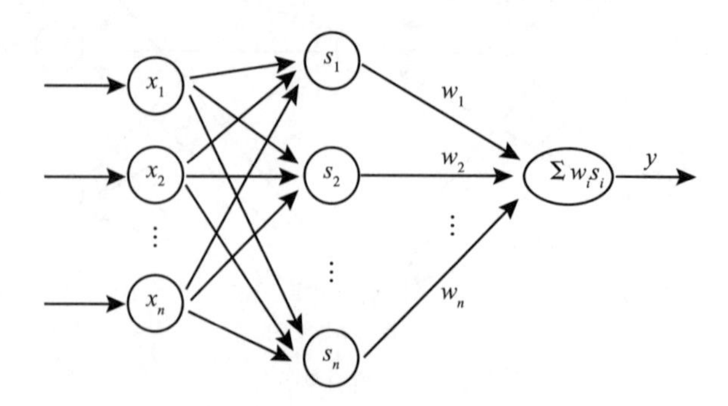

图 5.5 RBF 神经网络结构

用范围和性质可知，RBF 为局部逼近的神经网络。虽然 BP 网络的全局逼近特性相比于 RBF 具有一定优势，但 BP 网络的所有权值在每一次学习过程中均需要更新，导致其收敛速度较慢，从而易使系统陷入局部极小。而 RBF 由于其局部逼近特性可使网络学习速度大大加快，可有效提高系统精度、鲁棒性和自适应性。

5.2.2.3 反馈神经网络

区别于前向神经网络，反馈神经网络中含有从输出层到输入层的反馈，如图 5.6 所示。对反馈神经网络中的每一个神经元来说，其输入包括外来输入和来自其他节点的反馈输入。其中，神经元的输出信号会与神经元的输入形成自环反馈。

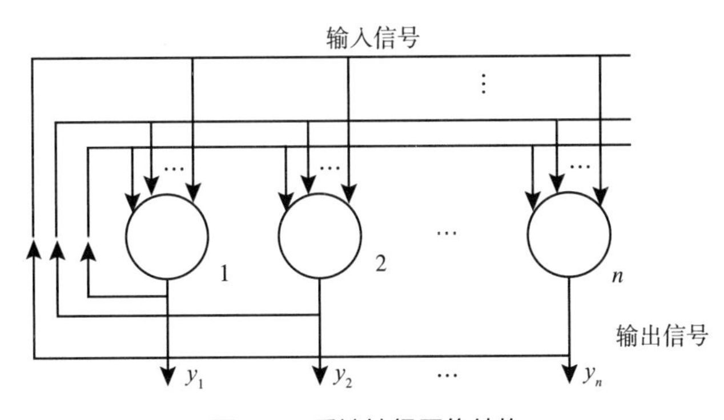

图 5.6 反馈神经网络结构

5.2.2.4 宽度神经网络

宽度学习系统（broad learning system，BLS）也称宽度神经网络，是根据随机矢量功能连接神经网络（random vector functional-link neural networks，RVFLNN）改进设计的，是一种新型的前馈神经网络，具有很强的学习和泛化能力，其结构如图 5.7 所示。

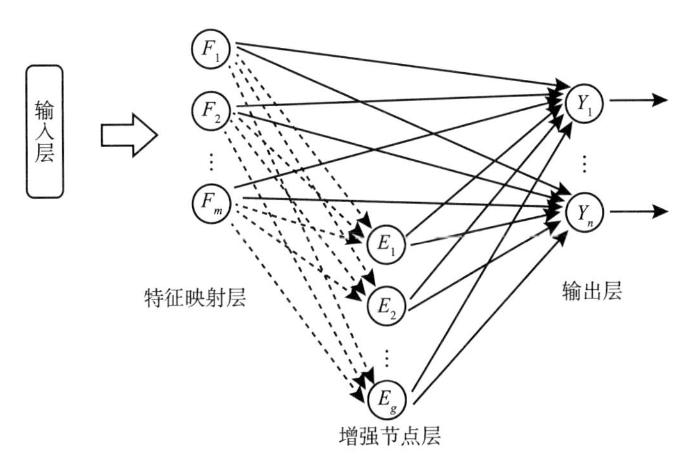

图 5.7 宽度神经网络

宽度神经网络与传统的神经网络最显著的不同是，其输出层的输入节点由特征映射层节点和增强节点组成。特征映射层节点由输入层节点经过非线性映射得到，增强节点由特征映射层经过非线性映射得到，这两层节点构成新的隐含层，然后一起输出到输出层。

宽度神经网络与深度神经网络对比，当学习精度要求提高时，深度神经网络需要大量地增加层数和节点数，以致网络结构更加复杂、训练时间变长，网络的收敛时间难以保证；而宽度神经网络只需调整特征映射层和增强节点层的节点数目即可，训练时间并不会显著增加，因此在控制系统中具有优良的性能。

5.2.3 神经网络控制及应用

5.2.3.1 基于神经元网络的复杂函数逼近 / 复杂系统建模

1989 年，罗伯特・尼科尔森在理论上证明任意定义在闭区间上的连续非线性函数都可以用一个三层 BP 网络以任意精度逼近，神经元网络的这种自组织、自学习的非线性映射能力已被广泛用于复杂系统进行模型辨识。

系统辨识，即通过观测和获取待辨识系统的输入输出数据，从某一类系统模型中确定一个与待辨识系统最接近的模型，如图 5.8 所示。而基于神经元网络的系统辨识，即选择某一类合适的神经网络模型，利用实时获取的待辨识系统的输入输出数据，通过自适应学习算法调节各个神经元间的联接强度（权矩阵），使得所选神经网络不断逼近实际系统的动态模型。

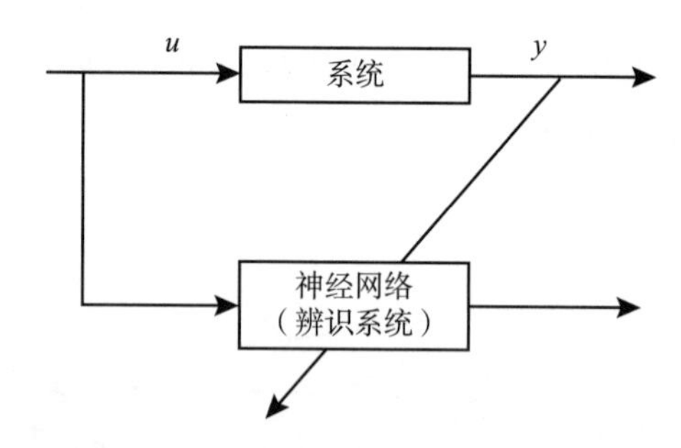

图 5.8 基于神经网络的复杂系统建模

简便起见，下面介绍利用 BP 网络对单输入单输出的非线性系统进行模型辨识的方法。考虑如下动态系统：

$$y(j+1)=f\,[y(j),\cdots,y(j-m+1);u(j),\cdots,u(j-n+1)]$$

其中，$u(j)$，$y(j)$，n，m 分别为系统输入、输出和相对应的阶次。

利用输入层、隐含层、输出层神经元个数分别为 $m_I \geqslant n+m+1$，$m_H > m_I$，

$m_O=1$ 的三层前向神经网络对上述系统进行辨识，当系统阶次 m 、n 已知时，BP 网络的输入向量可表示为

$$X(j)=[x_1(j),\ x_2(j),\cdots,\ x_{m_I}(j)]^T$$
$$x_i(j)=\begin{cases}y(j-i), & 1\leqslant i\leqslant m\\ u(j-i-m+1), & m+1\leqslant i\leqslant m_I\end{cases}$$

当 m 、n 未知时，可通过组合不同的 m 、n 来达到好的性能指标。

设输入层到隐含层和隐含层到输出层的加权阵分别为 $[\vartheta_{ki}]$ 和 $[\omega_i]$，则从输入层到隐含层的神经网络可以表示为

$$net_i(j)=\sum_{k=0}^{m_I}\vartheta_{ki}x_k(j)$$
$$I_i(j)=H[net_i(j)]$$
$$H[x]=(1-e^{-x})/(1+e^{-x})$$

其中，$x_0=1$ 为阈值对应的状态。
从隐含层到输出层的数学表达为

$$\hat{y}(j)=\sum_{i=0}^{m_H}W_iI_i(j)$$

其中，$I_0=1$ 为阈值对应状态。

对于 BP 神经网络来说，常使用广义 δ 规则，使其性能指标 $J=\dfrac{1}{2}[y(j)-\hat{y}(j)]^2$ 最小化。将带惯性项的 δ 规则定义为

$$\Delta W_i(j)=b_1e(j)\,I_i(j)+b_2\Delta W_i(j-1)$$
$$\Delta\vartheta_{ki}(j)=b_1e(j)\,H'[net_i(j)]W_i(j)\,x_i(j)+\Delta\vartheta_{ki}(j-1)$$
$$e(j)=y(j)-\hat{y}(j)$$
$$H'[net_i(j)]=net_i(j)[1-net_i(j)]$$

其中，$i=1,\ 2,\ \cdots,\ m_H$；$k=1,\ 2,\ \cdots,\ m_I$。则利用 BP 网络对系统进行辨识的步骤为：①初始化网络权值 $\vartheta_{ki}(0)$ 和 $\omega_i(0)$；②适当输入信号 $u(j)$ 并对系统输出信号 $y(j)$ 进行采集；③分别根据 $e(j)=y(j)-\hat{y}(j)$ 计算误差 $e(j)$ 和修改加权系数；④将 $j\rightarrow j+1$，返回②，当对系统进行离线辨识时，按照预先设定的允许误差 ε，使辨识算法终止的条件为 $|e(j)|=|y(j)-\hat{y}(j)|<\varepsilon$。

5.2.3.2 基于神经网络的智能控制

对于给定系统，控制器的设计目的在于通过一定的控制输入，使系统输出满足期望性能。下面简要介绍几种类型基于神经网络的智能控制。

神经网络直接反馈控制：神经网络直接作为控制器，与反馈算法相结合，实现自学习控制的一种控制方式。在神经网络控制中，具有非线性映射能力的神经网络可以对复杂非线性对象进行建模，从而充当控制器或作为控制器的一部分。图 5.9 给出了一般反馈控制和神经网络反馈控制的原理图。

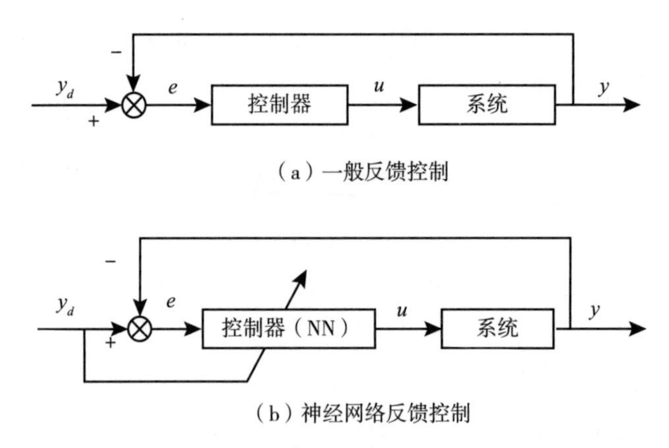

图 5.9 两种反馈控制原理图

神经网络专家系统控制：结合神经网络和专家系统，将其分别用于逼近系统未知项和知识表达的智能控制方法。图 5.10 是一种智能机器人神经网络专家控制系统的结构，其中的神经控制器包含小脑模型神经网络训练系统。在运行中，当神经控制器性能下降到某一程度时，运行监控器将神经网络调整为学习状态，此时专家控制器对动态系统进行控制。在 EM 的管理下，该系统在 EC 单独运行、NC 单独运行、EC 和 NC 同时运行三种状态下切换。

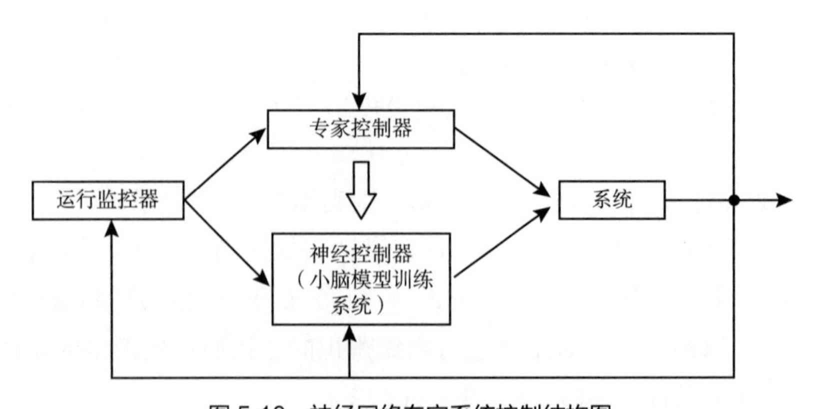

图 5.10 神经网络专家系统控制结构图

神经网络模糊逻辑控制：将神经网络和模糊逻辑相融合，用于系统控制器的设计，以更好地提高控制系统的智能性。具体来说，常见神经网络模糊逻辑控制有以下几种：①利用神经网络生成模糊控制系统的隶属度函数，即用神经网络驱动的模糊控制；②将抽象模糊规则用不同程度的神经元兴奋值来表示，并使控制器以联想记忆方式使用这些经验值进行控制，即用神经网络记忆模糊规则的控制；③利用神经网络的优化计算功能，优化改善模糊控制系统的误差、比例因子等控制参数。

神经网络滑模控制：将神经网络与滑模控制相结合的控制方法。在滑模控制中，系统模型的不确定性往往导致较大的切换增益，从而出现滑模控制中的常见弊端——信号抖振现象。利用系统 Lyapunov 函数导出神经网络自适应率，通过神经网络的自学习能力来改善滑模控制系统在不确定条件下的滑模切换曲线，以缓解系统抖振现象，使之得到更好的控制效果。

神经 PID 控制：将神经网络与传统 PID 控制相结合的控制方法。通过神经网络的自学习能力，在线优化 PID 控制器中的参数。下面详细介绍基于单个神经元的 PID 控制系统，控制框图如图 5.11 所示。

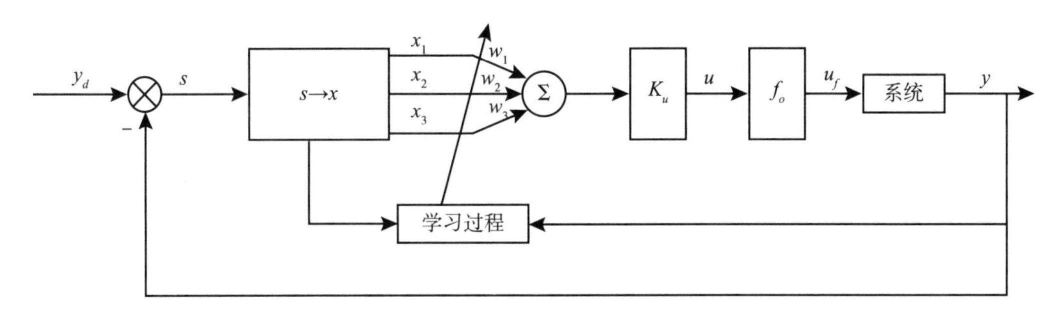

图 5.11　神经元 PID 控制结构图

将神经元的三个输入分别定义为

$$\begin{cases} x_1(t)=s(t) \\ x_2(t)=\sum_{i=0}^{t} s(i)\ T \\ x_3(t)=\Delta s(t)/T \end{cases}$$

由系统框图可知，控制器的输出为

$$u(t)=K_u\sum_{i=1}^{3}\omega_i(t)\ x_i(t)/W^*$$

$$W^* = \sum_{i=1}^{3} |\omega_i(t)|$$

$$u_f(t) = U_m \frac{1-e^{-u(t)}}{1+e^{-u(t)}}$$

上式中 U_m 为最大控制量。

使系统控制性能指标为

$$J(t) = \frac{1}{2}[y_d(t) - y(t)]^2 = \frac{1}{2}e^2(t)$$

另外，网络的加权学习算法定义为

$$\omega_i(t+1) = \omega_i(t) + \Delta\omega_i(t)$$

$$\Delta\omega_i(t) = -d_i \frac{\partial J}{\partial \omega_i(t-1)}$$

将 W^* 近似为常数处理的前提下，有

$$\Delta\omega_i(t) = d_i U_m [1 - U_f^2(t-1)/U_m^2] e(t-1)\ x_i(t-1) \frac{\partial y}{\partial u_f(t-1)}$$

对于其中的未知项 $\partial y / \partial u_f(t-1)$ ，我们用差分近似导数的方法来处理，且假设 $\mathrm{sgn}[\partial y / \partial u_f(t-1)] = 1$ 。将 Lyapunov 函数取为 $V(t) = \frac{1}{2}e^2(t)$ ，则

$$\Delta V(t) = \frac{1}{2}e^2(t+1) - \frac{1}{2}e^2(t)$$

$$e(t+1) = e(t) + \Delta e(t)$$

进一步地，我们有

$$\Delta V(t) = \frac{1}{2}[2e(t)\ \Delta e(t) + \Delta^2 e(t)]$$

$$\Delta e(t) = -e(t)\ P^T D P$$

其中 $P = [\partial e(t)/\partial \omega_1,\ \partial e(t)/\partial \omega_2,\ \partial e(t)/\partial \omega_3]^T$ ， $D = diag\{d_1,\ d_2,\ d_3\}$ 。所以

$$\Delta V(t) = -\frac{1}{2}[e(t)\ P]^T (2D - DPP^T D)[e(t)\ P]$$

从上述式子可以看出，当 $0 < D < 2(PP^T)^{-1}$ 时， $\Delta V(t) < 0$ ，则闭环系统稳定。为使系统得到更好的收敛效果，可将步长 d_i 取得相对小。

5.3 强化学习控制

早在 20 世纪 80 年代，强化学习方法就被提出，用于解决智能体序贯决策的问

题，经过几十年的发展逐渐成为人工智能领域的主流方法之一。尤其在近几年，强化学习与深度学习结合发展出深度强化学习方法，可用于解决以原始视觉图像为输入的智能控制问题，在控制领域再一次掀起了研究强化学习的热潮。顾名思义，强化学习的特点在于强化和学习，即不断地与环境交互并从中学习最优的控制策略，这一思想最早来源于 19 世纪巴甫洛夫的条件反射学说。因此，强化学习不仅仅是一种求解算法，还是一种多步决策问题的建模与求解框架。如何描述控制对象与环境的交互过程、设定控制目标，如何从环境的反馈中学习最优化控制目标的控制策略，是强化学习的主要内容。本节主要从以下几个方面介绍强化学习，即马尔可夫决策过程的基本概念、动态规划方法、值函数方法、策略函数方法以及强化学习在水下机器人深度控制方面的应用实例等。

5.3.1　马尔可夫决策过程

马尔可夫决策过程描述了这样一个连续时刻下控制对象与环境交互的过程（图 5.12）：在某个时刻 t，控制对象与环境处于状态 s_t 并执行动作 a_t，转移到下一时刻的状态 s_{t+1}，同时从环境反馈中获得该步动作的即时评价值 r_t。马尔可夫决策过程（Markov decision process，MDP）的四个组成要素为：①状态：描述交互过程中某个时刻系统所处的状态，用 s_t 表示时刻 t 的状态，S 表示所有可能的状态组成的集合。②动作：控制对象在某个时刻执行的操作或控制指令，用 a_t 表示时刻 t 的动作，A 表示所有可能的动作组成的集合。③即时评价值：某个时刻环境给予控制对象当前动作的评价指标，用 $r_t=r(s_t,\ a_t,\ s_{t+1})$ 表示时刻 t 的即时评价值，R 表示所有评价值组成的集合。④转移概率：转移概率表示在某个时刻的状态和动作下，系统下个时刻所处的状态的条件概率分布，用 $p(s_{t+1}|s_t,\ a_t)$ 表示转移概率。转移概率的定义体现了 MDP 的马尔可夫性，即某个时刻 $t+1$ 系统的状态仅与 t 时刻系统的状态与动作有关，而与时刻 t 之前的历史无关。

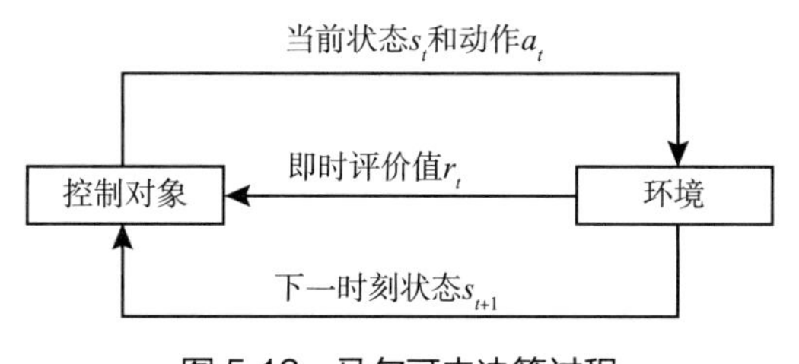

图 5.12　马尔可夫决策过程

有了 MDP 四要素的定义，我们将给出策略函数和值函数的概念，这两个概念在求解 MDP 的过程中非常重要。

策略（policy）函数通常表示给定状态下选择动作的条件概率，我们用 π 来表示，即 $\pi(a|s)=p(a|s)$。MDP 的目标是寻找最优的策略函数，使得整个过程的期望累计评价值最大，即

$$\max_{\pi} E_{s_0\sim p_0(s),\ \pi}\left(\sum_{t=0}^{T}\gamma^t r_t\right)$$

其中：$a_t\sim\pi(a|s_t)$，$s_{t+1}\sim p(s|s_t,\ a_t)$，$s_0\sim p_0(s)$ 表示初始状态的分布；$0<\gamma\leqslant 1$ 表示对未来评价值的折现；T 表示 MDP 过程的时长，既可以取有限值，也可以取 $+\infty$。

结合 MDP 的优化目标形式，我们定义值函数与动作 - 值函数。值函数 $V^{\pi}(s)$ 表示从状态 s 出发，采用策略 π 直到过程结束的期望累计评价值，即

$$V^{\pi}(s)\doteq E_{\pi}\left(\sum_{k=t}^{T}\gamma^{k-t}r_k\mid s_t=s\right)$$

类似地，动作 - 值函数 $Q^{\pi}(s)$ 表示系统从状态 s 出发并执行动作 a，之后的时刻采用策略 π 直到过程结束的期望累计评价值，即

$$Q^{\pi}(s,\ a)\doteq E_{\pi}\left(\sum_{k=t}^{T}\gamma^{k-t}r_k\mid s_t=s,a_t=a\right)$$

值函数与动作值函数之间存在如下关系：

$$V^{\pi}(s)=E_{a\sim\pi(\cdot|s)}\left[Q^{\pi}(s,\ a)\right]$$

5.3.2 动态规划

动态规划是在转移概率已知的条件下求解 MDP 的一种通用算法框架，其包含的贝尔曼最优性和“策略评价 - 策略提升”两阶段框架是强化学习方法的理论基础。

根据值函数的定义，其满足一个重要的递归等式，被称为贝尔曼方程：

$$V^{\pi}(s)=\mathbb{E}_{a\sim\pi,s'\sim p}\left[r(s,\ a,\ s')+\gamma V^{\pi}(s')\right]$$

上式直观上给出了值函数的递归方法：计算每个后继状态的值函数，与当前时刻的即时评价值求和，并取策略分布与转移概率的期望。类似地，动作 - 值函数满足的贝尔曼方程为

$$Q^{\pi}(s,\ a)=\sum_{s'}p(s'|s,\ a)\left[r(s,\ a,\ s')+\gamma\sum_{a'}\pi(a'|s')\,Q^{\pi}(s',\ a')\right]$$

定义最优值函数和动作 - 值函数为

$$V^*(s) \doteq \max_\pi V^\pi(s), \quad Q^*(s, a) \doteq \max_\pi Q^\pi(s, a)$$

那么，V^* 满足的贝尔曼方程被称作贝尔曼最优性方程

$$V^*(s) = \max_\pi \mathbb{E}_{a\sim\pi, s'\sim p}\left[r(s, a, s') + \gamma V^*(s')\right]$$

同样地，我们有

$$Q^*(s, a) = \sum_{s'} p(s'|s, a)\left[r(s, a, s') + \gamma \max_\pi \sum_{a'} \pi(a'|s')\, Q^*(s', a')\right]$$

值函数作为评价不同策略优劣的指标，是动态规划以及强化学习算法搜索最优策略的重要工具。那么，给定策略 π 和状态 s，如何计算值函数 $V^\pi(s)$？这一步骤被称为策略评价。策略评价提供了一种迭代求解值函数的方法：对于每个状态 $s \in S$，设定一个初始的值函数 $V_0^\pi(s)$，每一次迭代使用贝尔曼方程更新值函数：

$$V_{k+1}^\pi(s) = \sum_a \pi(a|s) \sum_{s'} p(s'|s, a)\left[r(s, a, s') + \gamma V_k^\pi(s')\right]$$

通过这种迭代过程可以得到值函数的估计序列，可以证明当 $k \to \infty$ 时，V_k^π 收敛到 V^π。

通过策略评价，我们得到了策略 π 下每个状态 s 的值函数 $V^\pi(s)$。计算值函数的目的是找到比策略 π 更优的策略 π'，这一步骤被称为策略提升。考虑任意的状态 s，如果此时我们选择另一个动作 a，以后的时刻仍然采用策略 π，我们的期望累计回报会不会更好或者至少不变差？回忆动作 - 值函数满足

$$Q^\pi(s, a) = \sum_{s'} p(s'|s, a)\left[r(s, a, s') + \gamma V^\pi(s')\right]$$

由于策略评价步骤，我们现在已经有了每个状态的值函数，因此可以计算状态 s 下每个动作 a 的 $Q^\pi(s, a)$。那么问题变成了：能否找到一个动作 a 使得 $Q^\pi(s, a)$ 不差于 $V^\pi(s)$？实际上，只需采取当前状态下的贪婪策略即可，即

$$\begin{aligned}\pi'(s) &= \arg\max_a Q^\pi(s, a) \\ &= \arg\max_a \sum_{s'} p(s'|s, a)\left[r(s, a, s') + \gamma V^\pi(s')\right]\end{aligned}$$

可以证明，以上贪婪策略 $\pi'(s)$ 能够保证比原策略更优。

因此，我们可以得到一个寻找最优策略的迭代算法，每一步迭代交替执行策略

评价与策略提升：假设当前策略为 π，先通过策略评价计算值函数 V^{π}，再通过策略提升获得一个至少不变差的策略 π'，然后进入下一轮迭代。如此迭代下去可以得到一个策略与值函数的序列：

$$\pi_0 \rightarrow V^{\pi_0}(s) \rightarrow \pi_1 \rightarrow V^{\pi_1}(s) \rightarrow \pi_2 \rightarrow V^{\pi_2}(s) \rightarrow \cdots \rightarrow \pi_k \rightarrow V^{\pi_k} \rightarrow \cdots$$

由于每一次迭代的策略都至少不差于上一次的策略，在策略空间有限的情况下，上述迭代过程最终会收敛。根据策略提升的性质，一旦新旧策略完全一致，即等价于最优策略。这一迭代算法被称为策略迭代。

5.3.3 强化学习算法

从上面的推导中可以看出，动态规划假设了 MDP 的转移概率已知，而并没有学习的过程，即从经验中学习最优策略。强化学习处理的是转移概率未知的情形：控制物理系统与环境交互获得转移过程的数据，并借助数据完成策略评价和策略提升这两个步骤，找到最优策略。

蒙特卡洛方法通过采样系统与环境交互过程的转移数据来直接估计动作 – 值函数。我们定义策略 π 下系统从初始状态出发一直到 MDP 结束为一个片段，得到一条轨迹 $\tau=\{s_0,\ a_0,\ r_0,\cdots,\ s_{T-1},\ a_{T-1},\ r_{T-1},\ s_T\}$。蒙特卡洛方法首先用策略 π 控制系统采样 N 个片段，并得到 N 条轨迹 $\{\tau_i,\ i=1,\ 2,\ \cdots,\ N\}$，对每一条轨迹遍历其中出现的每个状态 – 动作对（$s,\ a$），并将（$s,\ a$）第一次出现的时刻直到 MDP 结束的奖励值加和，作为 $Q^{\pi}(s,\ a)$ 的一个样本

$$Q_i^{\pi}(s,\ a)=\sum_{t=t_i(s,a)}^{T} \gamma^{t-t_i(s,a)} r_t$$

其中 $t_i(s,\ a)$ 表示轨迹 τ_i 中（$s,\ a$）第一次出现的时刻。用 N 个样本的均值近似动作 – 值函数

$$Q^{\pi}(s,\ a) \approx \frac{1}{N} \sum_{i=1}^{N} Q_i^{\pi}(s,\ a)$$

蒙特卡洛方法的局限性在于，必须在一个片段结束时才能得到一个样本 $Q_i^{\pi}(s,\ a)$，这意味着 MDP 的实验周期 T 必须是有限的。但是很多 MDP 问题并不存在终止态，即 $T=\infty$；另外，每次计算 $Q^{\pi}(s,\ a)$ 需要采样 N 条轨迹，时间和空间成本都很高。

时间差分算法（temporal-difference，TD）克服了蒙特卡洛方法的缺点，它不需

要等到每个片段结束，而是生成片段的过程中同时更新值函数。假设系统处于状态 s_t，执行策略后进入下一状态 s_{t+1}，采用如下的公式更新值函数：

$$V(s_t) \leftarrow V(s_t) + \alpha\left[r_t + \gamma V(s_{t+1}) - V(s_t)\right]$$

这一更新方式被称为 TD（0），其含义是让 $V(s_t)$ 朝着 $r_t + \gamma V(s_{t+1})$ 的方向更新，更新步长为 α。可以发现，TD（0）中的预测值 $r_t + \gamma V(s_{t+1})$ 可看成贝尔曼方程的近似值。值函数的预测误差 $r_t + \gamma V(s_{t+1}) - V(s_t)$ 被称为 TD 误差。在转移概率未知的情况下，TD（0）结合蒙特卡洛采样的思想，利用轨迹中的转移数据估计贝尔曼方程的期望值。

TD 算法本质上是一种估计值函数的方法，即策略评价的一种形式。接下来，我们将结合策略提升简述两种基于 TD 算法的强化学习算法——Sarsa 算法和 Q 学习。类似于蒙特卡洛方法，我们直接对动作－值函数 $Q^{\pi}(s, a)$ 进行估计，以便执行策略提升。假设在时刻 t，系统处于状态 s_t 执行动作 a_t，系统转移到下一状态 s_{t+1}，并根据策略 π 获得执行的动作 a_{t+1}，则动作－值函数的更新公式为

$$Q(s_t, a_t) \leftarrow Q(s_t, a_t) + \alpha\left[r_t + \gamma Q(s_{t+1}, a_{t+1}) - Q(s_t, a_t)\right]$$

由于该公式的更新需要 t 时刻五个转移过程的数据 $\{s_t, a_t, r_t, s_{t+1}, a_{t+1}\}$，因此该算法也被称为 Sarsa 算法。图 5.13 显示了包含策略提升步骤的完整 Sarsa 算法的流程。

Sarsa 算法并不直接根据最大化动作－值函数生成动作（即策略提升），而是采用一种称为生成轨迹策略（ *ε-greedy*）的策略函数，可以更有效地探索状态－动作空间。探索机制的研究也是强化学习中的一个重点问题，有兴趣的读者可以查阅相关文献。

Sarsa 使用与 *ε-greedy* 相同的策略生成动作 a_{t+1}，这种方式被称为 on-policy。另一种方式被称为 off-policy，其直接采用最大化动作－值函数的方式选择 a_{t+1}，被称为 Q 学习。Q 学习更新动作－值函数的公式为

$$Q(s_t, a_t) \leftarrow Q(s_t, a_t) + \alpha\left[r_t + \gamma \max_a Q(s_{t+1}, a) - Q(s_t, a_t)\right]$$

Q 学习的算法流程与 Sarsa 非常接近，区别仅在于 a_{t+1} 的选择上，因此不再列出。

到目前为止，我们仍然假设 MDP 的状态和动作空间是离散的集合。这种情况下，值函数被表示成查找表的方式，通过表格方式记录所有状态或状态－动作对应的值函数取值映射。但是对于连续的状态和动作空间，不能用表格映射的方式穷举所有的可能性，因而引入参数化表示、值函数 $\hat{V}_{\theta}(s)$ 和动作－值函数 $\hat{Q}_{\theta}(s, a)$，

初始化：
1. 对每个状态动作对（s，a），初始化 Q（s，a）。
重复：
2. 根据初始分布 p_0（s）生成初始状态 s_0，a_0= ε-*greedy*（s_0），t=0。
　　重复：
　　3. 执行 a_t，系统转移到下一状态 s_{t+1}，并观测到 r_t。
　　4. a_{t+1}= ε-*greedy*（s_{t+1}）。
　　5. 根据式（5.3）更新动作 - 值函数 Q^{π}（s_t，a_t）；t=t+1。
　　直到 MDP 结束。
直到动作 - 值函数收敛。
5. 对任意的状态 s，输出策略：

$$\pi(s) \leftarrow \arg\max_{a} Q^{\pi}(s, a)$$

ε-*greedy*（s）：
　　1. 生成随机数 $r \in [0, 1]$。
　　2. 若 $r < \epsilon$（设定的 [0，1] 之间较小的阈值），从动作集合 A（s）中随机选择一个 a 返回；否则，

$$a - \arg\max_{a} Q(s, a)$$

图 5.13　Sarsa 算法流程图

其中 θ 表示参数。例如线性的值函数为 $\hat{V}_{\theta}(s) = as + b$，则 $\theta = \{a, b\}$。参数化形式的值函数是在连续状态动作空间下对值函数的一种近似方法，其参数的更新方式如下：

$$\theta_{t+1} = \theta_t + \alpha\left[r_t + \gamma\hat{V}_{\theta_t}(s_{t+1}) - \hat{V}_{\theta_t}(s_t)\ \nabla\hat{V}_{\theta_t}(s_t)\right] \tag{5.3}$$

其中 $\nabla\hat{V}_{\theta_t}(s_t)$ 为值函数的梯度，可以用数据估计。

5.3.4　强化学习应用举例

考虑一个水下机器人固定深度控制的问题，进行 MDP 建模，以应用强化学习理论。通常水下机器人采集过程中需要保证深度固定，如图 5.14 所示。

假设目标固定深度为 z_r。对于深度控制，我们仅考虑水下机器人在惯性坐标系 xoz 平面的运动，如图5.15 所示。描述水下机器人运动的变量定义为 $x = (z, \theta, w, q)^T$。其中，z 表示机器人的深度，θ 表示机器人航向与惯性坐标系 x 轴的夹角，w 表示机

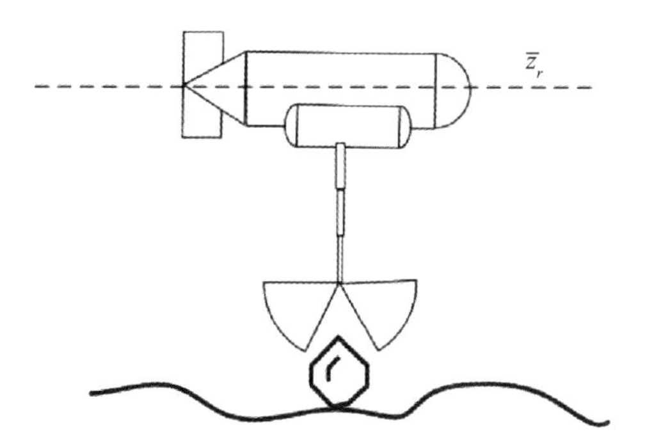

图 5.14 机器人固定深度控制

器人沿侧向的速度，q 表示机器人绕自身垂直于 xoz 平面的轴的转动角速度。而机器人的动力来源于尾部的螺旋桨产生的推力 f 和扭矩 m。控制的目标是保持机器人深度 $z=\bar{z}_r$ 以及船向沿着 ox 轴方向 $\theta=0$。

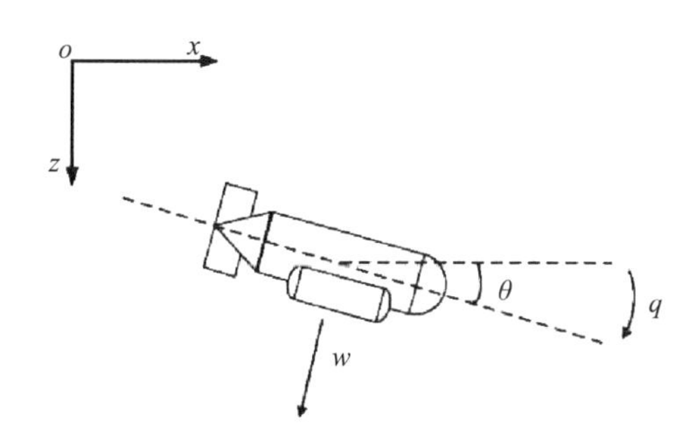

图 5.15 水下机器人坐标系

现在考虑将该问题建模成 MDP。首先，我们根据深度控制的目标设计奖励函数：

$$r_t=-\left[\rho_1(z_t-\bar{z}_r)^2+\rho_2\theta_t^2+\rho_3 w_t^2+\rho_4 q_t^2+\lambda_1 f_t^2+\lambda_2 m_t^2\right]$$

其中，中括号里的第一项保证最小化深度机器人距离 $\bar{z}_r$ 的相对深度，第二项保证机器人的前进方向沿着 x 轴方向，而其余几项用于最小化消耗的能量以及保证控制输入的稳定。损失函数采用系数 ρ_i 和 λ_i 平衡不同的控制目标，负号将最小化的损失函数转化为奖励函数。

MDP 状态的一个直观选择是 x，因为它包含了描述机器人运动以及确定控制输入的所有信息，但是以 x 为状态存在两个问题。一是航向角 θ 是一个周期性变量，也就是说 $\theta=0$ 和 $\theta=2\pi$ 虽然在数值上差异很大，但其实二者是相同的方向。因此，我们对于状态的改进之一是将 θ 拆分成两个三角函数变量（$\cos\theta$，$\sin\theta$）^{T}，从而消除角度变量的周期性问题。二是状态 x 包含绝对深度 z，却没有包含目标深度 $\bar{z}_r$ 的信息，如果目标深度发生变化，则以 $\bar{z}_r$ 学习出的控制策略难以实现新目标深度的追踪，因为以 x 定义的状态无法感知这一变化。综合以上两点考虑设计了如下的状态：

$$\mathbf{s}=[\Delta z,\ \cos\theta,\ \sin\theta,\ w,\ q]^T$$

其中，$\Delta z = z-\bar{z}_r$ 表示相对深度。MDP 动作直接选择控制水下机器人的控制量 $a=\left[f,\ m\right]^T$。MDP 的转移概率为水下机器人的动力学方程，假设在这个问题中是未知的。这样，我们就完成了 MDP 的建模。

上面构建的 MDP 的状态和动作空间都是连续的，考虑了值函数和策略函数的参数化表示（可用神经网络近似），可应用 Q 学习算法完成 MDP 最优策略的求解。

5.4 深度学习控制

5.4.1 深度学习概述

深度学习是机器学习的一个重要分支，近年来发展十分迅速，并在多个应用领域取得了巨大成功。深度学习的研究起源于人工神经网络，其本质是模拟人脑分析学习的过程，具备多层感知的深度网络模型。深度学习通过学习样本数据的内在规律和表示层次，最终目标是让机器能够像人一样具有分析学习能力，能够有效识别文字、图像和声音等数据。

5.4.1.1　深度学习概念

深度学习一词最初在 1986 年由德克特提出，后来在 2000 年由艾森贝格等人引入人工神经网络中，并在 2006 年由辛顿正式定义。本质来说，深度学习问题可以归结为机器学习问题，它通过计算机程序总结有限数据样本的一般规律，并将其应用到未知数据样本中。例如，医生在诊断疾病时，可以对历史病例的数据集合进行归纳，进而判断患者疾病的类型。然而，与传统机器学习方法不同，深度学习在原始输入和输出之间采用一系列线性和非线性的组件，这些组件依次对输入数据进行加工和处理，得到不同级别的特征表示（从底层特征到中层特征，再到高层特征），从而最终提升预测模型的准确率。图 5.16 显示了深度学习中数据的处理流程，它的主要部分是特征表示，即提取出原始数据的高层特征。

深度学习的特征表示部分一般可以采用人工神经网络来代替。人工神经网络简称神经网络，是一种受到人脑神经系统启发而建立的数学模型。人脑神经系统可以看作是一种信息传递和处理的网络。与计算机程序不同的是，它通过突触传递和接收信息，采用生物神经元对这些非线性信息进行处理。神经网络模拟人脑神经系统的结构，将生物神经元抽象为具有数学表示的人工神经元，并构建人工神经元之间的连接

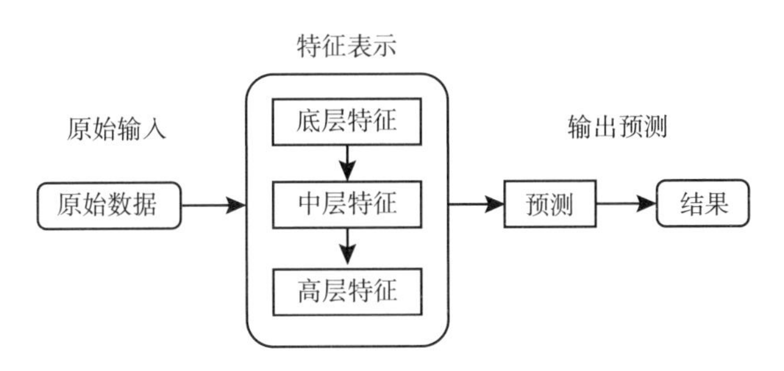

图 5.16 深度学习数据处理流程

来处理数据之间的复杂关系。神经网络在不同人工神经元之间采用权重进行连接，权重表示一个神经元对另一个神经元影响的大小。每个神经元使用不同的权重聚合其他神经元的信息，并输入到激活函数得到一个新的活性值（兴奋或者抑制）。

值得注意的是，深度学习和人工神经网络并不等价，深度学习可以采用神经网络模型，也可以采用其他模型（比如深度信念网络是一种概率图模型）。但是，由于神经网络强大的特征表示能力，使得神经网络模型成为深度学习中主要采用的模型。此外，深度学习强大的能力使之不仅可以用于机器学习的特征表示任务，还能够处理一些通用人工智能的问题，比如推理和决策。

5.4.1.2 深度学习的核心要素

如今，深度学习在多个领域取得了巨大的成功，这其中离不开三个核心要素，即数据、模型和计算。深度学习中的数据包含原始的输入数据和标签数据，其中输入数据一般分为图片数据、文本数据、音频数据和视频数据；标签数据是对输入数据的标识，表示的是正确的参考信号。图 5.17 显示了深度学习中常用的数据集，其中图 5.17（a）右半部分是图片数据，左半部分是图片的标签数据。

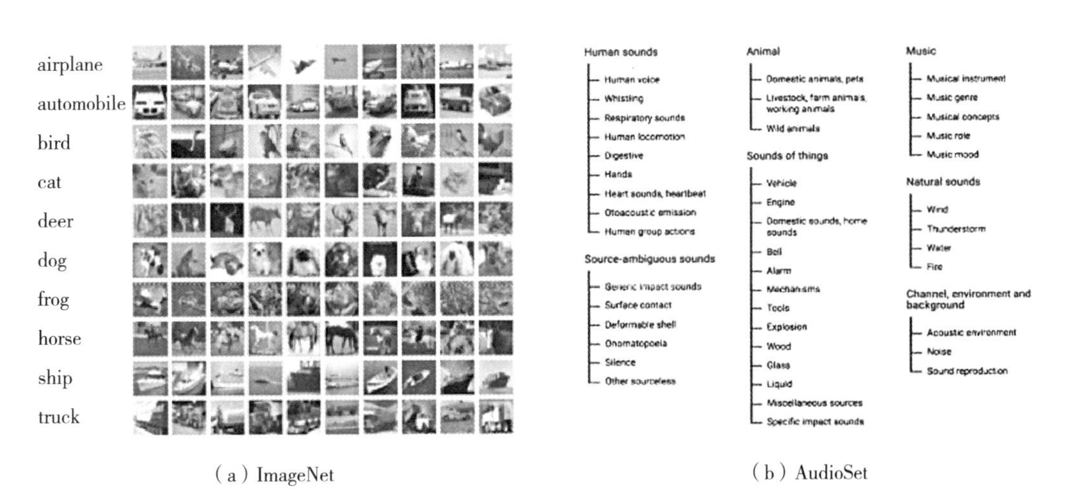

图 5.17 深度学习常用数据集

深度学习中的模型一般指的是抽象人脑的神经元网络得到的数学模型。单个神经元实现的功能比较简单，深度学习模型采用网络拓扑结构来构建神经元之间的连接，通过很多神经元一起协作来完成复杂功能，称为神经网络。目前为止，常用的神经网络结构分为前馈网络、记忆网络和图网络（图 5.18）。

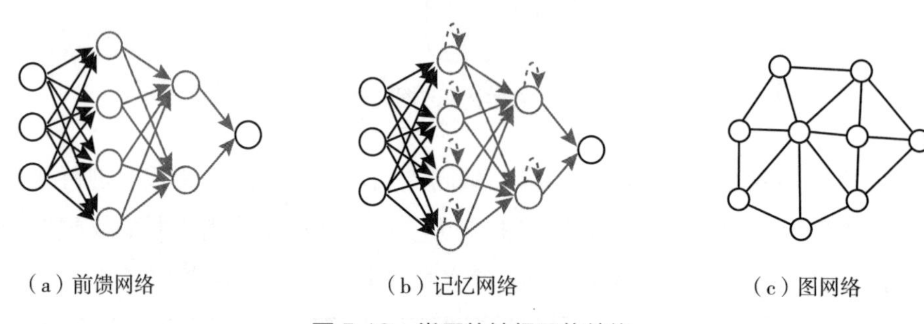

（a）前馈网络　　（b）记忆网络　　（c）图网络

图 5.18　常用的神经网络结构

前馈网络：各个神经元按照接收信息的先后顺序分为不同的层，每一层中的神经元接收前一层神经元的输出，并输出到下一层神经元。最先接收输入信号的层称为输入层，最后一层称为输出层，其他的中间层称为隐藏层。前馈网络通过每一层的线性和非线性变换，实现输入空间到输出空间的复杂映射。前馈网络包括全连接前馈网络和卷积神经网络等。

记忆网络：也称为反馈网络，网络中的神经元不但可以接收来自其他神经元的信息，也可以接收自己的历史信息。与前馈网络相比，记忆网络可以有效缓解神经元在前向传输信息时的部分损失，具有记忆能力，在不同的时刻具有不同的状态。记忆神经网络中的信息传播可以是单向或双向传递，因此，可用一个有向循环图或无向图来表示。记忆网络通常包括循环神经网络、Hopfield 网络、玻尔兹曼机、受限玻尔兹曼机等。

图网络：用来处理在实际应用中是图结构的数据，如知识图谱、社交网络、分子网络等。图网络是定义在图结构数据上的神经网络。图网络上的神经元称为节点，节点之间的连接部分称为边，节点之间的连接可以是有向的，也可以是无向的，因此，可以分为有向图和无向图。图网络是前馈网络和记忆网络的泛化，包含很多不同的实现方式，比如图卷积网络、图注意力网络、消息传递神经网络等。

原始输入经过神经网络中各个层的处理后，输出得到预测信号。然而，预测信号与参考信号之间存在偏差，对神经网络的权重进行调整能够有效地消除偏差。深度学习模型采用反向传播算法来更新神经网络的权重参数。反向传播算法建立在梯度下降法的基础上，包括正向传播和反向传播两个过程。在正向传播中，输入信号通过输入层经过隐藏层，逐层处理并传向输出层。若输出信号和参考信号间存在偏差，取偏差的平方值作为目标函数并进行反向传播，逐层求出目标函数对各神经元权重的偏导数，构成目标函数对权值向量的梯度量，进而利用梯度量对权重进行修改，直到误差收敛到期望值。

计算能力的提升是深度学习能够取得成功的另一个核心要素。近年来，随着大规模并行计算以及 GPU 设备的普及，计算机的计算能力得以大幅提高。这使得计算机能够处理海量的数据，进而可以端到端地训练一个大规模神经网络。此外，深度学习一般采用误差反向传播算法来进行参数学习，手工计算梯度再写代码将会十分复杂，深度学习框架的提出大大方便了深度学习代码的实现。这些框架可以支持自动梯度计算，并且无缝地在 CPU 和 GPU 之间切换。常用的深度学习框架包括 Tensorflow、Pytorch 和 PaddlePaddle 等。

5.4.1.3 深度学习的发展历史

深度学习的发展经历了一段漫长曲折的过程，大致可以分为三个阶段。

第一阶段：深度学习的起源阶段（1943—1969 年）。1943 年，心理学家沃伦·麦卡洛克和数学逻辑学家沃尔特·皮茨模仿神经元的结构和工作原理，提出了 MP 模型，开启了人工神经网络研究的序幕。1949 年，加拿大著名心理学家唐纳德·赫布提出了一种基于无监督学习的规则“赫布规则”，模仿人类认知世界的过程建立一种“网络模型”。20 世纪 50 年代末，美国科学家弗兰克·罗森布拉特提出了感知器学习，并于 1958 年正式提出了由两层神经元组成的神经网络，将其称为“感知器”。1969 年，马文·明斯基出版的《感知器》证明了单层感知器无法解决线性不可分问题，使人们对以感知器为代表的神经网络产生怀疑，导致人工神经网络进入了将近二十年的寒冬期。

第二阶段：深度学习的发展阶段（1982—1995 年）。1982 年，著名物理学家约翰·霍普菲尔德发明了霍普菲尔德神经网络。霍普菲尔德网络在旅行商问题上取得了当时的最好结果并引起轰动。1986 年，杰弗里·辛顿提出一种适用于多层感知器的反向传播算法，增加了误差的反向传播过程。反向传播算法完美地解决了非线性分类问题，使人工神经网络再次成为研究热点。然而，由于计算机的硬件水平的限制，使用 BP 算法会出现梯度消失的问题，使得反向传播算法的发展受到了很大限制。再加上 90 年代中期，以 SVM 为代表的其他浅层机器学习算法被提出，并在分类、回归问题上取得了很好的效果，在机器学习领域的流行度逐渐超越了神经网络。深度学习再一次陷入寒冬期。

第三阶段：深度学习的爆发阶段（2006 年至今）。2006 年，辛顿通过逐层预训练来学习一个深度信念网络，并将其权重作为一个多层前馈神经网络的初始化权重，再用反向传播算法进行精调，提供了一种梯度消失的解决方案。2012 年，在著名的 ImageNet 图像识别大赛中，辛顿领导的小组采用深度学习模型 AlexNet 一举夺冠。AlexNet 采用 ReLU 激活函数，从根本上解决了梯度消失问题，并采用 GPU 极大地提高了模型的运算速度。同年，斯坦福大学的吴恩达和世界顶尖计算机专家 Jeff Dean 使用深度神经网络在 ImageNet 评测中把识别错误率从 26%降低到了 15%。2016 年，谷歌 DeepMind 开发的 AlphaGo 以 4∶1 的比分战胜了国际顶尖围棋高手李世石，引起世界轰动。如今，深度学习已引发学术界以及工业界极大的研究热情，成为人工智能领域的一个重要方向。

5.4.2 深度学习常用模型

一般而言，深度学习的提出是为了更有效的特征表示。对于不同的原始输入数据，所采取的深度学习模型也是不同的，而选取适合的深度学习模型会大大提升预测的准确率。因此，这里引入常用的几种深度学习模型，并分别介绍其适用场景。

5.4.2.1 深度前馈网络

深度前馈网络，也称前馈神经网络，其中每个神经元分为不同的层，每一层的神经元接收前一层神经元的信号，并产生信号输出到下一层。图 5.19 给出了全连接前馈网络的示意图，每个神经元都与下层的神经元分别连接。L 和 M_1 分别表示神经网络的层数和第 l 层神经元的个数，$\sigma_l(\cdot)$ 表示第 l 层神经元的激活函数，$z^{(l)} \in \mathbb{R}^{M_l}$ 表示第 l 层神经元的净输入，$o^{(l)} \in \mathbb{R}^{M_l}$ 表示第 l 层神经元的输出，$b^{(l)} \in \mathbb{R}^{M_l}$ 表示第 l–1 层到 l 层的偏置，$W^{(l)} \in \mathbb{R}^{M_l \times M_{l-1}}$ 表示第 l–1 层到 l 层的权重矩阵。令 $o^{(0)} = x$，前馈神经网络通过不断迭代下面公式进行信息传播：

$$z^{(l)} = W^{(l)} o^{(l-1)} + b^{(l)}$$
$$o^{(l)} = \sigma_l\left(z^{(l)}\right)$$

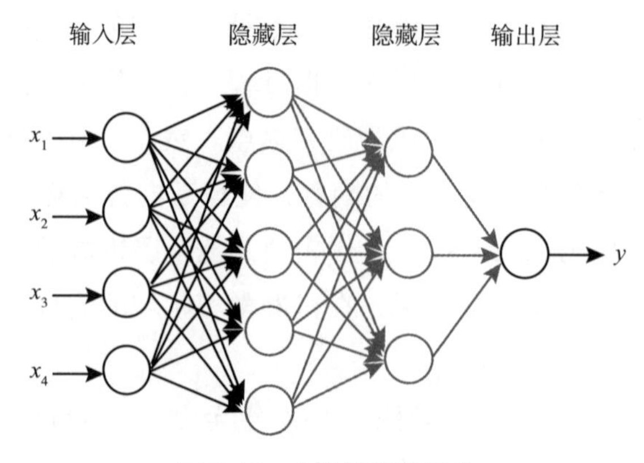

图 5.19　全连接前馈网络

首先根据第 l–1 层的输出 $o^{(l-1)}$ 计算出第 l 层神经元的净输入，然后经过一个激活函数得到第 l 层神经元的输出。因此，可以把每个神经层看作一个仿射变换和一个非线性变换。

全连接前馈网络具有很强的拟合能力，常见的连续非线性函数都可以用深度前馈网络来近似。在机器学习的分类问题中，能否提取有效的特征对分类器的影响很大。要取得好的分类效果，需要将样本的原始特征向量 x 转换为更有效的特征向量 $\Phi(x)$，这个过程称为特征抽取。多层前馈神经网络可以看作一个非线性复合函数 Φ，因此可以作为一种特征转换方法。此外，深度前馈网络采用端对端的学习方式，采用预测产生的误差经过每一层反向传播，每一层都会根据这个误差进行权重调整。因此，如果能够提供充足有效的输入数据，深度前馈网络就能够抽取到有效的特征。

5.4.2.2 深度卷积网络

深度卷积网络，也称卷积神经网络，它采用局部连接的卷积层和子采样层来代替深度前馈网络中的部分全连接层，可以显著减少全连接前馈网络的权重参数，并且具有局部平移不变性。其中，卷积层的作用是提取一个局部区域的特征，不同的卷积层相当于不同的特征提取器。一般来说，卷积神经网络主要用于处理图像数据，而图像是二维数据，因此卷积层一般采取二维卷积操作。给定一个图像输入 $X \in \mathbb{R}^{M\times N}$ 和一个共享卷积核 $W \in \mathbb{R}^{U\times V}$，一般 $U \ll M$，$V \ll N$，其卷积为

$$y_{ij} = \sum_{u=1}^{U}\sum_{v=1}^{V} w_{uv} x_{i-u+1,\ j-v+1}$$

其中 * 表示二维卷积运算。图 5.20 展示了二维卷积的示意图。从本质上说，卷积层的卷积操作是利用卷积核提供的权重来聚合邻近像素点的特征，进而使图像的部分特征更加明显。因此，卷积层有两大特征，即局部连接和权重共享。

深度卷积网络的另一个重要部分是子采样层，其作用是进行特征选择、降低特征数量，从而减少参数数量。常见的子采样操作方式分为两种，一种是平均子采样操作，另一种是最大子采样操作。图 5.21 显示了最大子采样操作。

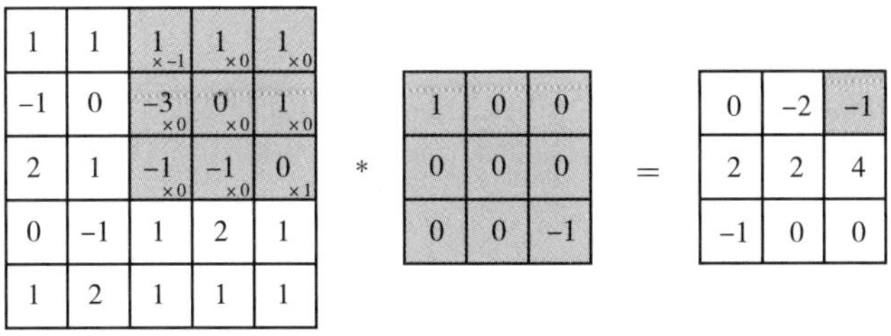

1	1	1 ×–1	1 ×0	1 ×0
–1	0	–3 ×0	0 ×0	1 ×0
2	1	–1 ×0	–1 ×0	0 ×1
0	–1	1	2	1
1	2	1	1	1

*

1	0	0
0	0	0
0	0	–1

=

0	–2	–1
2	2	4
–1	0	0

图 5.20 二维卷积示意图

注：* 表示二维卷积运算

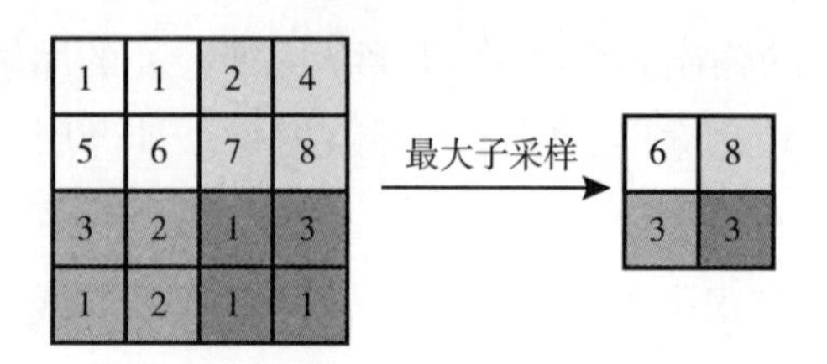

图 5.21 最大子采样操作

卷积神经网络的整体结构包括卷积层、子采样层和全连接层，整体结构如图5.22 所示。一个卷积块为连续 M 个卷积层和 b 个子采样层，一个卷积神经网络可以堆叠 N 个连续的卷积块，然后在后面接着 K 个全连接层，最后通过 softmax 层输出预测结果。

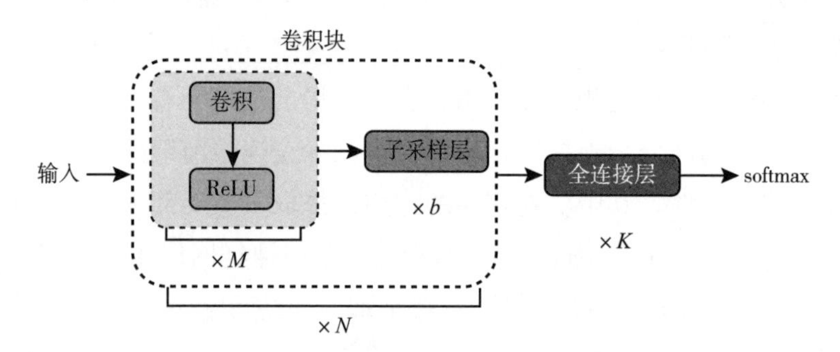

图 5.22 卷积神经网络的整体结构

卷积神经网络主要使用于图像和视频分析的各种任务（比如图像分类、人脸识别、物体识别、图像分割等），其准确率一般也远远超出了其他的神经网络模型。近年来，卷积神经网络被广泛地应用到自然语言处理、推荐系统等领域。

5.4.2.3 深度循环网络

在深度前馈网络中，信息的传递是单向的，其每次输入都是独立的，即网络的输出只依赖于当前的输入。但是在很多任务中，网络的输出不仅和当前时刻的输入相关，也和其过去一段时间的输出相关。比如语音识别和自然语言处理，这种时间序列数据存在时间关联性和整体逻辑特性，下一时刻的输出不仅与当前时刻的输入有关，还和上一时刻的输出有关。深度循环网络是一类具有短期记忆能力的神经网络，神经元不但可以接收其他神经元的信息，也可以接收自身信息，形成具有环路的网络结构。

深度循环网络通过使用带自反馈的神经元，能够处理任意长度的时序数据。令 $x_t \in \mathbb{R}^M$ 表示网络在 t 时刻的输入，$h_t \in \mathbb{R}^D$ 表示隐藏层状态，则 h_t 不仅与当前时刻的输入 x_t 有关，还和上一时刻隐藏层 h_{t-1} 有关。循环神经网络在 t 时刻的更新公式为

$$z_t = Uh_{t-1} + Wx_t + b$$
$$h_t = \sigma(z_t)$$

其中，z_t为净输入，$U \in \mathbb{R}^{D \times D}$为状态－状态权重矩阵，$W \in \mathbb{R}^{D \times M}$为状态－输入权重矩阵，$b \in \mathbb{R}^D$为偏置向量，$\sigma$是非线性激活函数。

图 5.23 给出了循环神经网络的示例图。其中“延迟器”是一个虚拟单元，用来记录最近几次隐藏层的输出值。循环神经网络具有短期记忆能力，相当于存储装置，因此其计算能力十分强大。循环神经网络常常用在语音识别、文本和视频处理等时序相关的任务中，具有很强的数据处理能力。

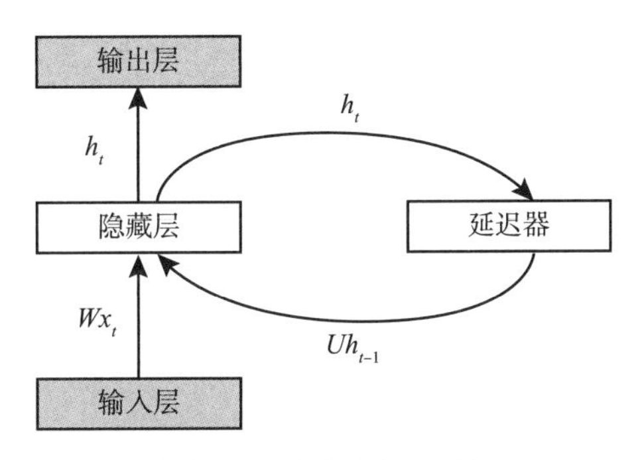

图 5.23 循环神经网络

5.4.3 深度学习在控制中的应用

20 世纪以来，控制论、信息论和系统论对工业的应用产生了颠覆性的影响，尤其是控制论在航天、工业机器人、智能电网、智能驾驶等一些工业领域中取得了丰富的成果。而近年来的深度学习在自然语言处理和图像识别等领域显示出极大的优越性，远远超过了传统机器学习算法产生的性能，甚至可以达到比拟人类的水平。如今，深度学习以其独特的优势再次影响着控制学科。传统的控制方法一般是基于模型的算法，往往需要建立复杂的系统模型，进而根据模型确定控制方案。而以数据驱动为核心的深度学习方法将会给控制方法带来新的变革，将推动工业和服务业的进一步升级。

通过将深度学习和传统控制进行有效结合，可以显著提升工业机器人、能源和交通等行业的效率。例如，采用深度学习进行楼宇智能控制，可以大幅减少大楼的能耗。以自动控制的角度来说，进行楼宇控制，首先需要很多专家建立大楼的模型，进而根据模型采取控制方法。而深度学习则只需要根据历史数据进行学习，省略了模型建立的过程，并且使用历史数据可以更加真实地反映实际情况，因此，能够带来性能的提升。

然而，值得注意的是，深度学习在传统控制领域中的应用刚刚兴起，还有很多问题没有解决，其中最重要的问题是深度学习缺乏理论依据。此外，深度神经网络的输出对于输入一般都是非凸的，包含了很多局部最优点，所以在优化的过程中很容易陷入局部最优情况。在对稳定性要求很高的控制系统场景下（比如电力系统控制、航天系统以及工业控制），这种多个局部最优解且没有全局收敛性保证的情况将大大限制其在工业场景的应用。另一方面，控制学科较为注重系统的理论性研究，如系统的李雅普诺夫稳定性以及基于卡尔曼滤波等的最优状态估计等。

因此，如何将深度学习和传统控制方法进行有效结合将会成为未来研究的一个重要方向。一方面可以利用深度学习中数据驱动的学习方式简化控制论复杂的模型建立，另一方面可以将控制论中的理论方法引入深度学习中，比如凸优化理论和李雅普诺夫稳定性理论等。总而言之，深度学习虽然目前只能广泛应用于识别感知和自然语言处理领域，但其最终的应用场景还应该是一些工业场景，比如工业机器人、智能驾驶、智能电网等。要想达成这个目标，需要控制学科和人工智能学科的紧密交流和相应研究者的共同努力。

5.5 本章小结

本章主要介绍了学习控制中的回归及优化、神经网络控制、强化学习控制以及深度学习控制等内容。回归与优化小节主要介绍了线性回归、正则回归、非线性回归、模型求解优化算法等，并介绍了回归模型应用实例。神经网络控制小节主要介绍了神经网络的概念和基本结构，以及控制器设计中常用的几种神经网络。在强化学习控制小节主要介绍了马尔可夫决策过程、动态规划方法、值函数方法、策略函数方法以及在强化学习应用实例等。深度学习控制小节主要介绍了深度学习的基本概念、深度学习常用模型及深度学习在控制中的应用等内容。近年来，随着人工智能方法的兴起，经典控制理论与智能学习算法相结合已成为控制领域新的研究方向。将神经网络、强化学习及深度学习等智能方法应用于控制系统中，使控制性能得到极大的拓展和提升。例如，神经网络控制利用神经网络强大的非线性映射、自学习和信息处理能力，有效解决复杂系统的模型辨识、控制和优化问题，从而使控制系统具有良好的性能。在将来，如何将学习方法与传统控制方法进行有机结合，并其拓展应用更加广阔的场景，是控制与人工智能领域值得进一步深入研究的方向。

第六章　模糊控制

模糊控制（fuzzy control），又称模糊逻辑控制（fuzzy logic control），以模糊集合、模糊语言变量、模糊逻辑推理为基础，用机器去模拟人的思维、推理和判断，将人的经验和知识以模糊语言的形式进行表示，建立一种适用于计算机处理的输入输出模型，以实现人对系统的控制。

6.1　模糊控制概述

传统的控制理论依靠精确的数学模型，需要系统提供精确、完整的信息，并且信息越详细，控制精度越高。但由于与人类行为相关的复杂大系统具有复杂性、信息的不完备性，加上人类认知能力的局限性，人们很难获取建立数学模型所需要的精确的、完整的信息。不过，在长期的生产实践中，人们积累了大量关于复杂大系统的感性知识，一般来说，这些知识是以自然语言的形式表示出来的，利用这些知识，不仅可以降低系统的复杂性，还可以对复杂大系统进行描述、预测、控制和评估。如在复杂工业生产过程中，一个熟练的操作人员就可以凭借丰富的实践经验，采取适当的操作策略来巧妙地控制一个复杂过程，这些实践经验是用语言表达出来的，是一种定性的、不精确的控制规则。

6.1.1　模糊控制理论的起源与现状

为了有效处理不确定性信息，扎德于 1965 年发表了《模糊集合》，首次提出"隶属函数"。与常规函数不同的是，隶属函数的值域为单位区间［0，1］，突破了经典集合理论的局限性，因此，隶属函数实现了对模糊语言从"完全属于"到"完全不属于"渐变过程的定量描述，从外延上把精确的集合扩展成模糊集合，为计算机处理模糊概念奠定了数学基础。

1966 年，马里诺斯发布了模糊逻辑及其在切换系统中的研究报告，标志着模糊逻辑的诞生。模糊逻辑与经典逻辑（也称二值逻辑或 k 值逻辑）的区别在于：模糊逻辑既可以是连续的，还可以是离散的，隶属度可以在单位区间［0，1］任意取真值，其真值具有主观性。由此可见，不同于二值逻辑的命题非此即彼，模糊逻辑允许命题有不同等级变化的隶属度，既可以部分肯定，还可以部分否定。因此，模糊逻辑可以看成是二值逻辑的扩展，而二值逻辑只是模糊逻辑的一种特殊情形。这样，采用模糊逻辑量化人类的知识与经验，使计算机可以模拟人类运用自然语言，进而模拟、表示和处理各种系统中的不确定性问题。

1973 年，扎德提出模糊假言推理，即 IF–THEN 规则，成为模糊逻辑推理的基本范式。进一步地，扎德给出了相应的模糊算法。以此为基础，1975 年，马姆达尼和阿西利安成功研制出第一台模糊控制器，包括模糊器、模糊推理机、模糊规则库和解模糊器。马姆达尼模糊控制器不需要建立数学模型，可基于专家的经验和知识来处理复杂的非线性控制问题，因而也被称为无模型控制器。

然而，最初的无模型模糊控制系统不可避免地存在一些问题，如启发式的规则导致耗时较长、系统的稳定性和鲁棒性得不到保障。20 世纪 90 年代初，模糊模型开始出现并发展起来。1985 年，高木和关野构建了 T–S 模糊模型，将非线性系统的动力学描述为一些局部线性子系统的平均加权和，并用隶属函数所表征的权值度量每个子系统的贡献。随后，基于线性矩阵不等式的 T–S 模糊模型和基于平方和方法的多项式模糊模型得到广泛应用，有效解决了模糊控制系统的稳定性分析及控制综合问题。

与此同时，模糊控制分别与 PID 控制算法、自适应控制技术、人工智能技术、专家系统、神经网络技术及多变量控制技术相结合，模糊 PID 复合控制、自适应模糊控制、专家模糊控制、仿人智能模糊控制、神经模糊控制及多变量模糊控制应运而生，使模糊控制能够处理更广泛的问题。

以上讨论的主要是一型模糊集的控制系统，随着新问题与新挑战的出现及应用领域的不断扩展，一型模糊渐渐不能满足所需条件，人们开始寻求更为高阶和复杂的解决方法。1975 年，扎德提出了二型模糊集合。二型模糊集合能较好地解决语言歧义与数据噪声问题，为定义隶属函数以更大的自由度，因此，近年来二型模糊逻辑与控制方面的研究受到人们的高度关注。孟德尔等人提出的区间二型模糊集（IT2 FS）能够最小化不确定性的影响，在二型模糊逻辑系统、二型模糊控制与应用方面做了大量工作，特别是把区间二型模糊集合分析转化为对其对应不确定覆盖域（footprint of uncertainty，FOU）的上下边界（即两个一型模糊集合）进行讨论，极大地促进了相关工作，二型模糊理论与方法已应用于相似度量、神经网络、交通流控制、智能机器人等领域。

二型模糊模型是一型模糊模型的扩展与延伸，侧重于处理不确定性对非线性对象动力学建模的影响，以提高系统在特定应用中的性能。为了给出二型模糊集合的描述模型，莫红与王飞跃提出了二型模糊集合的二段式定义，通过分类给出二型模糊集合的表述，并应用于智能交通、智慧医疗等领域。

基于模糊集合的词计算能较好地模拟人类使用语言和概念进行计算和推理，为此，王飞跃于 1995 年提出了语言动力系统的理论框架，以期模拟人类运用语言来描述问题和情形、提出目标、制定策略、明确并实施评价程序，为实现语言控制奠定了基础，也为系统动态模糊建模、分析及控制设计提供了依据。然而，在系统长周期运行过程中，作为一个词的模糊集合，其隶属函数及模糊控制规则也是随时间变化的，为此，近十年来，莫红提出了时变论域理论，使定义在对应论域上的模糊规则和模糊控制都会随时间发生变化，形成动态得到模糊规则库和模糊控制，并将其应用于红绿灯配时设计和交通流控制。

6.1.2 模糊控制的典型应用

模糊控制具有很多优点：可以利用控制法则来描述系统变量间的关系，无需系统建立精确的数学模型；系统设计简单、便于应用，特别适合非线性、时变、模型不完全的系统；模糊控制器是一种语言控制器，工作人员使用自然语言进行人机对话，易于操作；抗干扰能力强，响应速度快；对系统参数的变化有较强的鲁棒性和较好的容错性。

1975 年，马姆达尼和阿西利安首先将其应用于小型实验室的汽轮机和锅炉控制，开创了模糊控制工业应用的先河。随后，霍姆布拉德和奥斯特加德在丹麦共同开发出了第一个模糊水泥窑控制器。由于模糊控制器容易构造，20 世纪 80 年代，模糊控制在工业应用上取得了突破性进展，并取得较好的效果。1980 年，日本首次将模糊控制应用到一家富士电子水净化厂中，随后开发的模糊控制系统使仙台地铁成为当时世界上最先进的地铁。这些案例显示出模糊控制在各个领域的巨大潜力，坚定了人们对模糊领域开展深入研究的信念。

模糊控制为采用经典控制理论无法处理的工业过程中的非线性复杂系统问题提供了解决途径。经过几十年的发展，模糊控制被广泛应用于许多实际的工业过程中，并取得了很好的效果，使其由开始的无模型方法发展到基于模型的方法，并在此发展过程中不断改进和优化，得到广泛应用，模糊洗衣机、模糊吸尘器、模糊电饭煲、模糊空调等模糊家电也开始进入千家万户。

6.1.3 模糊控制的展望

模糊集合是连接定性知识与定量分析的桥梁和纽带，使人工智能冲破定性知识的禁区。利用模糊数学来进行词计算，让语言词句直接进入计算机程序，通过使用语言规则来量化人类的知识与经验，进而表示、处理和模拟各种系统中的不确定性问题。

模糊控制在给人们提供便利的同时，仍面临系列问题：①如何建立类似常规系统的模糊控制理论来解决模糊控制的机理建模、稳定性和鲁棒性分析以及综合设计等问题，从而完善模糊控制的系统性设计。②如何从海量数据中结合具体的应用对象来确定模糊集合的隶属函数，获得模糊规则来实现系统设计。③模糊控制降低了系统的控制精度和动态品质，如何实现系统的精度与决策速度的动态平衡，实现对系统的实时控制。④作为模糊集合对应的一个词，是自然语言的单位，也是词计算的单元，不同于数字符号，词义会因时间与环境的不同而改变，对应的模糊集合也会发生相应的改变。因此，需要建立模糊集合的时空模型来描述词模型的动态演化过程，对复杂大系统实现动态与精准控制。

6.2 模糊集合基础

经典集合理论要求每一个集合都被定义得很准确。然而，由于客观事物具有非精确性和模糊性，有些事物的本质往往包含多种可能性和模糊性。例如，高、矮、胖、瘦、漂亮、青年人、老年人等词语是无法用精确的数字进行表达的，需要用模糊语言描述。经典集合无法定义这类非精确的概念，为了解决这一问题，扎德提出了模糊集合理论。

6.2.1 模糊集合的定义

对于一个经典集合 A，空间中任一元素 x 要么属于 A、要么不属于 A，二者必居其一。该特征用一个可用函数表示为

$$\mu_A(x)=\begin{cases}1, & x\in A\\ 0, & x\notin A\end{cases}$$

其中，μ_A 称为集合 A 的特征函数。集合 A 的特征函数在元素 x 处的值称为 x 对于 A 的隶属度。当 $\mu_A(x)=1$ 时，表示 x 绝对隶属于 A；当 $\mu_A(x)=0$ 时，表示 x 不隶属于 A。

将经典集合中特征函数的取值范围从 {0，1} 推广到闭区间 [0，1]，便得到模糊集的定义。

定义 6.1　论域 X 上的一个模糊集合 $\tilde{A}$ 是指对 $\forall x\in X$，有一个指定的数 $\mu_{\tilde{A}}(x)\in[0,1]$ 与之对应，称为点 x 对 $\tilde{A}$ 的隶属度。映射

$$\mu_{\tilde{A}}:\ X\to I=[0,1]\ ,\quad x\mapsto \mu_{\tilde{A}}(x)$$

叫作 $\tilde{A}$ 的隶属函数（ $\mapsto$ 表示集合中元素的对应关系），记为

$$\tilde{A}=\{(x,\ \mu_{\tilde{A}}(x))\mid x\in X\}$$

若 $\mu_{\tilde{A}}$ 仅取 {0，1} 二值，则模糊集合 $\tilde{A}$ 就是一个经典集合，而 $\mu_{\tilde{A}}$ 就是对应的特征函数。故经典集合可视为模糊集合的特例，而模糊集合是经典集合的推广。

例 6.1　设论域 X= [0，100]（单位：分）表示成绩分数，定义"良好" $\tilde{G}$ 与"优异" $\tilde{E}$ 两个模糊集的隶属函数分别为

$$\mu_{\tilde{G}}(x)=\begin{cases}1/8\times(x-70) & 70<x\leqslant 78\\ 1 & 78<x\leqslant 82\\ 1-1/10\times(x-82) & 82<x\leqslant 92\\ 0 & 其他\end{cases}$$

$$\mu_{\tilde{E}}(x)=\begin{cases}0 & x<82\\ 1/10\times(x-82) & 82\leqslant x<92\\ 1 & x\geqslant 92\end{cases}$$

则根据上述隶属函数即可求出某个分数属于"良好"或者"优异"的程度。例如，张三的语文分数为 86、数学为 80，继而可计算出

$$\mu_{\tilde{G}}(86)=0.6\ ,\ \mu_{\tilde{E}}(86)=0.4\ ,\ \mu_{\tilde{G}}(80)=1\ ,\ \mu_{\tilde{E}}(80)=0$$

这表示张三语文成绩属于"良好"的隶属度为 0.6，属于"优异"的隶属度为 0.4；数学成绩属于"良好"的隶属度为 1，属于"优异"的隶属度为 0（图 6.1）。

定义 6.2　对于论域上的模糊集合 $\tilde{A}\in R(X)$ ，对任意 $\lambda\in[0,1]$ ，定义

$$\tilde{A}_{\lambda}=\{x\mid \mu_{\tilde{A}}(x)\geqslant\lambda,\ x\in X\}$$

称为模糊集合 $\tilde{A}$ 的 λ 截集，记为 $L_{\lambda}(\tilde{A})$ ，其中 λ 称为阈值或置信水平。

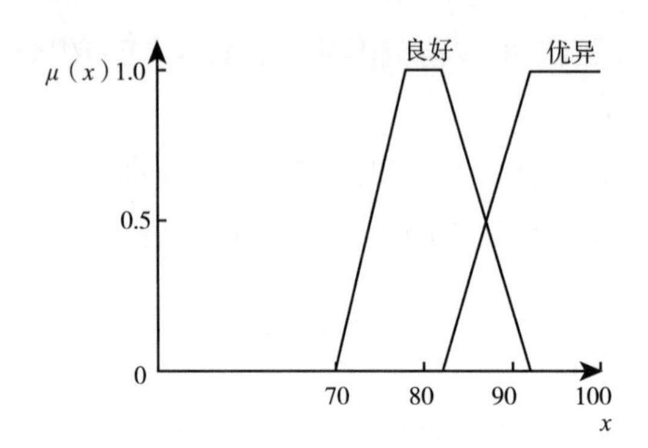

图6.1　模糊集合“良好”“优异”的隶属函数

当 $\lambda \neq 1$ 时，称 $\tilde{A}_\lambda^+ = \{x \mid \mu_{\tilde{A}}(x) > \lambda,\ x \in X\}$ 为 $\tilde{A}$ 的 λ 强截集。

当 $\lambda = 1$ 时，称 $\tilde{A}_1 = \{x \mid \mu_{\tilde{A}}(x) = 1,\ x \in X\}$ 为 $\tilde{A}$ 的核。

当 $\lambda = 0$ 时，称 $\tilde{A}_0 = \{x \mid \mu_{\tilde{A}}(x) > 0,\ x \in X\}$ 为模糊集合 $\tilde{A}$ 的支集（support），记为 $\mathrm{Supp}(\tilde{A})$，如图 6.2 所示。

称 $\bar{\tilde{A}}_0 = \overline{\{x \mid \mu_{\tilde{A}}(x) > 0,\ x \in X\}}$ 为模糊集合 $\tilde{A}$ 的支集的闭包（closure of support），简记为 $\bar{\tilde{A}}_0$。

显然，一个模糊集合的支集可能是单位区间［0，1］中的开集，也可能是闭集；而模糊集合的支集的闭包是［0，1］中的闭集，表现或为离散点列的集合，或为一个或多个闭区间之并。

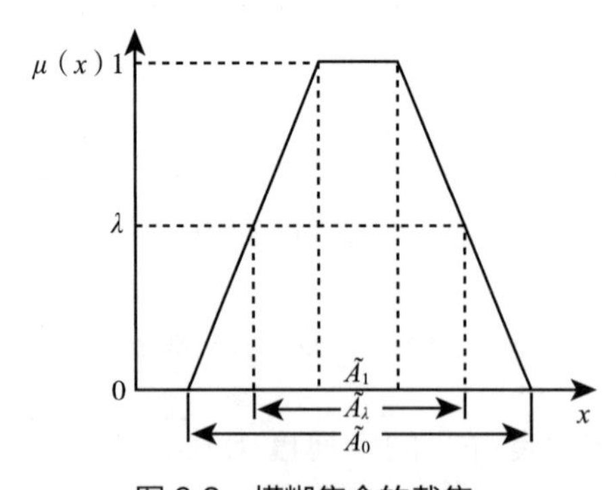

图 6.2　模糊集合的截集

若 $\tilde{A}_1 \neq \varnothing$，即 $\tilde{A}$ 的核非空，则称为正规模糊集合；反之，称为非正规模糊集合。

6.2.2　模糊集合的分类与表述

对于论域 X 上的模糊集合 $\tilde{A}$，根据论域和隶属函数的不同，模糊集合可以分成三种类型——离散型、连通型和复合型。

6.2.2.1　离散型模糊集合

定义 6.3　若模糊集合 $\tilde{A}$ 定义在离散论域 $X=\{x_1, x_2,\cdots, x_n\}$ 上，则称其为离散型模糊集合，常用以下三种方法表示。

扎德表示法：

$$\tilde{A}=\sum_{i=1}^{n}\frac{\mu_{\tilde{A}}(x_i)}{x_i}=\frac{\mu_{\tilde{A}}(x_1)}{x_1}+\frac{\mu_{\tilde{A}}(x_2)}{x_2}+\cdots+\frac{\mu_{\tilde{A}}(x_n)}{x_n}$$

这里，$\frac{\mu_{\tilde{A}}(x_i)}{x_i}$，($i=1, 2,\cdots, n$) 表示隶属度 $\mu_{\tilde{A}}(x_i)$ 与元素 x_i 之间的对应关系；“Σ”和“+”不表示求和，而是表示在论域 X 上组成模糊集合的全体元素的排序与整体之间的关系，只有符号意义。

序偶表示法：

$$\tilde{A}=\{(x_1, \mu_{\tilde{A}}(x_1)), (x_2, \mu_{\tilde{A}}(x_2)), \cdots, (x_n, \mu_{\tilde{A}}(x_n))\}$$

向量表示法：

$$\tilde{A}=\{\mu_{\tilde{A}}(x_1), \mu_{\tilde{A}}(x_2), \cdots, \mu_{\tilde{A}}(x_n)\}$$

这里，$\mu_{\tilde{A}}(x_i)$，($i=1, 2,\cdots, n$) 表示论域中元素 x_i 对应的隶属度 $\mu_{\tilde{A}}(x_i)$（注意：隶属度为 0 的项不能省略）。

例 6.2　设 X={ 语文、数学、英语、政治、历史 } 是学生最喜欢的课程的集合，模糊集合 $\tilde{A}_1$ 为“李四最喜欢的课程”，表示为

$$\tilde{A}_1=\frac{0.96}{\text{语文}}+\frac{0.78}{\text{数学}}+\frac{0.70}{\text{英语}}+\frac{0.90}{\text{政治}}+\frac{0.85}{\text{历史}}$$

或

$$\tilde{A}_1=\{(\text{语文},0.96),(\text{数学}, 0.78),(\text{英语}, 0.70),(\text{政治}, 0.90),(\text{历史}, 0.85)\}$$

或

$$\tilde{A}_1=\{(0.96, 0.78, 0.70, 0.90, 0.85)\}$$

由图 6.3 可见，模糊集合“李四最喜欢的课程”是 $X\times I$ 中离散的点列。

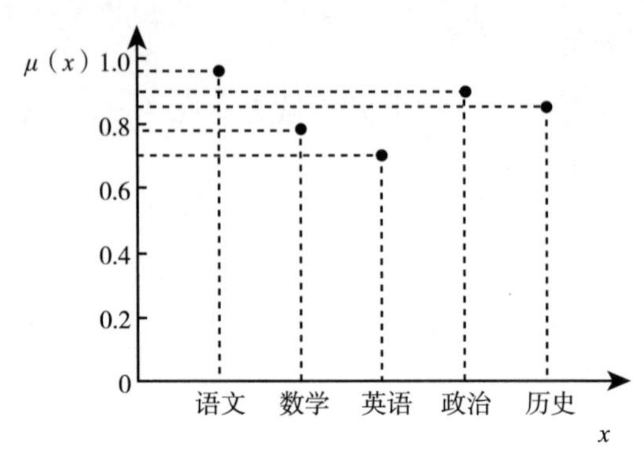

图 6.3　模糊集合“李四最喜欢的课程”

6.2.2.2　连通型模糊集合

定义 6.4　若模糊集合 $\tilde{A}$ 定义在连通论域 X 上且隶属函数连续，则称其为连通型模糊集合，表示为

$$\tilde{A}=\int_{x\in X}\frac{\mu_{\tilde{A}}(x)}{x}$$

这里，$\int$ 不表示积分运算，而是表示连通论域 X 上的元素 x 与隶属度 $\mu_{\tilde{A}}(x)$ 的一一对应关系。

常用的隶属函数有三角形、梯形、高斯型和 S 形（图 6.4—图 6.7）。

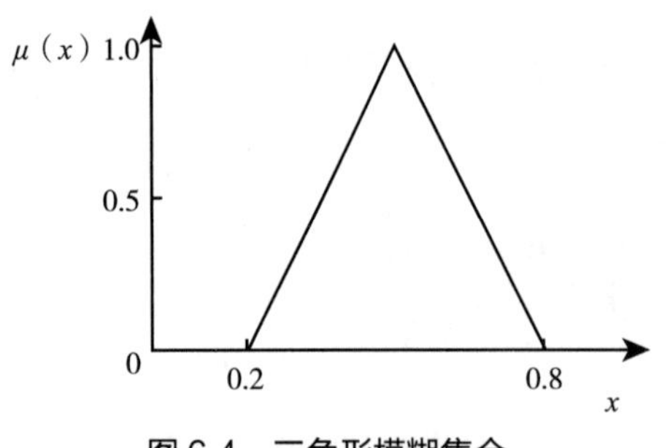

图 6.4　三角形模糊集合

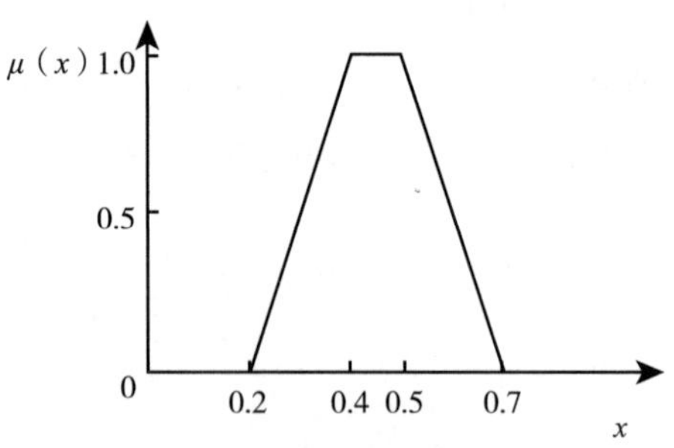

图 6.5　梯形模糊集合

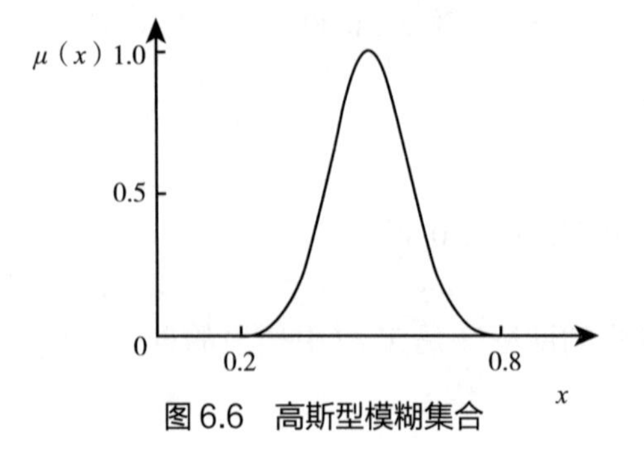

图 6.6　高斯型模糊集合

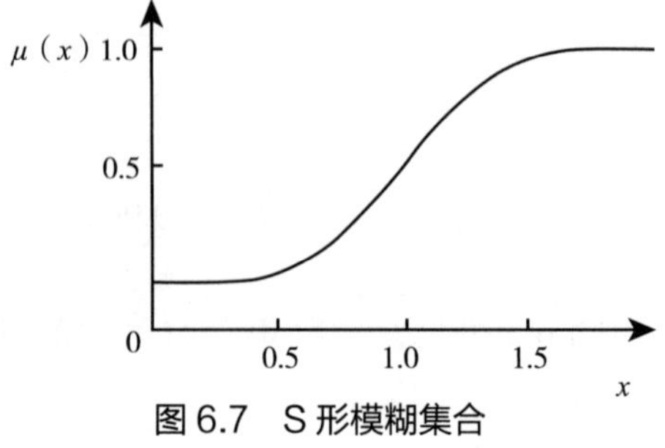

图 6.7　S 形模糊集合

由上图可知，对于一个确定的模糊集合，其隶属函数实质上就是一个精确的常规函数，其取值可以是单位区间［0，1］中的任意数。

6.2.2.3　复合模糊集合

定义 6.5　不属于上述两类模糊集合的称为复合模糊集合。

一个复合模糊集合，可能其论域既非离散、还非连通，或者其论域连通，但隶属函数并不连续。一个复杂模糊集合可以分解为一个或多个离散（连通）模糊集合之并。

例 6.3　论域 $X=[0, 5]$ 上的模糊集合 $\tilde{A}_3$ 的隶属函数定义为

$$\mu_{\tilde{A}_3}(x)=\begin{cases}0 & 0\leqslant x=1\\ 0.3\times(x-1) & 1\leqslant x<3\\ 1-0.5\times(x-3) & 3\leqslant x\leqslant 5\end{cases}$$

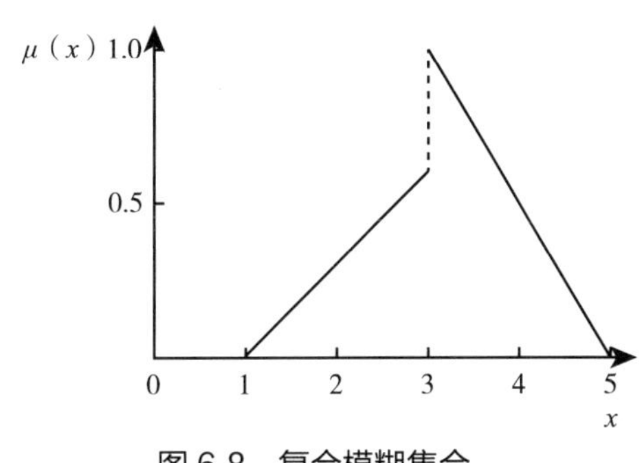

图 6.8　复合模糊集合

易知，该模糊集合的论域虽然连通，但是其隶属函数在 $x=3$ 的时候并不连续 $\left[\mu_{\tilde{A}_3}(3^-)=0.6,\ \mu_{\tilde{A}_3}(3)=1\right]$，所以是一个复合模糊集合。

6.2.3　模糊集合的基本运算

与常规集合相似，模糊集合也有相应的“交”“并”“补”等基本运算，这里，模糊集合的基本运算是由隶属函数来确定的。

定义 6.6　模糊集合 $\tilde{A}$、$\tilde{B}$ 的交、并集分别为 $\tilde{A}\cap\tilde{B}$、$\tilde{A}\cup\tilde{B}$，隶属函数表示为

$$\mu_{\tilde{A}\cap\tilde{B}}(x)=\min\{\mu_{\tilde{A}}(x),\ \mu_{\tilde{B}}(x)\}=\mu_{\tilde{A}}(x)\wedge\mu_{\tilde{B}}(x)$$
$$\mu_{\tilde{A}\cup\tilde{B}}(x)=\max\{\mu_{\tilde{A}}(x),\ \mu_{\tilde{B}}(x)\}=\mu_{\tilde{A}}(x)\vee\mu_{\tilde{B}}(x)$$

其中，扎德算子“∧”和“∨”分别表示“取最小值”和“取最大值”。

模糊集合 $\tilde{A}$ 的补集记为 $\tilde{A}^c$，其隶属函数表示为 $\mu_{\tilde{A}^c}(x)=1-\mu_{\tilde{A}}(x)$

例 6.4 设论域 $X=[2，7]$ 上的两个模糊集合 $\tilde{P}$、$\tilde{Q}$ 分别表示如图 6.9 和图 6.10，则两个集合的交集、并集及对应的补集分别如图 6.11—图 6.14 所示。

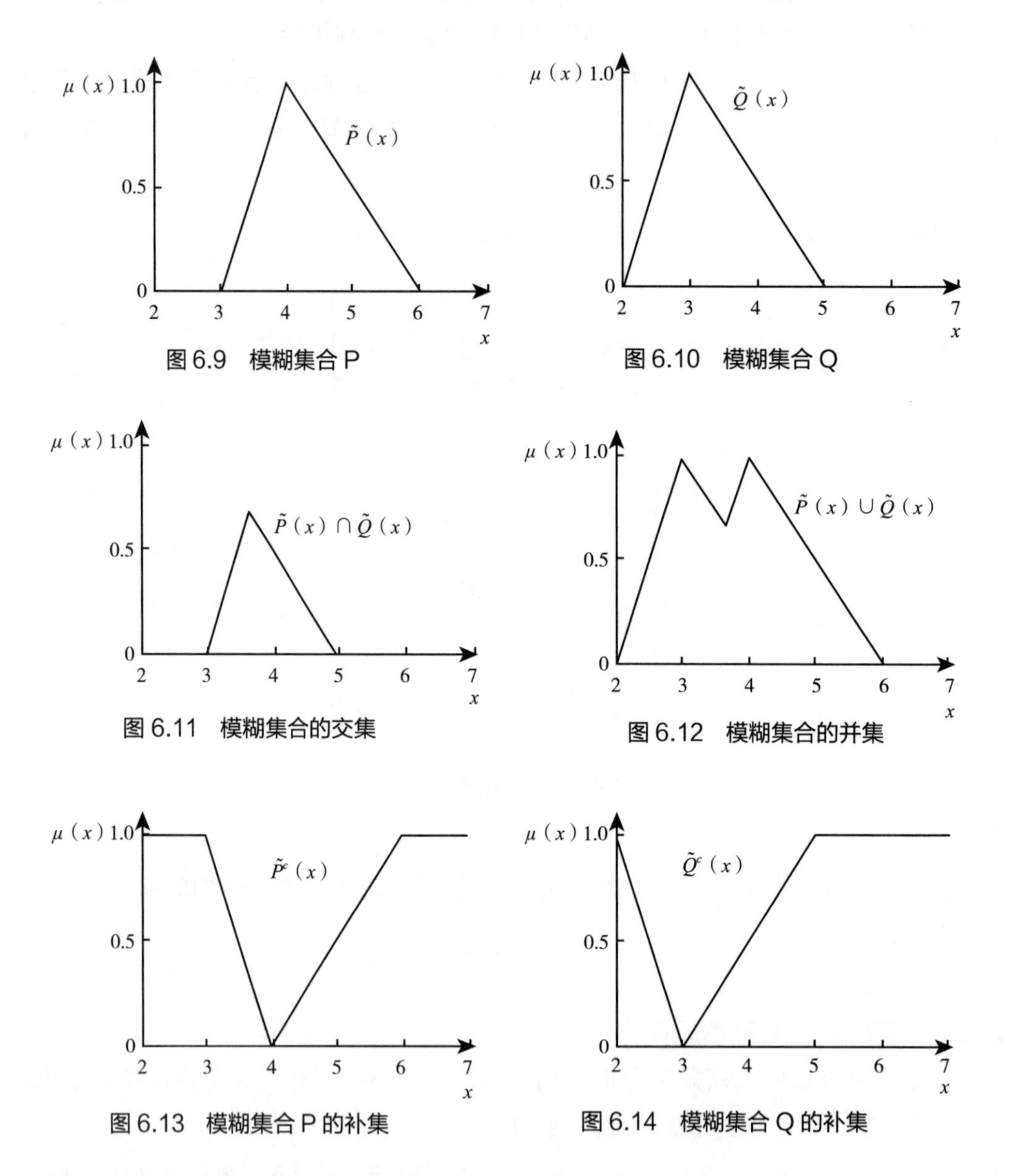

图 6.9　模糊集合 P

图 6.10　模糊集合 Q

图 6.11　模糊集合的交集

图 6.12　模糊集合的并集

图 6.13　模糊集合 P 的补集

图 6.14　模糊集合 Q 的补集

由以上各图可见，两个凸模糊集合的交集仍为一个凸模糊集合，但其并集与补集合却不一定是凸模糊集合。

多个模糊集合之间的并集与交集同样适合上述运算。

6.3　Mamdani 型模糊控制

模糊逻辑理论在控制领域里的应用始于 1974 年，英国科学家马姆达尼（Mamdani）首次将模糊逻辑理论应用于蒸汽机的控制系统并取得成功，开辟了模糊逻辑理论应用的新领域。模糊控制适用于被控对象没有数学模型或很难建立数学模型的工业过程，这些过程参数变动、时变，呈现极强的非线性特性等。模糊控制设计不需要精确的数学模型，而是采用人类语言型控制规则，使模糊控制机理和控制策略易于理解和接受，设计简单，便于维护和推广。随着计算机技术的发展，各类模糊控制算法孕育而生，并成功应用于大量的实际工业过程，取得了明显的应用效果。

6.3.1　模糊控制器的基本结构和组成

模糊控制器一般由知识库、模糊推理机、模糊化算子、解模糊化算子四部分组成，其基本结构如图 6.15 所示。下面分别对这四部分进行介绍。

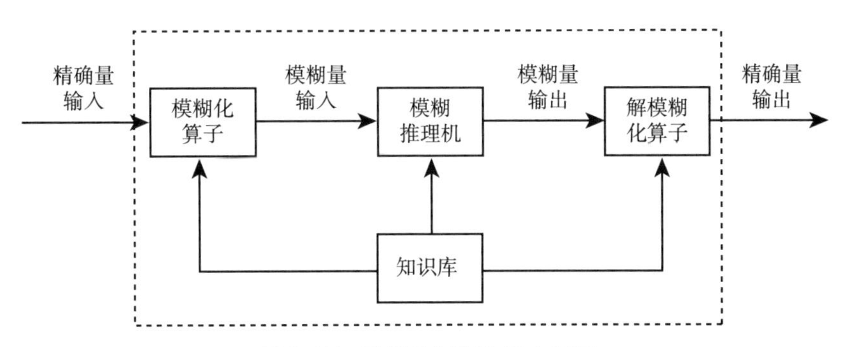

图 6.15　模糊控制器的基本框图

6.3.1.1　知识库

知识库由规则库和数据库组成。规则库包括用 IF–THEN 语言变量表示的一系列模糊规则，反映了专家的知识和操作人员的经验。数据库包括语言变量的隶属度函数、尺度变换因子及模糊空间的分级数等。

1）规则库：模糊规则库 R 由若干 IF–THEN 规则的总和构成

$$R=\left\{R^1,\ R^2,\cdots,\ R^r\right\}$$

每一条规则都由如下形式的 IF–THEN 模糊语句组成：

$$\text{规则 } R^i\text{：IF } x_1 \text{ is } A_1^i \text{ and } \cdots \text{ and } x_\sigma \text{ is } A_\sigma^i,$$

$$\text{THEN } y_1 \text{ is } B_1^i \cdots \text{and } y_m \text{ is } B_m^i,\ i\in\left\{1,\ 2,\ \cdots,\ r\right\} \tag{6.1}$$

模糊规则的前件和后件是模糊控制器的输入和输出的语言变量。输入量的选择需要根据要求来确定，输入量比较常见的是误差、误差的导数及误差的积分。输出量即为控制量，一般比较容易确定。输入和输出语言变量的选择、隶属度函数的确定对于模糊控制器的性能有十分关键的影响，它们的选择主要依赖于专家的知识和操作人员的经验。

2）数据库：①输入量变换。对于实际的输入量，第一步首先需要进行尺度变换，将其变换到要求的论域范围。变换的方法可以是线性的，也可以是非线性的。论域可以是连续的，也可以是离散的。如果要求离散的论域，则要求将连续的论域离散化或量化。②输入和输出空间的模糊分割。模糊控制规则中前件的语言变量构成模糊输入空间，后件的语言变量构成模糊输出空间。每个语言变量的取值为一组模糊语言名称，它们构成了语言名称的集合。每个模糊语言名称对应一个模糊集合。对于每个语言变量，其取值的模糊集合具有相同的论域。模糊分割是要确定每个语言变量取值的模糊语言名称的个数，模糊分割的个数决定了模糊控制精细化的程度。这些语言名称通常具有一定的含义。

6.3.1.2　模糊推理机

模糊推理主要根据模糊系统的输入和模糊规则，经过模糊关系合成和模糊推理合成等逻辑运算，得出模糊系统的输出。

模糊推理模型可以概括为如下几类：①单规则、单输入单输出模糊推理模型；②多规则、单输入单输出模糊推理模型；③单规则、多输入多输出模糊推理模型；④多规则、多输入单输出模糊推理模型；⑤多规则、多输入多输出模糊推理模型。

针对上述模糊推理模型，马姆达尼提出了如下的模糊推理算法。

1）单规则、单输入单输出模糊推理 Mamdani 算法：模糊规则（6.1）蜕化成下面的形式

$$\text{规则: IF } x \text{ is } A\text{, THEN } y \text{ is } B$$

在推理过程中，A' 与 A 并不是完全一致的，而是相接近，因此不能得到与模糊规则中的后件 B 严格一致的结论，而是与后件相近似的结论 B'。结论 B' 可由 A' 与 R（$R=A\to B$，表示由 A 到 B 的蕴含关系）进行合成而得到，即 $B'=A'\circ R=A'\circ(A\to B)$，其中，$\circ$ 表示最大－最小合成运算。当输入“x is A'”时，输出为 $B'=A'\circ R=A'\circ(A\to B)$。模糊合成之后，模糊集合 B' 的隶属度函数为

$$\begin{aligned}\mu_{B'}(y)&=\vee_{x\in X}(\mu_{A'}(x)\wedge\mu_{A\to B}(x,y))\\&=\max_{x\in X}(\min\{\mu_{A'}(x),\ \mu_{A\to B}(x,y)\})\end{aligned}$$

2）多规则、多输入单输出模糊推理 Mamdani 算法：模糊规则（6.1）蜕化成下面的形式

$$\text{规则} R^i\text{：IF } x_1 \text{ is } A_1^i \cdots \text{ and } x_\sigma \text{ is } A_\sigma^i,$$

$$\text{THEN } y \text{ is } B^i, i \in \{1, 2, \cdots, r\}$$

当输入为“x_1 is A_1^i ⋯ and x_σ is A_σ^i”时，结论 B' 可由 $A_1' \times \cdots \times A_\sigma'$ 与模糊蕴含关系 $\mathbb{R}$ 通过最大－最小合成得到，即

$$B' = (A_1' \times \cdots \times A_\sigma') \circ R = (A_1' \times \cdots \times A_\sigma') \circ \mathrm{U}_{i=1}^{r} (A_1^i \times \cdots \times A_\sigma^i \to B^i)$$

隶属度函数为

$$\begin{aligned}\mu_{B'}(y) &= \vee_{x \in (X_1 \times \cdots \times X_\sigma)} (\mu_{A_1' \times \cdots \times A_\sigma'}(x) \circ \vee_{i=1}^{r} \mu_{A_1^i \times \cdots \times A_\sigma^i \to B^i}(x)) \\ &= \max_{x \in (X_1 \times \cdots \times X_\sigma)} (\min\{\mu_{A_1' \times \cdots \times A_\sigma'}(x), \max_{i \in \{1, \ldots, r\}} (\mu_{A_1^i \times \cdots \times A_\sigma^i \to B^i}(x))\})\end{aligned}$$

对于多规则、多输入多输出模糊推理 Mamdani 算法，也可通过其他模糊推理过程得到，过程与前面介绍的推理类似，因此在这里不做过多介绍。

6.3.1.3　模糊化算子

模糊化算子的作用是将论域上一个确定的点 $x = (x_1, x_2, \cdots, x_n)^T \in X$ 映射到 X 上的一个模糊集合 A'。映射方式至少有两种。

1）单点模糊化算子：若 A' 对支撑集为单点模糊集，则对某一点 $x' = x$ 时，有 $A(x) = 1$；而对于其余所有的点 $x' \neq x$，$x' \in X$，有 $A(x) = 0$。

2）非单点模糊化算子：当 $x' = x$ 时，$A(x) = 1$；但当 x' 远离 x 时，$A(x)$ 从 1 开始衰减。

应当指出的是，在模糊控制的文献中，绝大多数的模糊化算子都是单点模糊化算子。只有当输入信号有噪声干扰的情况下，非单点模糊化算子比单点模糊化算子更适用。

6.3.1.4　解模糊化算子

1）最大值解模糊化算子：

$$y = \arg\sup_{y \in V} B(y)$$

2）重心解模糊化算子，将模糊推理得到的模糊集合 B 的隶属度函数与横坐标

所围成的面积的重心所对应的论域 V 上的数值作为精确化结果，即

$$y=\frac{\int yB(y)\mathrm{d}y}{\int B(y)\mathrm{d}y}$$

3）中心加权平均解模糊化方法：

$$y=\frac{\sum_{i=1}^{r}y^{i}(A_i'\circ R_i)(y^{i})}{\sum_{i=1}^{r}(A_i'\circ R_i)(y^{i})}$$

其中，y^i 是推理后的模糊集 B_i 的隶属度函数取得的最大值点。

6.3.2 Mamdani 型模糊控制系统设计

以连续时间系统为例，其 Mamdani 模糊模型可采用以下的模糊条件语句来描述：

规则 R^i：IF y is A_0^i and $\cdots$ and $y^{(n-1)}$ is A_{n-1}^i and u is B_0^i and $\cdots$ and $u^{(m)}$ is B_m^i,

$$\text{THEN}\ \ y^{(n)}\ \text{is}\ \ C^i,\ \ i\in\{1,2,\cdots,r\} \tag{6.2}$$

我们将模糊模型（6.2）中的前件变量增广成向量的形式，可重新表达成如下形式：

规则 R^i：IF $\overline{y}$ is A^i and $\cdots$ and $\overline{u}$ is B^i,

$$\text{THEN}\ \ y^{(n)}\ \text{is}\ \ C^i,\ i\in\{1,2,\cdots,r\}$$

其中，$\overline{y}=[y,\dot{y},\cdots,y^{(n-1)}]^T$，$\overline{u}=[u,\dot{u},\cdots,u^{(m)}]^T$，$A^i=A_0^i\times A_1^i\times\cdots\times A_{n-1}^i$，$B^i=B_0^i\times B_1^i\times\cdots\times B_m^i$。

上述模糊模型含有 r 条模糊规则、两个输入（系统输出测量信号 y 和系统控制信号 u）和一个输出，可采用模糊推理 Mamdani 算法求解系统输出。

结论 C′ 可由 $A'\times B'$ 与模糊蕴含关系 R 通过最大－最小合成得到，即

$$C'=(A'\times B')\circ R=(A'\times B')\circ U_{i=1}^{r}(A^i\times B^i\rightarrow C^i)$$

隶属度函数为

$$\mu_{C'}(y^{(n)})=\vee_{(\bar{y}\times\bar{u})\in(Y\times U)}(\mu_{A'\times B'}(\bar{y},\bar{u})\circ\vee_{i=1}^{r}\mu_{A^i\times B^i\to C^i}(\bar{y},\bar{u}))$$
$$=\max_{(\bar{y}\times\bar{u})\in(Y\times U)}(\min\{\mu_{A'\times B'}(\bar{y},\bar{u}),\max_{i\in\{1,\cdots,r\}}(\mu_{A^i\times B^i\to C^i}(\bar{y},\bar{u})\})$$

其中，Y×U 表示（$\bar{y}\times\bar{u}$）的论域。

值得指出的是，上述模糊模型相当于常规的高阶微分方程模型，也可采用以下的模糊条件句来描述：

$$\text{规则}R^i\text{：IF } x \text{ is } A^i,$$
$$\text{THEN } \dot{x} \text{ is } C^i, i\in\{1,2,\cdots,r\} \tag{6.3}$$

其中，模糊规则的后件“$\dot{x}$ is C^i”用来描述原非线性系统局部动态特征。

除上述两种模糊模型表示方法外，我们还可以将非线性系统表示成如下形式：

$$\text{规则}R^i\text{：IF } x \text{ is } A^i,$$
$$\text{THEN } y \text{ is } D^i, i\in\{1,2,\cdots,r\} \tag{6.4}$$

模糊模型（6.3）和（6.4）也可分别写成以下形式：

$$\begin{cases}\dot{x}=(x\times u)\circ R_s\\ y=x\circ R_k\end{cases}$$

其中，$R_s=x\times u\to\dot{x}$，$R_k=x\to y$。

6.4　基于 T–S 模型的模糊控制

传统的 Mamdani 型模糊控制方法因结构简单、易于理解与工程实践而得到人们的广泛关注。然而，在其设计过程中的模糊规则以及隶属度函数选取基本上仍是凭人工经验进行，使得整个模糊控制系统的性能好坏很大程度上依赖于操作者的决策与经验，而且缺乏一套系统性的工具和方法对 Mamdani 型模糊控制系统进行稳定性分析以及控制器设计。为了克服传统 Mamdani 模糊控制方法的上述不足，近 20 年来基于 T–S 模糊模型（或称为 T–S 模糊动态模型）的模糊控制得到了广泛的关注与研究，T–S 模糊模型为模糊控制系统的稳定性分析与控制器设计奠定了关键基础。另外值得指出的是，T–S 模糊模型的结论（后件）部分用多变量线性方程取代了传统模糊模型推理过程中的常数，因此，其可以用较少的模糊规则描述较复杂的非线性函数，在处理高阶非线性多变量系统时具有十分明显的优势。

6.4.1 T-S 模糊系统建模

在介绍 T-S 模糊系统控制器设计之前，我们应首先考虑 T-S 模糊系统的建模问题。T-S 模糊系统建模方法主要有两种，一种为机理建模，另一种为基于数据的系统辨识建模。所谓的机理建模，首先根据被控对象的动力学特征，得到描述其动态特征的函数，通常为非线性微分方程；然后选取合理的操作点，在这些操作点处线性化该非线性函数并选取合理的隶属度函数，即可得到相应的 T-S 模糊系统。机理建模是建立在对被控对象非线性模型精确已知基础之上的，换言之，当被控对象过于复杂或者很难用一般的客观规律来描述，其非线性模型很难得到时，机理建模的方法将难以发挥作用。在这种情形下，可以用系统辨识的方法建模，即对被控对象施加一定的试验信号，然后根据系统输入 - 输出数据进行系统辨识，得到 T-S 模糊系统局部模型及其隶属度函数。由于篇幅所限，这类基于系统辨识的 T-S 模糊系统建模方法在此不作介绍。

T-S 模糊模型基于机理建模的具体步骤为：①建立描述系统的动力学模型（通常为非线性微分方程）；②确定 T-S 模糊模型的前件变量，通常选取系统中可以测量到的或容易得到的量；③选取合理的操作点，操作点选取的密疏决定了模糊规则的多少，也决定了将来模糊控制器设计和实现的难易程度，通常情况下，为了降低设计和实现的复杂性，在满足要求的基础上应尽量减少操作点个数；④在各个操作点处选取合理的线性化模型刻画原非线性模型，主要方法有泰勒展开线性化等；⑤选取隶属度函数，隶属度函数在模糊集合理论和模糊控制中起到很重要的作用。

对于基于机理建模的 T-S 模糊模型表示方式，设连续系统的非线性模型为

$$\dot{x}(t)=f\left[x(t),\ u(t)\right] \tag{6.5}$$

其中，$x(t)\in R^{n_x}$ 是系统的状态变量；$u(t)\in R^{n_u}$ 是系统的控制输入；$f(\cdot)$ 是非线性函数。相应的 T-S 模糊模型可以表示如下：

$$\text{模糊规则 } R^i\text{：IF } \omega_1(t) \text{ is } M_1^i \text{ and } \cdots \text{ and } \omega_\sigma(t) \text{ is } M_\sigma^i,$$

$$\text{THEN } \dot{x}(t)=A_i x(t)+B_i u(t),\ i\in\{1,\ 2,\ \cdots,\ r\} \tag{6.6}$$

其中，R^i 代表第 i 条模糊推理规则；r 代表模糊规则数目；M_ϕ^l（$\phi=1,\ 2,\ \cdots,\ \sigma$）代表模糊集；$\omega(t)=[\omega_1(t),\ \omega_2(t),\ \cdots,\ \omega_\sigma(t)]$ 是一组可测量的系统前件变量；定常实矩阵 A_i 和 B_i 代表第 i 个局部模型矩阵。

定义 $\mu_i[\omega(t)]$ 为模糊集 $M^i=\prod_{\phi=1}^{\sigma}M_\phi^i$ 的归一化隶属度函数并满足：

$$\mu_i[\omega(t)]=\frac{\prod_{\phi=1}^{\sigma}\mu_{i\phi}(\omega_\phi(t))}{\sum_{\rho=1}^{r}\prod_{\phi=1}^{\sigma}\mu_{\rho\phi}(\omega_\phi(t))}\geqslant 0,\ \sum_{i=1}^{r}\mu_i[\omega(t)]=1 \tag{6.7}$$

其中，$\mu_{i\phi}(\omega_\phi(t))$ 为变量 $\omega_\phi(t)$ 在模糊集 M_ϕ^i 中的隶属度。为表述简单起见，下面我们用符号 μ_i 代表 $\mu_i[\omega(t)]$。

采用单点模糊化运算，模糊蕴含关系采用相乘运算，解模糊化采用中心平均运算，T–S 模糊系统（6.6）可以表示为如下的全局模型：

$$\dot{x}(t)=A(\mu)x(t)+B(\mu)u(t) \tag{6.8}$$

其中

$$A(\mu)=\sum_{i=1}^{r}\mu_iA_i,\ B(\mu)=\sum_{i=1}^{r}\mu_iB_i \tag{6.9}$$

6.4.2 基于 T–S 模糊模型的模糊控制

基于 T–S 模糊模型（6.6）的模糊规则，并行分布式补偿（PDC）模糊控制器结构如下：

模糊规则 K^j：IF $\omega_1(t)$ is M_1^i and $\cdots$ and $\omega_\sigma(t)$ is M_σ^i,

$$\text{THEN}\ u(t)=\mathrm{K}_jx(t),\ j\in\{1,2,\cdots,r\} \tag{6.10}$$

其中，K_j 为待定的控制器增益。通过模糊推理，控制器的全局模型可以表示为

$$u(t)=\sum_{j=1}^{r}\mu_jK_jx(t) \tag{6.11}$$

结合 T–S 模糊系统（6.8）和控制器（6.11），可以得到如下的闭环控制系统：

$$\dot{x}(t)=A_c(\mu)x(t) \tag{6.12}$$

其中

$$A_c(\mu)=\sum_{i=1}^{r}\sum_{j=1}^{r}\mu_i\mu_j\left\{A_i+B_iK_j\right\} \tag{6.13}$$

这里将介绍的模糊镇定问题描述如下。

镇定问题：考虑非线性系统（6.5），基于其T–S模糊模型（6.6）或（6.8），设计一个PDC模糊控制器（6.11），使得闭环控制系统（6.12）渐近稳定，即 $\lim_{t\to\infty}x(t)=0$。

基于公共李雅普诺夫函数，我们可以得到如下定理。

定理6.1 考虑模糊系统（6.8）和控制器（6.11），闭环控制系统（6.12）渐近稳定的充分条件是存在矩阵 $X\in\mathbb{S}_{++}$ 和 $\bar{K}_j$，$j\in\{1, 2, \cdots, r\}$，使得如下线性矩阵不等式成立：

$$\mathrm{Sym}\left\{A_iX+B_i\bar{K}_i\right\}<0, j\in\{1, 2, \cdots, r\} \tag{6.14}$$

$$\mathrm{Sym}\left\{A_iX+B_i\bar{K}_j+A_jX+B_j\bar{K}_i\right\}<0, 1\leqslant i<j\leqslant r \tag{6.15}$$

其中，$\mathrm{Sym}\{\cdot\}=\{\cdot\}+\{\cdot\}^T$。控制器参数可以通过如下关系求出

$$K_j=\bar{K}_jX^{-1}, \quad i\in\{1, 2, \cdots, r\} \tag{6.16}$$

证明：对于闭环控制系统（6.12），我们考虑如下公共李雅普诺夫函数：

$$V[x(t)]=x^T(t)Px(t) \tag{6.17}$$

其中，$P\in\mathbb{S}_{++}$ 是待定的李雅普诺夫矩阵。沿着闭环控制系统的状态轨迹，考虑李雅普诺夫函数对时间 t 的导数

$$\dot{V}(x(t))=\dot{x}^T(t)Px(t)+x^T(t)P\dot{x}(t)=x^T(t)(A_c^T(\mu)P+PA_c(\mu))x(t) \tag{6.18}$$

由李雅普诺夫函数导数表达式（6.18）可知，如以下不等式成立：

$$A_c^T(\mu)P+PA_c(\mu)<0 \tag{6.19}$$

则 $\Delta V(x(t))<0$，即闭环控制系统（6.12）渐近稳定。不等式（6.19）左、右同时乘以矩阵 P^{-1}，并定义 $X=P^{-1}$，可得如下不等式与不等式（6.19）等价：

$$XA_c^T(\mu)+A_c(\mu)X<0 \tag{6.20}$$

将 $A_c(\mu)$ 的表达式（6.13）代入（6.20），并定义 $\bar{K}_j=K_jX$，可得

$$\sum_{i=1}^{r}\sum_{j=1}^{r}\mu_i\mu_j\left(XA_i^T+\bar{K}_j^TB_i^T+A_iX+B_i\bar{K}_j\right)<0 \tag{6.21}$$

不等式（6.21）可重新写成

$$\sum_{i=1}^{r}\mu_i^2\mathrm{Sym}\left\{A_iX+B_i\bar{K}_i\right\}+\sum_{i=1}^{r-1}\sum_{j=i+1}^{r}\mu_i\mu_j\mathrm{Sym}\left\{A_iX+B_i\bar{K}_j+A_j\mathrm{X}+B_j\bar{K}_i\right\}<0. \tag{6.22}$$

根据隶属度函数非负特性（6.7）可得，若不等式（6.14）–（6.15）成立，则不等式（6.21）成立，即闭环控制系统渐近稳定。另外，由定义 $\bar{K}_j=K_jX$ 可以得到 $K_j=\bar{K}_jX^{-1}$，即可由（6.16）求得控制器参数。证明完毕。

定理 6.1 基于公共李雅普诺夫函数给出了 PDC 模糊控制器设计方法使得闭环 T–S 模糊系统（6.22）渐近稳定。定理中条件（6.14）和（6.15）是关于矩阵变量 X 和 K_j 的线性矩阵不等式。这类线性矩阵不等式条件可以转化为一个凸优化问题并且可以方便地应用现有商业软件（比如 Matlab）进行求解。

值得指出的是，定理 6.1 中的控制器设计方法基于公共李雅普诺夫函数，并未对模糊系统的隶属度函数信息加以充分利用，因此，该控制器设计方法具有较大保守性。为减少保守性，Johansson 以及 Feng 等学者提出了 T–S 模糊系统基于分段李雅普诺夫函数的稳定性分析及控制器设计方法，Tanaka 以及 Choi 等学者提出了 T–S 模糊系统基于模糊李雅普诺夫函数的稳定性分析及控制器设计方法。感兴趣的读者可以参考所列出的文献，这里不做介绍。

6.5 本章小结

随着人工智能时代的到来，现代控制过程日益复杂，控制过程的高度非线性、不确定性和时变性使得被控对象难以建立精确的模型。显然，使用传统的控制理论和方法已经无法满足复杂控制系统的设计要求。模糊集合的隶属函数为实现不精确和不完整信息的精确化描述提供了依据，另一方面，模糊控制设计则不需要被控对象的精确模型，而是采用人类语言型控制规则，能够解决传统控制方法难以解决的复杂控制问题，控制机理与控制策略易于理解和接受，设计简单，便于维护和推广。本章介绍了模糊控制产生的背景与典型应用，并分析了未来发展趋势，同时从模糊集合的定义出发，给出了模糊集合的分类，表述方法及运算方法。本章概述了 Mamdani 型模糊控制与基于 T–S 模型的模糊控制方法。针对 Mamdani 型模糊控

制，首先介绍了模糊控制器的基本结构和组成，模糊控制器由知识库、模糊推理机、模糊化算子、解模糊化算子四部分组成。其中，知识库由规则库和数据库组成；模糊推理主要根据系统的输入和模糊规则经过关系合成和推理合成等逻辑运算得出系统的输出；模糊化算子的作用是将论域上一个确定的点映射到模糊集合；解模糊化算子包括最大值解模糊化算子、重心解模糊化算子、中心加权平均解模糊化算子。然后本章以连续时间系统为例介绍了 Mamdani 型模糊控制系统设计方法。传统的 Mamdani 型模糊控制缺乏一套系统化的工具和方法进行稳定性分析与控制策略设计，为了克服这个困难，基于 T–S 模糊模型或称为 T–S 模糊动态模型的模糊控制得到了广泛研究。T–S 模糊模型为模糊控制系统的稳定性分析与控制器设计奠定了关键基础，T–S 模糊模型的后件部分用多变量线性方程取代了传统模糊模型推理过程中的常数，可以用较少的模糊规则描述较复杂的非线性函数。最后，本章介绍了 T–S 模糊系统建模与并行分布式补偿模糊控制器设计方法。

第七章　进化控制系统和专家控制系统

7.1　发展历程

7.1.1　进化控制系统的发展历程

自然界存在两种基本的调节机制——进化与反馈。进化控制的本质思想是将进化计算与传统的控制反馈理论相结合，探索出一套能够有效解决复杂控制问题的通用方法。在这其中，进化计算是指一类以达尔文进化原理为依据来设计、控制和优化人工系统的技术和方法的总称，主要包括遗传算法、遗传规划、进化策略和进化规划。

7.1.1.1　进化计算的发展

20 世纪 50 年代后期，一些生物学家为了更好地研究生物行为，采用电子计算机模拟生物的遗传，这一事件成了进化计算发展的开端。在随后的 20 年中，进化规划和进化策略的方法先后由美国的福格尔和德国的瑞兴博格等人提出，这标志着进化计算进入了萌芽期。1960 年，美国的霍兰德在研究自适应系统时首次提出了遗传算法的概念，并在 1975 年将多年积累的研究成果总结成了专著《自然界和人工系统的适应性》(*Adaptation in Natural and Artificial System*)。该书全面地介绍了遗传算法，成为遗传算法诞生的标志，并掀起了遗传算法的研究热潮。在随后的 15 年中，以遗传算法为主、进化规划和进化策略为辅的三种进化计算方法在不同领域各自掀起了研究热潮，直到 1990 年这三种方法才相互建立起了联系。

1990 年，第一届“基于自然思想的并行问题求解”国际会议在欧洲召开，学者首次对遗传算法、进化规划和进化策略三个领域的研究进行了交流，并因三个领域具有共同的思想基础——生物进化论，而将其统称为进化计算，相应的算法统称为进化算法或进化程序。这也标志着进化计算正式步入发展期。20 世纪 90 年代至今，进化计算成为国际上的一个研究热点。

随着不同学科的交叉发展，进化计算已经在控制、优化、设计、建模等领域展现出卓越的能力，并仍在不断地发展和完善。2020 年，谷歌 DeepMind 团队设计的 AlphaFold 算法成功预测出蛋白质结构。这一算法的实质是将深度学习的方法注入到协同进化分析中，从而完成蛋白质结构的预测。在未来，进化计算必将有更加广泛的应用前景。

7.1.1.2 进化控制的发展历程

在实际生产过程中，控制系统受到环境和自身器件的影响，存在非线性、时变性、不确定性等特点，使用传统的控制理论和控制方法有时难以满足实际应用的需求。模糊控制、专家控制、神经网络等智能控制方法虽然无需实际系统的精确表述，但是需要提前获取大量有关控制对象的先验知识，这导致传统智能控制方法的通用性较差。20 世纪 90 年代末，工程师们将进化计算引入控制系统。通过相关学科的交叉、融合与集成，进化控制很好地弥补了当时智能控制方法的不足，使控制系统具有进化、学习和适应能力，成为解决复杂系统控制问题的有力方案。

最早的进化控制主要考虑离线方式下传统控制器参数的设计。1991 年，奥利维拉等人首次将遗传算法应用于 PID 控制参数的调整中并取得了很好的控制效果。此后，这一方法被不断推广完善，最终形成了一套基于进化计算通用的 PID 参数调整方法。最早期的进化控制方法是利用进化计算设计系统控制器的参数，从而解决传统控制器参数设计困难的问题。除了调整 PID 控制器参数之外，进化计算同时也辅助 LQG 等传统控制器以及模糊控制、人工神经网络等智能控制器中参数的设计，都取得了不错的效果。2000 年，科扎等人首次利用遗传算法对控制器结构和参数进行联合同步设计，该设计方法存在巨大的计算量，但不借助其他传统或智能控制器，仅用进化算法实现系统控制器设计的思想，为日后的研究开辟了新的道路。同年，中南大学的蔡自兴在中国首次提出进化控制的思想和体系结构并建立了进化控制系统原型；同时，将进化思想应用于机器人控制和路径规划，为进化控制建立基础，为中国智能控制的研究开辟了一个新的分支，并促进了智能控制的发展。

与此同时，在线控制系统同样面临着与离线系统相同的控制瓶颈。鉴于进化控制算法为离线控制系统带来的好处，在线进化控制逐渐受到工程师的关注，然而在线控制系统的实时性和安全性为实际应用带来了巨大挑战。1995 年，林肯等人分析了在线进化控制的三种潜在应用场：①系统模型已知；②系统的数据能够实时被收集；③仅通过进化计算的方法调整系统已有的稳定控制器，使其达到更好的运行效果。自 1996 年以来，不少研究在此基础上利用进化计算实现对变化缓慢系统的 PID 控制器参数的在线动态调整，并取得了不错的控制效果。随着科技的进步，在线进化控制的使用随着计算速度的提升逐渐拓展到了变化较快的系统。2000 年，常钟硕等人使用进化计算对自动列车的原始模糊控制器进行优化，通过改进的微分进化算法保证了系统的安全性、准确性和能源的利用效率。

随着进化计算的发展，进化控制在工程应用领域得到迅猛发展。2011 年，美国宇航局利用进化计算的方法为 ST5 航天器设计了 X 波段天线，该天线能够跟随需求的变化实时进行调整。此外，进化计算也广泛应用于机器人控制系统的设计，并且进化计算自动生成机器人控制系统比其他方法更简单也更有效。

7.1.1.3　进化控制系统的现状与展望

进化计算作为求解非线性系统、连续、不连续、凸优化和非凸优化问题的启发式工具被广泛研究，并且在很多情况下能够取得满意的控制效果。由于进化算法的随机性能够带来意想不到的方案，这使得进化计算在最优控制领域有着较大的价值。尽管进化控制具备适应性强、灵活性强的优势，但其仍然面临一些挑战性问题。

第一，由于进化计算需要较大的计算量，使得目前的进化控制多为离线使用，并且运算的时间较长。在未来，低成本、高性能计算资源的增加以及并行计算框架的进步将为进化控制带来巨大的发展前景。同时，计算技术的提升能够为进化控制的在线应用提供更大的可能性。

第二，目前大多数的进化控制多针对单目标优化和决策，但是随着智能无人系统的快速发展，对多目标的优化和决策的研究迫在眉睫。因此，基于群体的、高性能、高鲁棒性的进化控制器设计将是未来一个值得研究的方向。

第三，尽管进化控制在诸多应用实例中证明了其优越性，并且理论研究表明“进化算法是任何问题的第二好求解器”，然而创建这样一个求解器可能需要数年的时间。此外，进化过程中复杂的动力学使得这一方法的稳定性和安全性保障的理论仍有待完善。因此，为了增强进化控制的可信度，同时扩大这一算法的应用范围，为这一控制方法建立坚实的理论基础是很有必要的。

7.1.2　专家控制系统的发展历程

20 世纪 80 年代初，自动控制领域的学者和工程师为了解决经典控制系统所面临的建模困难等问题，开始把专家系统的思想和方法引入控制系统的研究及工程应用，从而诞生了专家控制系统。所谓的专家控制系统，就是应用专家系统概念和技术，模拟人类专家的控制知识与经验而建造的控制系统。

7.1.2.1　专家控制系统的发展

作为智能控制的一个重要分支，专家控制系统最早可以追溯到 1983 年由海斯・罗思提出的“专家控制系统的全部行为能被自适应支配，为此，该控制系统必须能够重复解释当前状况、预测未来行为、诊断出现问题的原因、制订补救（校正）规划并监控规划的执行，确保成功”。

瑞典学者奥斯特洛姆是专家控制系统研究的杰出代表，其在 1983 年发表的《利用专家系统思想实现自动调谐》(*Implementation of an autotuner using expert system ideas*）一文中明确建立了将专家控制技术引入自动控制的思想，随后开展了原型系统的实验。1986 年，他在《专家控制》(*Expert control*）一文中正式提出了“专家控制”的概念，标志着专家控制的正式创立。

1984 年，扎博斯基提出了系统科学的一般结构（图 7.1）。这种概念结构明确地从知识的观点改变了对控制系统的传统描述，认为系统的功能和构成实际上主要是一个专家系统。

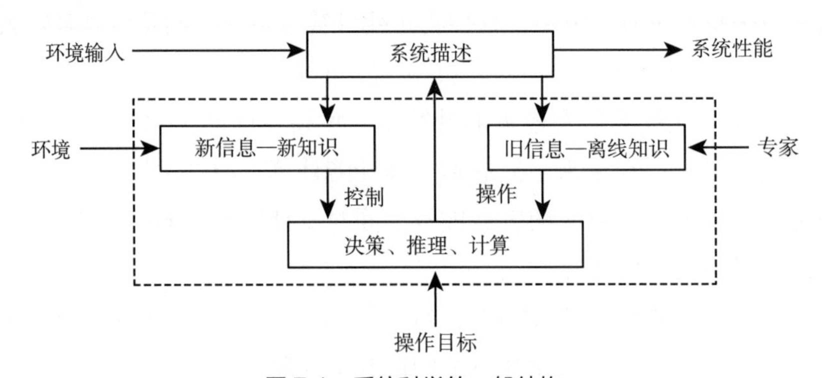

图 7.1　系统科学的一般结构

1980 年以后，专家系统技术被逐渐应用于实际系统中以解决控制问题。例如，LISP 机公司研制的用于蒸馏塔过程控制的分布式实时专家系统 PICON，特兰克尔等人研究利用专家系统对飞行控制系统控制规律进行再组合等。此外，专家系统技术还被应用于传统的 PID 调节器和自适应控制器，如性能自适应 PID 控制器 EXACT、PI 控制器的实时专家调节器等。

随着控制学科的发展，我国专家控制技术研究也获得了越来越多的重视。例如，基于专家知识的智能控制在造纸过程中的应用，智能控制器与锅炉专家控制系统的研究，专家控制系统在精馏控制中的应用。特别是在多方面研制实用系统的基础上，提出了仿人智能控制理论。近些年来，专家系统技术在工业控制中的应用日益增多，应用于控制领域的专家系统不仅能够在实时动态环境下运行，而且能够对外部事件在给定的时间区间内的变化迅速作出响应，自适应地对生产过程或被控对象进行监测和控制，以获得控制系统性能的改善和提高。此外，专家系统还能够根据实时系统的数据变化检测出系统的异常现象，并发出警报或给出处理对策。

7.1.2.2　专家控制系统现状与展望

专家控制系统具有灵活性高、适应性好、鲁棒性强等优点，因此广泛应用于工业控制和农业控制中。由于智能控制中的各种控制方法有不同的优势和适用领域，引进其他智能方法来实现更有效的专家控制系统成为近年来的研究热点。

然而，当前各类专家控制系统仍面临以下难点：①研究专家控制系统的主要瓶颈之一就是专家经验知识的获取问题，即如何获取专家知识并将获取的知识构造成可用的形式（即知识表示）。②受专家知识及获取知识方法的限制，专家控制系统不具备控制专家的全部知识，当系统出现超过专家系统知识范围的异常情况时，系统可能失控。专家控制系统应能通过在线方式获取信息以及人机接口不断学习新的知识，更新知识库的内容，根据出现的新情况自动产生出新规则。③如何解决结构的复杂性、功能的完备性与控制的实时性之间的矛盾是专家控制系统有待解决的问题。因此，亟须建立实时操作知识库，这里的实时性涉及的难题包括非单调推理、异步事件、按时间推理、推理时间约束等。④涉及的控制对象具有不确定性和非线性，专家控制系统的本质也是非线性的，然而目前的稳定性分析方法很难直接用于专家控制系统。⑤数据和信息的并行处理的实现、系统解释机构的设计、良好的用户接口的建立等都是需要专家系统重点突破的关键问题。

简而言之，专家控制系统为控制开辟了新思路，其作为智能控制的一个分支，理论与技术尚不完善。因此，对专家控制系统的研究和发展无疑是必不可少的。

7.2　进化控制系统

7.2.1　进化控制系统概述

进化控制是把进化计算，特别是遗传算法机制和传统的反馈机制用于控制过程的一种控制方法。进化控制算法思想受生物学中的进化现象启发，采用如突变、交叉、自然选择和适者生存的方法，使待定解不断地迭代，以求最终得到一组最优解。

与其他控制系统相比，进化控制系统的优势在于其特有的“黑匣子”特性，即只需对目标函数进行简单的描述，而不需要针对目标单独设计详细的迭代方式。此外，与其他需要人工构建容许启发式的方法相比，进化控制算法在定义目标函数的过程中对问题空间依赖更少。因此，进化控制算法具有很好的迁移性，广泛应用于多种性质的问题且表现良好。

7.2.2　进化控制系统的结构

针对具体应用场景和目标问题的差异性，进化控制系统通常具有不同的系统结构。根据进化学习的作用位置的不同，进化控制系统可以分为直接进化控制系统和间接进化控制系统（图 7.2）。直接进化控制系统是指进化机制直接作用于控制器，进化控制器对受控对象进行控制，再通过反馈的形成进化控制系统。间接进化控制系统是由进化机制作用于系统模型，再综合系统状态输出与系统模型输出作用于进化系统控制器，然后系统再应用一般闭环反馈控制原理构成进化控制系统。

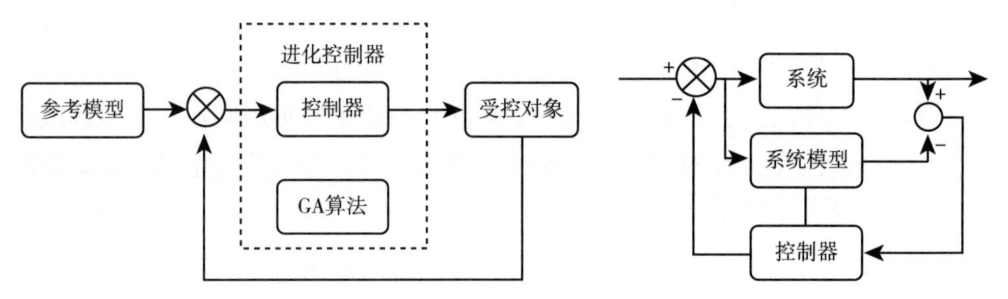

图 7.2　直接进化控制系统（左）和间接进化控制系统（右）

在实际研究和应用中，进化控制系统往往采用混合结构和复合控制方式，例如采用进化计算与模糊控制相结合、进化机制与神经网络相结合等。

7.2.3　进化控制系统的控制要求与设计原则

进化控制是进化计算理论与反馈控制理论相结合的产物。进化控制系统具有一定的自适应性，这种特性使得进化控制系统能够对系统构造和自身行为进行改进，从而更好地应对外部环境的影响。进化控制算法在求解复杂问题的优化解时，要求算法能够发挥进化计算潜在的并行计算能力，充分发挥进化计算的优势，提高反馈控制系统的规划速度。

在采用进化控制之前，通常要确定该问题是否具备采用一般解法的条件。如果给定问题已经存在可解的传统方法，进化算法并不能比传统方法做得更好或计算量更少，特别是进化控制并不能摆脱维数灾难，则一般不需要采取进化控制。但是，针对新的问题，开发新的算法往往需要大量投入，此时采用非专业化、稳健的进化控制往往是适合的。特别是需要线性化或其他去复杂化才能使用传统控制方法的问题，即使简化仍可以保证系统全局最优解存在，但该解析解仍然难以求得，因此在实际解决问题的过程中，需要设计基于进化控制算法的控制器求解近似解。

同时，设计进化控制器需要关注系统对控制量变化的接受程度。进化控制算法的迭代进化过程是基于系统的实时模型进行的，更重要的是，进化控制算法的寻优过程是随机进行的，这使得进化控制器的运算变成了一种在动态环境下的随机寻优。故此，在系统运行过程中，该方法难以提供稳定的控制序列，所以在设计之初需要特别留意。

7.2.4　典型进化算法

在进化控制系统中，进化算法起到了非常重要的作用，下面介绍几种典型的进化算法。

7.2.4.1　遗传算法

遗传算法是模仿自然界生物进化机制发展起来的随机全局搜索和优化方法，其思想主要源于达尔文的进化论和孟德尔遗传论。不同于基于度量函数梯度的古典优化算法，遗传算法不依赖确定性的试验解序列，而是通过编码方法形成一系列数码串（即染色体），然后模拟这些串组成的群体自然进化的过程，这是一个随机搜索的过程，不依赖梯度信息，并且容易产生最优的解决方案。

遗传算法本质是一种高效、并行、全局搜索的方法，能在搜索过程中自动获取和积累有关搜索空间的知识，并自适应地控制搜索过程以求得最优解。遗传算法中的操作充分体现了“物竞天择，适者生存”的自然法则，多个种群不断经过迭代、筛选，最终产生一个适应程度最好的种群，即问题的最优解。遗传算法每一代中的个体，根据个体在问题域中的适应度值和各种遗传操作进行个体选择，产生新的解。经过这样的操作，遗传算法可以保证大多数情况下新得到的个体比原来的个体有着更大的适应度值、更加适应环境，也就完成了进化。

下面对遗传算法中参数的编码、选择、交叉、变异、适应度函数、运算过程等几个方面进行介绍。

编码：遗传算法的编码是问题可行解的遗传表示，即把一个问题的可行解从其解空间转换到遗传算法所能处理的搜索空间的转换方法。编码是应用遗传算法时要解决的首要问题，编码方式选择的合适与否直接影响遗传运算的效果，因此需要针对具体问题设置对应的编码方式。

选择：又称复制，是模拟自然界中优胜劣汰从种群中选择个体产生新种群的过程。遗传算法中选择子代个体的方式是由选择算子决定的。选择算子根据每个个体的适应度值大小进行选择，适应度值较高的个体被选择到下一代群体中的概率较大；反之，适应度值较低的个体被选择到下一代群体中的概率较小。经过不断迭代，群体中个体的适应度值就不断接近最优解。

交叉：又称重组，是按较大的概率从群体中选择两个个体，交换两个个体的某个或某些位。交叉运算产生子代，子代继承了父代的基本特征，模拟自然界中生物染色体重组形成新染色体，从而产生新个体。交叉运算在遗传算法中起着关键作用，是产生新个体的主要方法。

变异：在遗传算法中，变异是以较小的概率对个体编码串上的某个或某些位值进行改变，如二进制编码中“0”变为“1”、“1”变为“0”，进而生成新个体。变异环节是模拟生物细胞分裂复制环节某些基因发生变异，从而产生出新的染色体的过程。变异操作提高了遗传算法的局部搜索能力，使得遗传算法能够以良好的搜索性能完成最优化问题的寻优过程。

适应度函数：适应度值的大小是遗传算法衡量个体好坏的唯一依据。度量个体适应度的函数是适应度函数，适应度函数值具有单值、连续和非负的特点，能够体现问题解的好坏。在设计函数时，要在满足以上三个特点的基础上尽量简单，降低计算成本。

运算过程：①编码：将解空间的数据映射为编码串。②初始群体生成：随机产生N个初始串结构数据，每个串结构数据成为一个个体，N个个体构成了一个群体。遗传算法以这N个串结构作为初始点开始迭代。设置进化代数计数器为0，设置最大进化代数T，随机生成M个个体作为初始群体$P(0)$。③适应度值评价检测：适应度函数计算个体或解的优劣。④选择、交叉、变异：将选择、交叉、变异算子依次作用于群体$P(t)$，得到下一代群体$P(t+1)$。⑤终止条件判断：若$t \leqslant T$，则t自增1，跳转到步骤②；若$t > T$，则以进化过程中所得到的具有最大适应度的个体作为最优解输出。

7.2.4.2　粒子群优化算法

粒子群优化算法是模仿生物社会系统，更确切地说，是模仿由简单个体组成的群体与环境以及个体之间的相互行为，是一种基于群智能方法的进化计算技术，由埃伯哈特等人于1995年提出，其灵感来源于对鸟群捕食的行为研究。

受自然现象鸟群觅食过程中的迁徙和群聚行为启发，粒子群优化算法是一种群体智能的全局随机搜索算法，为了说明粒子群算法的原理，设想如下场景：一群鸟在一个固定的区域内寻找食物，在这个区域中只有一个位置存在食物，所有的鸟都不知道食物的具体位置，但是它们知道自己当前所处的位置离食物的距离，那么怎样才能最有效地搜索食物呢？研究表明，最简单有效的方法就是搜寻目前离食物最近的鸟的周围区域，利用搜索过程中离食物最近的鸟的经验及自身的经验，整个鸟群便很容易找到食物的位置所在。

粒子群算法从这种模型中得到启示并用于求解优化问题。在粒子群算法中，每个优化问题的解都是搜索空间中的一只鸟，我们称之为粒子（particle）。所有的粒子都有一个由被优化的函数决定的适应值，每个粒子还有一个速度决定它们飞行的方向和距离，这个速度根据它们自己的飞行经验和同伴的飞行经验进行动态调整，然后粒子们就追随当前的最优粒子在解空间中搜索。

粒子群算法初始化为一群随机粒子（随机解），然后通过迭代找到最优解。在每一次迭代中，粒子通过两种经验来更新自己。是自己的飞行经验，就是粒子经历过的最好位置（适应值最高），即自身找到的最优解，这个解叫作个体极值 $pBest$。二是同伴的飞行经验，是群体所有粒子经历过的最好位置，即整个种群目前找到的最优解，这个解叫作全局极值 $gBest$。在算法运行过程中，随着迭代次数的增加，粒子群不断进行更新，群体也逐渐向问题的最优解收敛，当粒子群中的最优解达到了终止条件或迭代次数达到了最大值，算法结束，粒子群中的全局极值为算法搜索到的全局最优解。

基本粒子群优化算法：假设目标搜索空间为 D 维，有 m 个粒子组成一个群体，其中第 i 个粒子在搜索空间中的位置表示为向量 $x_i=(x_{i1},\ x_{i2},\cdots,\ x_{iD})$。每个粒子的位置就是一个潜在的解，将 x_i 代入适应度函数即可计算出其适应度值，根据适应度大小来衡量其优劣。第 i 个粒子飞行历史中到达的最优位置（对应于最好的适应值）为 $p_i=(p_{i1},\ p_{i2},\cdots,\ p_{iD})$，整个群体中所有粒子所到达的最优位置记为 p_g，第 i 个粒子的速度为向量 $v_i=(v_{i1},\ v_{i2},\cdots,\ v_{iD})$。粒子群算法采用下列公式更新粒子位置：

$$\begin{cases} v_{id}(t+1)=v_{id}(t)+c_1\times rand(\ )\times[p_{id}(t)-x_{id}(t)] \\ \qquad\qquad +c_2\times rand(\ )\times[p_{gd}(t)-x_{id}(t)] \\ x_{id}(t+1)=x_{id}(t)+v_{id}(t+1) \qquad 1\leqslant i\leqslant n,\ 1\leqslant d\leqslant D \end{cases}$$

其中，c_1 和 c_2 为学习因子或加速系数，一般为正常数。$rand(\ )$ 表示［0,1］之间的随机数，以上公式称为基本粒子群算法。学习因子使粒子具有自我总结和向群体中优秀个体学习的能力，从而向自己的历史最优点以及群体内或邻域内的历史最优点靠近。

标准粒子群优化算法：为了改善算法收敛性能，同时协调算法的全局与局部寻优能力，埃伯哈特等人在 1998 年的论文中引入了惯性权重的概念，将速度更新方程修改为

$$\begin{cases} v_{id}(t+1)=\omega v_{id}(t)+c_1\times rand(\ )\times[p_{id}(t)-x_{id}(t)] \\ \qquad\qquad +c_2\times rand(\ )\times[p_{gd}(t)-x_{id}(t)] \\ x_{id}(t+1)=x_{id}(t)+v_{id}(t+1) \qquad 1\leqslant i\leqslant n,\ 1\leqslant d\leqslant D \end{cases}$$

其中，ω称为惯性权重，其大小决定了对粒子当前速度继承的多少，合适的选择可以使粒子具有均衡的探索和开发能力。可见，基本粒子群算法是惯性权重等于 1 的特殊情况。

控制参数设定：①粒子数：一般取 20~60，其实对于大部分问题，10 个粒子已经可以取得好的结果，不过对于比较难的问题或者特定类别的问题，粒子数可以取到 100 或 200。增大粒子以改善算法收敛精度的效果并不明显，而算法的复杂度却随着粒子数的增大而增大。②粒子的维数：由优化问题决定，就是问题解的长度。③粒子的范围：由优化问题决定，每一维可以设定不同的范围。④v_{max}：最大速度，决定粒子在一个循环中最大的移动距离，太大会使粒子飞过最优解，太小则搜索速度太慢或被局部最优解吸引。通常设定粒子的范围宽度$v_{max}=x_{max}-x_{min}$。⑤学习因子：c_1和c_2通常等于 2。不过在文献中也有其他的取值，但是一般$c_1=c_2$并且范围在 0 至 4 之间。变化的学习因子有利于在算法早期提高全局搜索能力。⑥中止条件：一般设定为迭代达到最大循环次数以及求解结果满足最小误差要求。

粒子群算法运算过程：①初始化 m 个粒子，在 D 维空间中随机生成粒子位置与速度。②评价每个粒子的适应值。③对每个粒子x_i，将其适应值与其经历过的最好位置p_i的适应值作比较，如果较好，则将x_i作为当前该粒子的最好位置p_i。④对每个粒子x_i，将其适应值与所有粒子经历过的最好位置p_g的适应值作比较，如果较好，则将x_i作为当前所有粒子的最好位置p_g。⑤根据标准粒子群优化算法速度位置方程，更新粒子的速度和位置。⑥判断是否达到终止条件，达到则输出求解结果，未达到则返回②。

7.3 专家控制系统

在传统控制系统中，系统在运行过程通常未考虑人的干预，人－机之间缺乏交互等因素的影响，控制器对被控对象在运行环境中的参数、结构的变化缺乏应变能力。传统控制理论的不足之处在于它必须依赖被控对象严格的数学模型，试图对精确模型求取最优的控制效果，而实际的被控对象存在许多难以建模的因素。20 世纪 80 年代初，源于人工智能中的专家系统思想和方法开始被引入控制系统的研究和工程应用中。专家系统能够处理定性的、启发式或者不确定的知识信息，同时经过各种推理来实现系统的任务目标。专家系统为解决传统控制理论的局限性提供了重要启示，二者的结合形成了专家控制这一方法。

7.3.1 专家控制系统概述

专家控制系统是将人工智能领域的专家系统理论、技术与控制理论方法、技术相结合，仿效专家的智能，实现对较为复杂问题的控制。该系统兼备：操作者、工程师和领域专家的经验知识与控制算法相结合；知识模型与数学模型相结合；符号推理与数值运算相结合；知识信息处理技术与控制技术相结合。

专家控制系统一般应具有如下功能：①能够满足动态过程的控制需要，尤其适用于带有时变、非线性和强干扰的控制。②控制过程可以利用控制对象的已有先验知识。③通过修改、增加控制规则，可不断积累知识、改进控制性能。④可以定性地描述控制系统的一些关键性能。⑤可通过对闭环系统中的控制单元进行系统故障检测来获取经验规则。

专家控制系统与专家系统具有如下区别：①专家系统只针对专门领域的问题完成咨询功能，起到辅助用户决策的作用；而专家控制系统则要求能独立自动地对控制动作进行决策。②专家系统的推理是基于知识基础的，推理结果或者新的知识条目，或者是对原有知识条目的增加、删减和更改；而专家控制系统的推理结果可以是知识条目的更改，还可以是某种解析算法的激活，其功能一定要具有连续可靠性和足够的抗干扰能力。③专家系统一般以离线方式运行，对运行速度要求不高；而专家控制系统要求在线动态采集数据、实时地分析处理数据并进行推理决策，及时地对过程采取控制，因此要求较高的实时性和灵活性。

7.3.2 专家控制系统的结构与工作原理

专家控制系统由知识基系统、数值算法库与人 – 机接口三个并发运行的子程序构成（图 7.3）。其中，专家控制系统的控制器由位于下层的数值算法库和位于上层的知识基系统两大部分组成。

数值算法库包含的是定量的知识，即各种有关的解析控制算法，一般都是独立编码，按常规的程序设计方法组织，进行快速、精确的数值计算，算法编程直接作用于受控过程，拥有最高的优先权。数值算法库包含控制、辨识与监控三类算法。控制算法根据来自知识基系统的配置命令和测量信号计算控制新信号，每次运行一种控制算法。辨识算法和监控算法在某种意义上是从数值信号流中抽取特征信息，可以看作是滤波器或者特征抽取器，仅当系统运行状况发生某种变化时，才向知识基系统中发送信息。当系统在稳态运行期间，知识基系统处于闲置状态，整个系统按传统控制方式运行。

知识基系统对数值算法进行决策、协调和组织；针对当前的问题信息，识别和选取对解决当前问题有用的定性的启发式知识进行符号推理；通过数值算法库与受

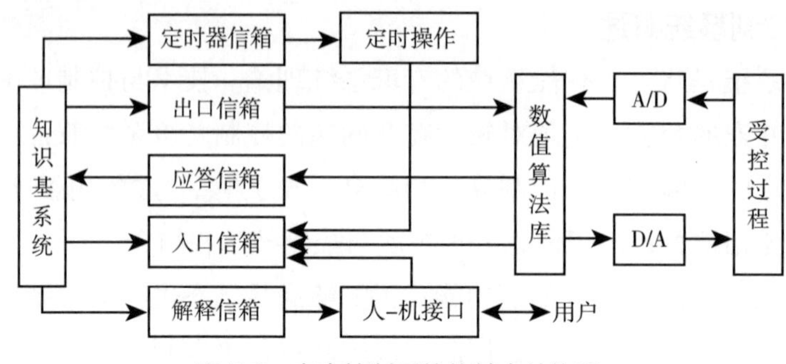

图 7.3 专家控制系统的基本结构图

控过程间接相连。

人－机接口子过程包括两类命令，一类是面向数值算法库的命令，另一类是运行时的用户接口。用户通过人－机接口可以直接地与知识基系统交互，包含更新知识库的规则，编辑、修改和跟踪规则的执行，以便操作人员对控制系统进行离线修改或者在线的监控与干预。

上述三个运行子程序之间的通信通过五个信箱进行：①出口信箱，从知识基系统送往数值算法库部分；②入口信箱，将算法执行结果、检测预报信号、对于信息发送请求的答案、用户命令以及定时中断信号分别从数值库、人－机接口以及定时操作部分送往知识基系统；③应答信箱，传送数值算法对知识基系统的信息发送请求的通信应答信号；④解释信箱，传送知识基系统发出的人－机通信结果；⑤定时器信箱，用于发送知识基子系统内部推理过程需要的定时等待信号，供定时操作部分处理。

7.3.3 专家控制系统的控制要求

运行可靠性高：对于某些特别的装置或系统，如果不采用专家控制器来取代常规控制器，那么整个控制系统将变得非常复杂，尤其是其硬件结构，其结果使系统的可靠性大为下降。因此，对专家控制器提出较高的运行可靠性要求。

决策能力强：大多数专家控制系统要求具有不同水平的决策能力。专家控制系统能够处理不确定性、不完全性和不精确性之类的问题，这些问题难以用常规控制方法解决。

应用通用性好：应用的通用性包括易于开发、示例多样性、便于混合知识表示、全局数据库的活动维数、基本硬件的机动性、多种推理机制以及开放式的可扩充结构等。

控制与处理的灵活性：专家控制系统应具备控制策略的灵活性、数据管理的灵活性、经验表示的灵活性、解释说明的灵活性、模式匹配的灵活性以及过程连接的灵活性等。

拟人能力：专家控制系统的控制水平应具备人类专家的水准。

7.3.4 专家控制器设计

按专家控制在控制系统中的作用和功能，专家控制器可分为直接式专家控制器和间接式专家控制器两类。

直接式专家控制器（图 7.4）取代常规控制器和调节器，直接用于控制生产过程或者被控对象，具有模拟操作工人智能的功能。该控制器的任务和功能相对简单，通常采用简单的知识表达和知识库，并运用直接模式匹配或者直觉推理，以实现在线和实时控制。

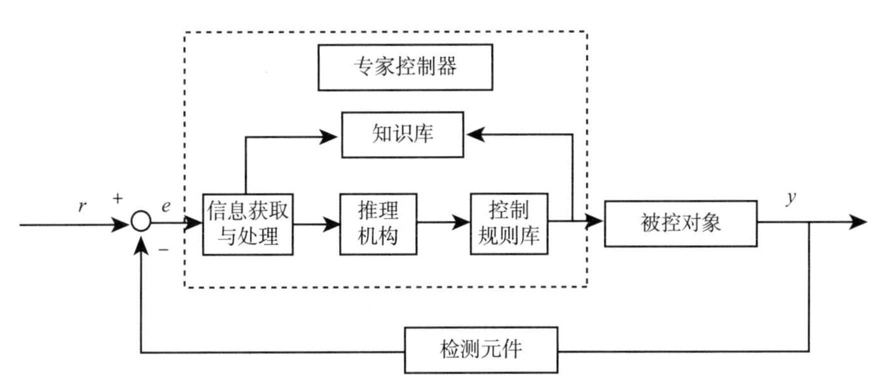

图 7.4 直接式专家控制器

间接式专家控制器（图 7.5）与传统的常规控制器、调节器结合，能够组成对生产过程或被控对象进行间接控制的智能控制系统。该系统具有模拟（延时、扩展）控制工程师智能的功能。此外，该控制器能够实现优化、校正、适应、协调等高层决策的智能控制。专家系统只是通过对控制器的调整，从而间接影响被控过程。

专家控制器的设计原则为：①模型描述的多样性。在设计过程中，对被控对象和控制器的模型应采用多样化的描述形式而不是仅仅考虑单纯的解析模型，描述形式主要有解析模型、离散事件模型、模糊模型、规则模型和基于模型的模型。②在线处理的灵巧性。在设计专家式控制器时，应注意对过程在线信息的处理与利用，灵活地处理与利用在线信息将提高系统的信息处理能力和决策水平。在信息存储方面，应对作出控制决策有意义的特征信息进行记忆，对于过时的信息则应加以遗忘；在信息处理方面，应把数值计算与符号运算结合起来；在信息利用方面，应对各种反应过程特性的特征信息加以抽取和利用，不要仅限于误差和误差的一阶导数。

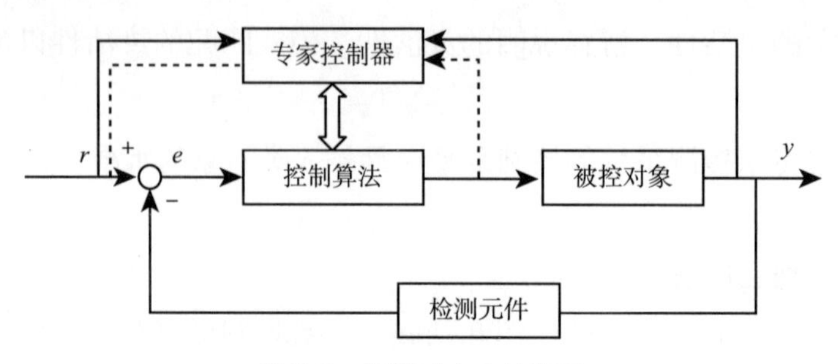

图 7.5 间接式专家控制器

③控制策略的灵活性：被控对象本身的时变性与不确定性以及现场干扰的随机性要求控制器采用不同形式的开环与闭环控制策略，并能通过在线获取的信息灵活地修改控制策略或控制参数，以保证获得优良的控制品质。④决策机构的递阶性：控制器的设计要体现分层递阶原则，即根据智能水平的不同层次构成分级递阶的决策机构。⑤推理与决策的实时性：知识库的规模不宜过大，推理机构应尽可能简单，以满足实时性要求。

7.4 智能 PID 控制

在自动控制的发展历程中，PID 控制是历史最久、生命力最强的基本控制方法，其控制律为

$$u(t)=K_p e(t)+K_i\int_0^t e(t)\ dt+K_d\frac{de(t)}{dt}$$

其中，K_p、K_i、K_d 为 PID 控制器的增益参数，$e(t)$ 为误差信号。

离散 PID 控制算法为

$$u(k)=K_p e(k)+K_i T\sum_{j=0}^{k}e(j)+K_d\frac{e(k)-e(k-1)}{T}$$

其中，k 为采样序号，T 为采样时间。

但在实际应用中，由于噪声、负载扰动等因素的影响，模型参数和结构可能会随时间和工作环境的变化而变化，被控对象具有的高度非线性、时变性和不确定性等特点会导致 PID 控制参数整定效果不理想，这就要求在 PID 控制中，其参数的整定不仅独立于系统数学模型，而且能够在线调整，以满足实时控制的要求。智能 PID 控制将智能控制与传统的 PID 控制相结合，将人工智能以辅助参数整定的方式

引入控制器设计中。智能 PID 控制具备自学习、自适应、自组织的能力，能够自动识别被控过程参数、自动整定控制器增益参数、适应被控过程参数的变化；同时又有传统 PID 控制器结构简单、鲁棒性强、可靠性高、认知度大等特点。目前，智能 PID 控制方法中发展比较成熟的有自适应 PID 控制、模糊 PID 控制、神经网络 PID 控制、迭代学习 PID 控制等。

7.4.1 自适应 PID 控制

自适应 PID 控制是指将自适应控制思想与常规 PID 控制器相结合形成的自适应控制方法，统称为自适应 PID 控制。自适应控制是一种现代的控制方式（图 7.6），通过测量输入输出信息，实时掌握被控对象和系统误差的动态特性，并据此实时调节控制器参数，使系统的控制性能维持最优或满足预定要求。

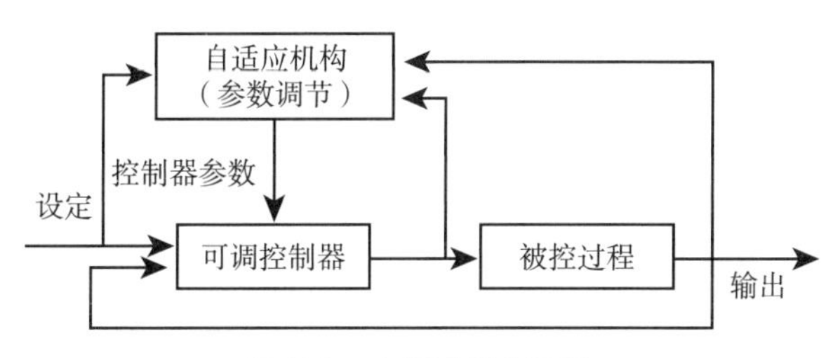

图 7.6 自适应控制系统

自适应控制系统可分为自校正自适应控制、模型参考自适应控制和其他自适应控制。前两种自适应控制已经各有比较成熟的理论体系和方法，最后一种囊括了除前两种以外的所有自适应控制，如增益调度、自激振荡系统、双重控制（也称对偶控制）等。

在自校正自适应控制系统（图 7.7）中，参数估计器（辨识器）的作用是根据对象的输入输出信息在线估计控制对象的参数，并将参数估计值送到参数计算器；此后，参数计算器根据估计值计算控制器的参数，控制器再根据参数计算器的结果及事先选定的性能指标综合出相应的控制作用。

在模型参考自适应控制系统（图 7.8）中，自适应机构的输入为广义误差，即参考模型输出与实际被控过程输出的差值。广义误差驱动自适应控制机构发挥作用，调节控制器参数，使广义误差减小。当广义误差趋于零时，被控过程的实际输出趋于期望输出。

7.4.2 模糊 PID 控制

模糊 PID 控制将操作人员（专家）长期实践积累的经验知识用控制规则模型

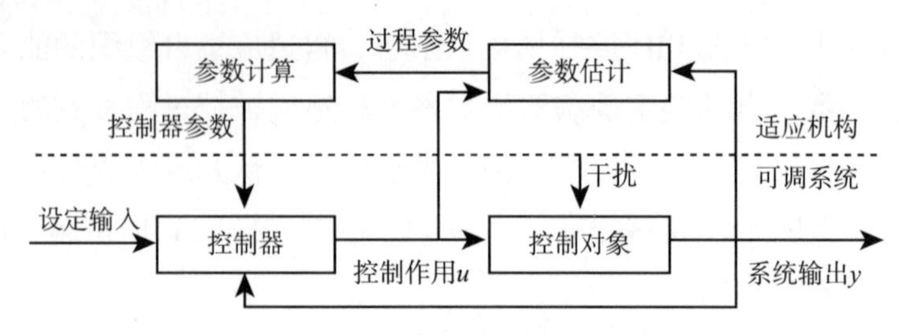

图 7.7　自校正自适应控制系统

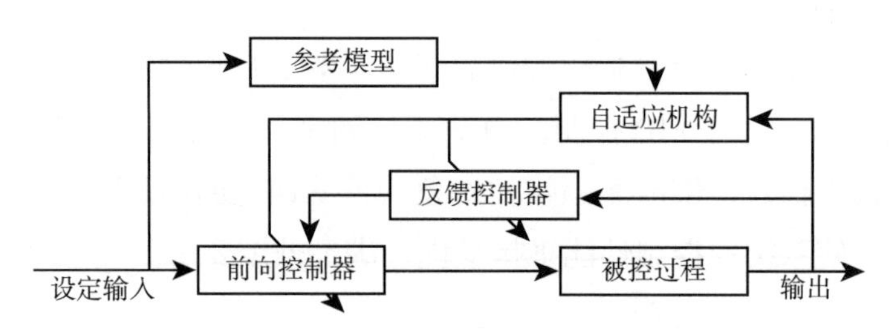

图 7.8　模型参考自适应控制系统

化，即运用模糊数学的基本理论和方法把规则的条件、操作用模糊集表示，并把这些模糊控制规则及有关信息（如评价指标、初始 PID 参数等）作为知识存入计算机知识库中；然后计算机根据控制系统的实际响应情况，运用模糊推理自动实现对 PID 控制器中 K_p、K_i、K_d 三个增益参数的最佳调整。

模糊 PID 控制器由传统 PID 控制器和模糊化模块组成。模糊 PID 控制的关键是找出 PID 三个增益参数与误差 e 和误差变化率 ec 之间的模糊关系，在运行中不断检测 e 和 ec，根据确定的模糊控制规则对三个增益参数进行在线调整，得到不同复杂条件下的最优性能。

自适应模糊 PID 控制器以误差 e 和误差变化率 ec 作为输入，以满足不同时刻的 e 和 ec 对 PID 参数自整定的要求。通过对模糊逻辑规则的结果处理、查表和运算，在线对 PID 参数进行调整，形成自适应模糊 PID 控制器，其结构如图 7.9 所示。

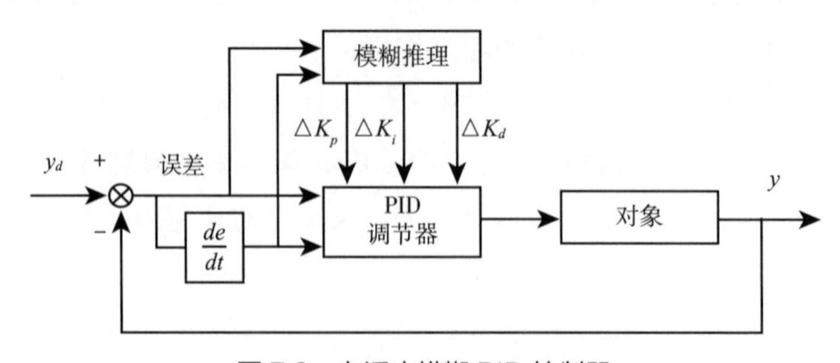

图 7.9　自适应模糊 PID 控制器

7.4.3 神经网络 PID 控制

神经网络 PID 控制器不但结构简单，而且能适应环境变化，有较强的鲁棒性。一种典型的神经网络 PID 控制为基于径向基函数（radial basis function，RBF）神经网络的 PID 控制。

RBF 神经网络是于 20 世纪 80 年代末提出的一种神经网络，是具有单隐层的三层前馈网络。它模拟了人脑中局部调整、相互覆盖接收域（或称感受野）的神经网络结构，是一种局部逼近网络，目前已被证明能以较好的精度近似任意连续函数。

RBF 网络输入到输出的映射是非线性的，而隐含层空间到输出空间的映射是线性的，从而大大提高了学习速度并避免了局部极小问题。由于输入层到隐含层没有可调整的参数，而仅仅在隐含层到输出层存在权重调整，因此具有结构简单、效率高的优点（图 7.10）。

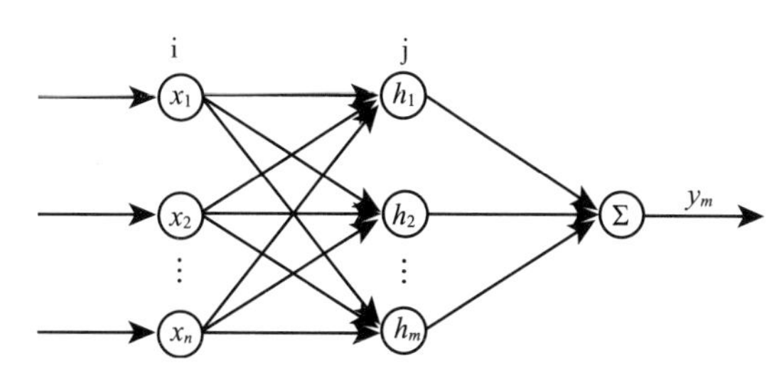

图 7.10 RBF 神经网络

RBF 神经网络整定 PID 控制系统的结构如图 7.11 所示。

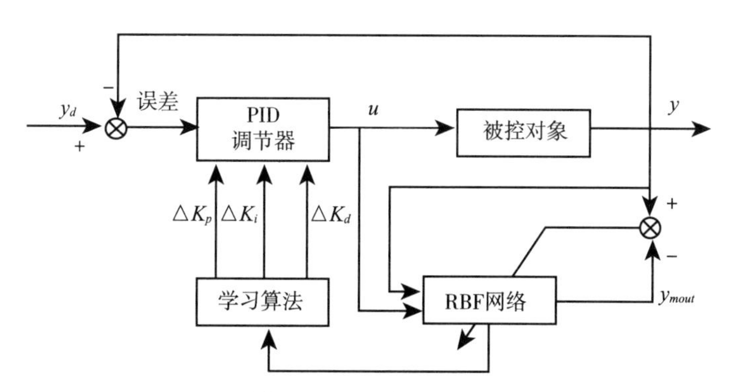

图 7.11 基于 RBF 神经网络的 PID 控制

7.4.4 迭代学习 PID 控制

迭代学习控制是通过迭代修正达到某种控制目标的学习方法。其设计较为简单，且能在给定的时间范围内实现对未知对象的高精度跟踪控制。迭代学习控制不依赖系统的精确数学模型，对许多难以建模的复杂系统，如具有非线性、时变、不确定性和不精确性等特点的系统非常有效，特别适用于解决具有某种重复运动（运行）系统的轨迹跟踪问题。目前，迭代学习控制在学习算法、收敛性、鲁棒性、学习速度及工程应用研究上取得了巨大的进展。迭代学习控制的基本结构如图 7.12 所示。

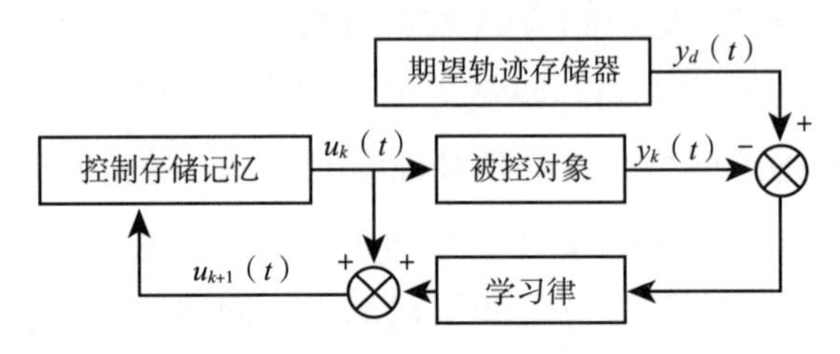

图 7.12　迭代学习控制基本结构

若期望控制 $u_d(t)$ 存在，则迭代学习控制的目标为：给定期望输出 $y_d(t)$ 和每次运行的初始状态 $x_k(0)$，要求在给定的时间 $t\in[0,\ T]$ 内，按照一定的学习控制算法通过多次重复运行，使控制输入 $u_k(t)\to u_d(t)$、系统输出 $y_k(t)\to y_d(t)$。

迭代学习控制可分为开环学习和闭环学习。在开环学习中，第 $k+1$ 次的控制等于第 k 次控制再加上第 k 次输出误差的校正项；在闭环学习中，取第 $k+1$ 次运行的误差作为学习的修正项。

迭代学习 PID 控制律表示为

$$u_{k+1}(t)=u_k(t)+\Gamma\dot{e}_k(t)+\Phi e_k(t)+\Psi\int_0^t e_k(\tau)\,d\tau$$

上式中，Γ、Φ、Ψ 为学习增益矩阵。算法中的误差使用 $e_k(t)$，则 $u_{k+1}(t)$ 称为开环迭代学习控制；如果使用 $e_{k+1}(t)$，则 $u_{k+1}(t)$ 称为闭环迭代学习控制；如果同时使用 $e_k(t)$ 和 $e_{k+1}(t)$，则 $u_{k+1}(t)$ 称为开闭环迭代学习控制。

7.5　本章小结

本章节首先介绍了进化和专家控制系统的发展历程、目前现状以及其未来展望。其次，对进化控制系统和专家控制系统的基本结构、工作原理、控制要求和设计原则以及对应的不同算法和系统类型等相关内容做了详细的介绍。再次，介绍了自适应 PID 控制、模糊 PID 控制、神经网络 PID 控制、迭代学习 PID 控制四种比较常见的智能 PID 控制方法。

第八章　平行系统与平行智能

8.1　为什么平行？

生命与智能都是人类美好的追求。很多人认为，对智能的研究应该在对生命的研究之后，仿“生”就行了。可惜，科学家至今仍没有完全弄清楚大脑的机制、思维的法则，智能科学想仿“生”也没有明确的途径。无“生”可仿怎么办？从技术或工程角度而言，智能的本质是利用已知解决未知，从已知到未知只能依靠想象。爱因斯坦说：“智能的真正标志不是知识，而是想象。”

人靠大脑想象。大脑是开放的，几乎可以瞬间感知个体已知的所有知识，并推理未知的世界和问题。机器想象目前只能靠算法，但是算法是封闭的：迄今为止，不管是多么复杂的算法，几乎全都限制在机器的内存空间中。如果算法不开放，人工智能就永远只能“人工”，无法“类人”，只能滞留在利用已有的知识解决已知问题的境界。

机器想象的核心问题是算法如何开放。要解答这个问题，首先要解答算法在哪里开放。科学哲学家卡尔·波普尔在其著作《客观知识》中提出“宇宙中存在着三个世界：第一世界是物理世界，包括物质和能量；第二世界是心理世界，也就是主观知识世界，即意识状态和主观判断的世界；第三世界是人工世界，包括所有的客观知识，例如各种载体记录并存储起来的文化、文明、科学技术等理论体系的人类精神产物”。

算法一定要在第三世界开放。在物理世界，人类只是行动的主体；在心理世界，人类是认知的主体；只有在人工世界，人类才是真正的主宰。未来世界的和谐，一定是“物理世界 + 心理世界 + 人工世界”的和谐，加起来就是平行世界。平行世界需要平行智能——开放的算法带来开放的智能、“活”的常识、平行的大脑，这是解除人工智能“常识难题”或“常识诅咒”瓶颈最有效的途径，是新智能科学的发展方向。

8.1.1 复杂性与复杂性科学

复杂性科学兴起于20世纪末，被誉为科学史上“继相对论和量子力学之后的又一次革命”“21世纪的科学”，被认为是“网络化的结果，是工程问题社会化、社会问题工程化的必然结果”。

复杂性科学是关于复杂系统的研究。对于复杂系统的研究，多数情况下既没有系统的足够精确的模型，也不能建立可以解析的预测系统短期行为的模型。由于无法或难以对复杂系统的行为进行解析分析和预测，同时也无法或难以对复杂系统进行实验研究，大多时间只能试探性一步步地对复杂系统进行决策和控制。然而，随着信息技术的发展、网络化的普及，数字社会及数字政府建设的进程加快，这种对复杂系统进行管理控制的方式暴露出越来越多的问题。

关于复杂系统的定义，是学术界一个难以说清、难以达成一致的问题。复杂系统应当包含两个特征，即“不可分”与“不可知”（见4.3.1小节）。

复杂系统的研究要求我们从直接控制系统行为的牛顿定律，转向只能间接影响系统行为的默顿定律寻求答案。

默顿定律泛指以美国社会学家默顿命名的各种能够引导系统行为的“自我实现预言”，即“由于信念和行为之间的反馈，预言直接或间接地促成了自身的实现”。其特征主要表现为：即使在给定当前状态与控制条件的情况下，理论上系统下一步的行为也难以被精确地预测。因为这类系统包含“自由意志”，本质上无法对其直接控制，只能间接地影响，促进希望的目标以概率性的方式出现。

在万物互联的今天，大数据、社会计算、知识图谱、人工智能等技术的发展赋予了原本毫无生命气息的机器越来越多的敏捷性、灵活性和智能性，而随之衍生的系统则愈加多样、不确定和复杂。对于这样一种开放的、永续生长的、充满可能性的新形态的系统，我们必须提出新的理论体系、科学的研究方法和关键技术。

8.1.2 智能化与ACP平行方法

智能化与复杂性是一个硬币的两面。处理几级难度的复杂问题就需要几级高度的智能水平。两者都面临不可还原又必须复原、不可知又必须能知、不可解又必须有解的问题。如何复原、能知、有解？我们可以从数学这一学科的发展中获取启示。

数学上，如果一个方程在指定的空间里无解，就要在一个更大的空间中寻找解。有时，空间的扩大必须伴随着概念的创新，虚数就是这样一个例子。约400年前，人类发明了虚数，英文是 imaginary number，意思是“想象的数”。虚数刚被提出时，并不被认为是实实在在的数。今天，但凡学习过代数的人都知道虚数是实实在在的数，是数的空间的一半。没有虚数，一个简单的一元二次方程 $x^2=1$ 都可以无解，更不用说今天已成为科学最前沿的量子力学或相对论了。虚数将数的空间翻了一番，从实数空间扩大到复数空间。

就像方程要有解需要虚数一样，复杂系统要有“解”，必须引入相应的“虚数”。复杂系统的“虚数”是什么？王飞跃认为，波普尔的第三世界就是复杂系统的天然的虚数空间，并提出了 ACP 平行系统方法。

ACP 方法具有现代科学、物理学和科学哲学的基础，是一项涉及多个学科的交叉性研究领域。中国科学院围绕 ACP 已做了长期的研究和组织工作。2000年，依托中国科学院自动化研究所，以系统复杂性命名的研究中心首先成立起来；2003年，该中心团队最早提出了情报与安全信息学（intelligence and security informatics，ISI）的研究，并于2004年组成了 ISI 与社会计算研究国际合作团队；2005年，由中科院院长特别基金启动了 ACP 和平行管理的基础研究，同时开展了在国家安全和复杂生产中进行应用示范的研发工作；2008年，中科院成立了社会计算与平行管理研究中心。在此期间，发展起了以语言动力学、自适应动态规划和基于代理的控制为主的 ACP 理论和方法，并在国家安全、国防建设、经济生产等重要领域取得了显著成效。在此基础上，复杂系统管理与控制国家重点实验室于2011年获科技部批复筹建，成为国内首个以虚实互动的平行智能为特色的国家重点实验室。2013年，中科院自动化研究所与青岛市联合共建青岛智能产业技术研究院，旨在以平行智能科技带动地方产业发展，现已面向无人化矿山、无人化装卸、智慧城市管理孵化多家高新技术企业，极大地推动了地方经济发展。

8.1.3 平行智能：面向21世纪复杂性科学的新方法

马文·明斯基在其著作《心智社会》中说：“到底有什么神奇的诀窍使我们如此智能？诀窍就是根本没有诀窍。智能的力量来源于我们自身巨大的多样性，而非来源于某一单个的、完美的准则。”

随着大数据、云计算、人工智能等技术的发展，起源于工业实践领域的数字孪生、元宇宙等概念相继出现。本质上，数字孪生与元宇宙都是面向物理世界及其系统的建模，而实际系统中往往存在一些“千丝万缕了无痕”的复杂关系，既不可知又不可测，只能以一定的概率计算推断。特别是涉及“人在回路”的赛博物理社会系统，由于参与其中的人员行为的不确定性、心理活动的不可测量性、交互的不可预知性，使得动态仿真式的数字孪生技术无法适应其建模要求；而元宇宙强调沉浸式的体验和人类用户的作用，尚无完整的理论和方法体系支撑其完成复杂系统的各项任务。

平行系统理论作为一种面向复杂系统管理与控制任务的目前最为完善成熟的复杂性科学方法体系，可被用作数字孪生、元宇宙等概念背后的科学理论方法。它借助真实系统和人工计算过程之间的虚实交互，为同时具有工程复杂性和社会复杂性的复杂系统问题提供了解决途径。

8.2　复杂性智能的新范式：AlphaGo 命题

在 AlphaGo 之前，IT 一直代表信息技术（information technology）；在 AlphaGo 之后，被赋予了新的时代意义——智能技术（intelligent technology），即“新 IT”，而信息技术已经成了“旧 IT”。“三个三”——第三轴心时代的“正和”智慧全球化如图 8.1 所示，人们必须看到，应当重新认识百年前改变人类社会进程的“老 IT”工业技术，因为人们必须联合这三个平行互动的世界，延伸哲学家雅斯贝尔斯的“轴心时代”理念，将“老”“旧”“新”三个 IT 分别作为开发“物理”“心理”“人

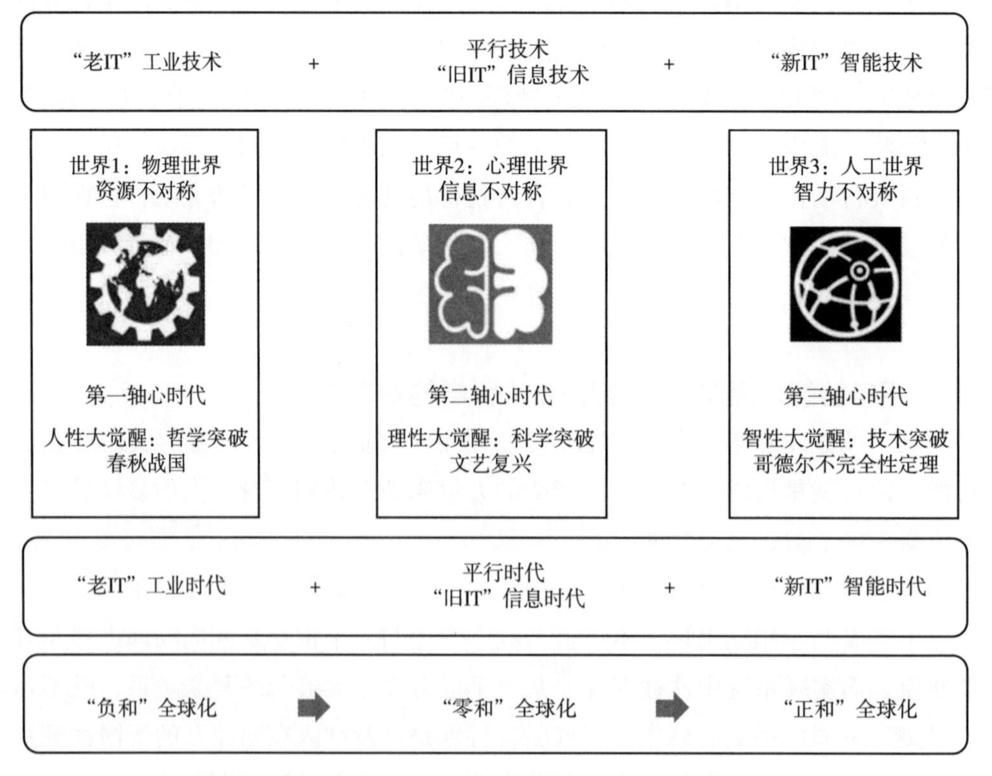

图 8.1　“三个三”——第三轴心时代的“正和”智慧全球化

工”三个世界的主要工具，进入第三轴心时代。

8.2.1 从邱奇－图灵命题到 AlphaGo 命题

20 世纪初，著名的德国数学家戴维·希尔伯特提出将数学体系公理化、机械化的设想，引发英国数学家、哲学家罗素和怀德海师生二人完成巨著《数学原理》，试图为“希尔伯特纲领”提供坚实的基础。然而,《数学原理》不但没有为数学的公理化、机械化创立基础，反而唤起维纳、麦卡洛克和皮茨开辟控制论、人工神经网络和计算智能之路，引发哥德尔、邱奇、图灵和冯·诺伊曼走向自动机、计算机和逻辑智能之路，在粉碎希尔伯特之梦的同时，推动了人工智能研究领域的诞生和发展。

这一进程的形成被学界称为邱奇－图灵命题，由此有了计算机和信息产业，并走到了今天。那么如何走向明天？计算机围棋程序 AlphaGo 的巨大成功让世人猛然觉醒，带来了时代的新理念和新命题，即 AlphaGo 命题，希望谨以此引导人们健康地进入未来的智慧社会。AlphaGo 的内核为：①平行哲学：虚实不再对立，而是平行互动、相互纠缠的一体，哲学应从“存在”（being）、“变化”（becoming）扩展到“相信”（believing）；②范式转移：从“大定律、小数据”的牛顿范式向“大数据、小定律”的默顿范式转移；③数据智能：数据是生成智能的原料，由小数据生成大数据，再从大数据中提炼出针对特定场景、特定问题的精准知识或深度智能。“小数据－大数据－深智能”的流程将成为智能产业的标准。

从邱奇－图灵命题到 AlphaGo 命题，迈向智能产业与智慧社会（图 8.2），AlphaGo 体现的是“小数据－大数据－深智能”的流程。AlphaGo 通过自我对打，将人类 80 多万盘围棋博弈的“小数据”扩展为 7000 多万盘新的博弈“大数据”，最后利用强化学习等人工智能方法，将局势判断和决策知识凝练成两张“图”，即 AlphaGo 的“深智能”或“小智能”，以此打败已知的人类围棋高手。后来，AlphaGo 自我变革为 AlphaGo Zero，完全不使用人类的围棋经验，“小数据”小到 0，自我博弈生成的“大数据”也不到3000万盘，最后的“小智能”凝练为一张“图”，以 100 : 0 的成绩击败了战胜人类围棋高手的 AlphaGo。从开始到结束，这一过程用时不到 3 天，随着计算能力的提高，相信这一过程很快将不需要 3 小时，甚至连 3 秒都不需要，而这 3 秒几乎是人类围棋大师一生的心血与追求。这就是范式转移的威力，这就是 AlphaGo 命题的警示。

目前，计算机国际象棋和围棋程序已是人类专业棋手的教练和标配，人类棋手已丧失断定程序有多少段的能力，但为了参加比赛，必须利用程序教练提高自己的棋艺，成为虚实互动的“平行棋手”，这样才有可能获得参加人类比赛的资格。相信不久的将来，一个人如果不是虚实平行的，就像今天没有基本学历一样，不但会失去许多工作机会，可能连上岗的资格都没有；而一个企业如果不是平行的，必将倒闭并失去重振的机会，这是因为不平行不但意味着没有竞争力，而且浪费资源，不符合可持续发展的人类理念。

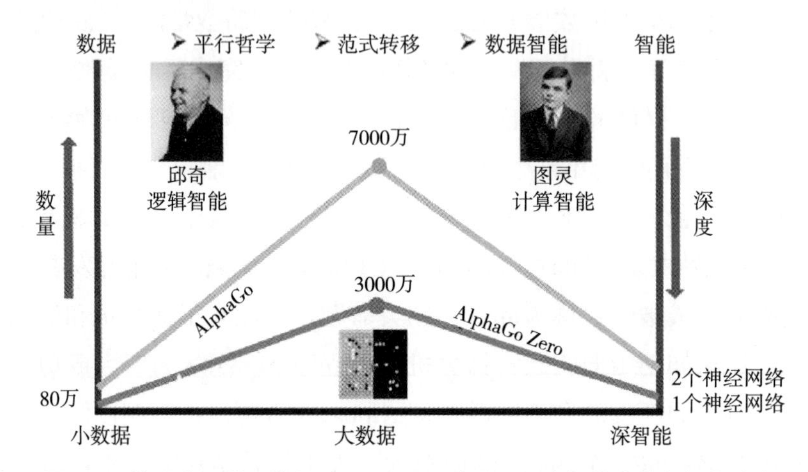

图 8.2　从邱奇－图灵命题到 AlphaGo 命题：迈向智能产业与智慧社会

然而，新时代只有新技术远远不够，新时代必须有新哲学。200 多年前，人类对“平行”理念的反思和探讨引发了非欧空间理念和相应的非欧几何方法，使“平行线可以相交”，从而为后来的量子力学和相对论物理革命提供了坚实的数学基础，使今天从芯片到计算机的信息产业成为可能。现在，人们需要在平行的理念上继续革命，不但让平行线相交，而且让“虚实互动相交”。为此，必须将西方经典哲学的两个世界观及两个核心理念——“存在”（being）与“变化”（becoming），扩展到三个世界观和新的“相信”（believing）理念，构造新时代智能科学与技术的新科学哲学。在此基础上，使大数据、云计算、边缘计算、智联网、区块链、机器人、机器学习和人工智能从过去的“乌托邦社会工程”走向当代的“零星社会工程的工具”，成为建设智慧社会生态的可描述、可预测、可引导的科学手段。

此时，我们必须从两个角度考虑复杂性问题：一个角度是社会复杂性，一个角度是工程复杂性。当工程复杂性较高的时候，我们采用平行控制方法，以控制为主；当工程复杂性与社会复杂性参半的时候，我们采用平行管理方法，人机结合；当社会复杂性较高的时候，我们就以社会计算方法为主，综合集成从定性到定量来分析解决问题。

8.2.2　第三轴心时代与“正和”的智慧全球化

公元前 800 年至公元前 200 年，人类自我意识逐渐形成，人性得到极大发展，哲学上也有了显著的进步。从人类的历史上看，这一重大时刻值得纪念，雅斯贝尔斯为此创造了一个新的名词——轴心时代。物理世界是雅斯贝尔斯认为的轴心时代的主体，以此看来，心理世界的特定轴心时代主要包括文艺复兴时期，以哥白尼、伽利略和牛顿为代表，人类理性大觉醒，在科学知识上也取得了重大突破。人工世界的轴心时代从哥德尔的不完全性定理开始，到人工智能创始人之一司马贺的有限理性原理，人类灵性和智性必须再次大觉醒，技术上必须取得新的突破，从而进入以智能科学与技术为主导的新的发展时期。

韦伯兄弟（Max Weber 和 Alfred Weber）认为轴心现象出现的原因是社会发展过程中人性及其本质在发挥作用。由于人类天性中的懒惰、恐惧和贪婪，交流、比较以及寻求共识成为人类的本质需求，继而制定标准，不断提高效率，可以一起"偷懒"，最终形成"轴心"，"全球化"运动也由此而来。在物理世界中，物质的占用具有排他性，资源有限导致"你有我无"，由此带来侵略、殖民、战争和压迫。因此，在第一世界发生的全球化无可避免地导致"负和"。中华民族在这次全球化进程中，从"车同轨、书同文、行同伦"发展到"度同质、地同域"，以及货币、文字、度量衡都逐渐统一。在该时期的末期，古丝绸之路作为一个全球化的壮举，使人类的文明建设得到了极大的推动。在心理世界，不同大洲之间的交易活动自航海地理大发现后迅速变得密切和频繁，自由贸易发展成新的范式。这种变化使全球化的"零和"成为可能。在这一波全球化浪潮的初期，中华民族虽然有"郑和七下西洋"之举，但后期掉队严重；当代中国自改革开放以来，经过几十年的发展，已逐步成为世界大国。但"美国优先"思想占据上风，使得"自由贸易"的"零和"全球化变得岌岌可危。为此，人们需要新的思维，找到发展的新思路。新的思维需要果断摒弃"存量思维"，积极拥抱"增量思维"，通过开发第三世界，开创和引领新的全球化运动。这么做的理由是什么？理由就是人工世界与另外两个世界有本质上的不同，人工世界以知识为主，几乎可以"无中生有"，而且每个人都可以拥有，自然具有"正和"特性。这保证了第三波全球化运动是以开发人工世界为核心、以"正和"与"多赢包容"为本质、以"边际效用"递增为智能经济发展的新范式。

总之，按西方自己的文化和理论，全球化运动由人类的天性和本质所致，是交流、比较、共识的人性活动的结果。因此，尽管会有一时的波折，但人类社会发展的主流必定是全球化运动，而且已经开始了第三波的智慧全球化阶段，就是以"新IT"智能技术开发人工世界。人们应当坚持此思想、怀此境地、在此高地，认识、发展、应用智能科学与新技术。

8.3 平行系统的核心思想、框架与过程

对平行系统的原始思考源自20世纪80年代初，计算力学中从材料疲劳断裂实验的蒙特卡洛计算机模拟到计算实验的设想，后曾根据美国宇航局空间站、月球无人系统及无人工厂的任务要求和实践，于20世纪90年代初被称为“影子系统”。21世纪初，针对复杂系统的管理与控制，上述系统正式被命名为“平行系统”。该系统的核心是基于ACP方法，利用人工系统进行计算实验、生产数据、提炼智能；通过虚实互动、平行驱动和平行执行，构造虚实空间之间的双反馈和大闭环，完成小数据、大数据、深智能的智能系统“三步曲”。

8.3.1 平行系统的概念与核心思想

平行系统是指由某一个自然的现实系统和对应的一个或多个虚拟或理想的人工系统所组成的共同系统。自有文字的人类社会产生以来，便有利用平行系统引导、管理和控制人类活动的记录。然而，平行系统的科学化、系统化的应用却是最近100多年的事情，尤其在计算机技术出现之后。从数学建模、计算机仿真模拟到虚拟现实，实质上都是应用平行系统方法进行设计、分析、控制和综合的实例。随着现实系统的规模和需求的不断复杂化、科技水平的不断发展和提高，这些方法技术的出现是必然的。大多情况下，这些平行系统方法都是以离线、静态、辅助的形式应用于现实系统的管理和控制。在一定程度上，现代控制理论是成功应用平行系统理念的典范。从经典的传递函数方法到状态空间方法，从最优控制理论到参数识别和变结构自适应控制，特别是基于参考模型的自适应控制（MARC），其实质都是某种特殊的平行系统方法。然而，在一般的控制系统中，控制决策和实施都是针对现实系统的，很少或根本没有对相应的人工系统进行控制，这是因为绝大多数情况下根本没有这种必要。实际上，因为控制所用的模型或目标（即相应的人工系统）是被动地用于现实系统的控制，所以不存在对人工系统进行控制的可能。在通常的控制理论中，平行系统的人工或虚拟部分萎缩到不起主动作用、不能变化的角色。费尔德鲍姆（Feldbaum）提出的对偶控制概念、参数或结构的自适应变化在这方面有所突破，但在理念和规模上都未能改变人工系统的非主导作用。因此，平行系统方法的作用并没有得到充分发挥。

造成上述现象的根本原因是没有主动利用人工系统的需要。首先，由于多数情况下人们可以建立实际系统足够精确的数学模型，进而分析其特性、预测其行为、控制其发展，此时根本没有主动在线利用模型的必要。其次，找到实际系统的精确

模型较为困难，人们可利用参数识别、结构变化或非参数回归、神经元网络等方法在线分段建立短期但足够精确的系统模型。然而，此时模型的角色在本质上仍是被动的：尽管控制同时用于实际系统和人工系统，但不是为了控制人工系统，两个系统的行为都是可预测的，而且实际与人工系统的行为和结果应是一致的。

总之，对于复杂系统的研究，多数情况下既没有系统的足够精确的模型，也不能建立可以解析地预测系统短期行为的模型。由于无法或难以对复杂系统的行为进行解析分析和预测，同时也无法或难以对复杂系统进行实验研究，大多时间只能试探性一步步地对复杂系统进行决策和控制。然而，随着信息技术的发展、网络化的普及和数字社会及数字政府进程的加快，这种对复杂系统进行管理控制的方式暴露出越来越多的问题。在这种情况下，必须设法挖掘平行系统中人工系统的潜力，使其角色从被动到主动、静态到动态、离线到在线，以至最后由从属地位提高到相等的地位，使人工系统在实际复杂系统的管理与控制中充分发挥作用。而人工生命、人工社会以及计算实验等研究方法的提出为这一思想的实施奠定了基础。

8.3.2　平行系统的框架与运作过程

平行系统包括主要为物理形态的实际系统和软件形态的人工系统，并以学习与培训、实验与评估、管理与控制 3 种基础模式运行。其中，实际系统与人工系统的对应关系可以是一对一、一对多、多对一及多对多。与传统并行计算的“分而治之”不同，平行计算的理念是“扩而治之”，利用虚实互动的过程提出复杂问题的解决方案。某些意义下，平行的理念就是智能的“虚数”，引入平行可使智能从简单空间进入复杂空间，进一步使其从简单智能走向复杂智能，从而克服单凭人类智能难以克服的“认知鸿沟”或“建模鸿沟”的基本问题。为此，我们还引入 CPSS 的概念来明确人及社会因素等“软科学”知识在平行系统中的核心作用，针对社会复杂性和工程复杂性同时呈现的情况，构建知识自动化的基础设施，实现面向工程的“新 AI”，即智能自动化和相应的智能组织及智慧社会。

图 8.3 为平行系统的基本框架，主要包括实际系统和人工系统。通过二者的相互作用，完成对实际系统的管理与控制、对相关行为和决策的实验与评估、对有关人员和系统的学习与培训等。平行系统的主要目的是通过实际系统与人工系统的相互连接，对二者之间的行为进行对比和分析，完成对各自未来状况的“借鉴”和“预估”，相应地调节各自的管理与控制方式，达到实施有效解决方案以及学习和培训的目的。平行系统实施的主要过程如下。

实验与评估：人工系统主要用来进行计算实验，分析了解各种不同复杂系统的行为和反应，并对不同解决方案的效果进行评估，作为选择和支持管理与控制决策

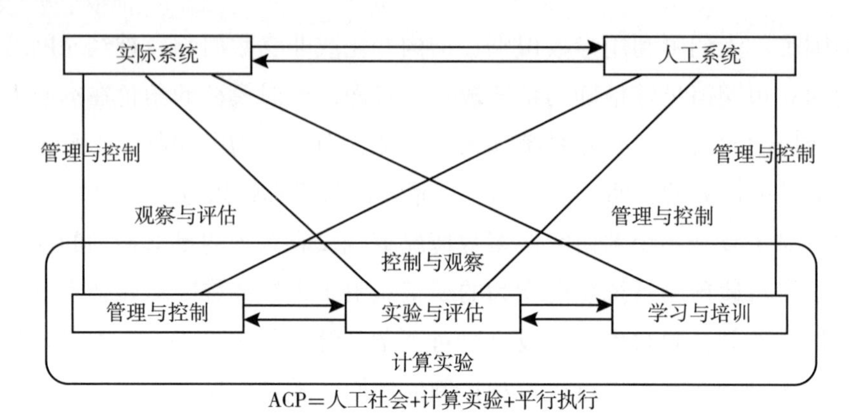

图 8.3 平行系统的基本框架

的依据。

学习与培训：人工系统主要用来作为学习、培训管理及控制复杂系统的一个中心。通过对实际与人工系统的适当连接组合，可以使管理和控制实际复杂系统的有关人员迅速掌握复杂系统的各种状况以及对应行动。在条件允许的情况下，应以与实际相当的管理与控制系统来运行人工系统，以期获得最佳的真实效果。同时，人工系统的管理与控制系统也可作为实际系统的备用系统，增加其运行的可靠性和应变能力。

管理与控制：人工系统试图尽可能地模拟实际系统，对其行为进行预估，从而为寻找对实际系统有效的解决方案或对当前方案进行改进提供依据。进一步，通过观察实际系统与人工系统评估的状态之间的不同，产生误差反馈信号，对人工系统的评估方式或参数进行修正，以减少差别，并开始分析新一轮的优化和评估。

8.4 平行智能的科学哲学基础

80 多年前，在数学公理化机械化的“希尔伯特纲领”和罗素与怀德海的巨著《数学原理》的激发下，邱奇与其博士生图灵分别提出了数学上等价的“λ演算”和“图灵机”，形成著名的邱奇 - 图灵命题，从而催生了今日的计算机、信息产业、人工智能研究。2016 年 AlphaGo 技术的出现，让世人猛然意识到人工智能的威力，其意义就是为我们带来了一个新的命题，即“AlphaGo 命题”。我们依据“邱奇 - 图灵命题”走到今天，我们需要相信“AlphaGo 命题”将会走向明天。

现在，由于移动互联网和智能手机的快速普及，我们面临的社会现象的尺度也越来越小，几乎每个人、每件事、每种情绪都必须考虑；同时又越来越大，从一个国家到整个世界，而且速度也越来越快。网上信息的速度本质上就是光速，从“网瘤”到“网红”——新现象层出不穷，引发对新文科、新工科的呼唤。人们越来越清楚地认识到，就像百年前从经典物理学到现代物理学一样，我们必须让社会科学也来一次类似变革。这一次，我们必须以“思想改变思想”，必须寻求哲学上的突破，要从经典哲学的核心“存在”与“变化”扩展到“相信”，并形成新时代关于智能科技的新科学哲学。这次的突破口还是平行，是物理世界平行线的相交在思想世界的延伸与升华：必须让虚实平行相交，让量子力学的纠缠变为平行哲学的技术与工程，让物联网、大数据、云计算、机器人、区块链、机器学习和人工智能成为化“乌托邦社会工程”为“零星社会工程”的可描述、可预测、可引导的科学手段。

8.4.1 智能科学：新时代新基建与新工科、新文科融合

人类自有历史以来，就像蜘蛛结网一样进行“基建”，从第一世界“结”到第三世界，而且结得还是一张比“Network 网”更大的“Grid 网”。第一张大网“Grids 1.0”就是物理世界的主网——交通网；第二张大网“Grids 2.0”就是 100 多年前开始的能源网，自第一世界开始构架在“三个世界”之间；第三张大网“Grids 3.0”就是心理世界的主网信息网，互联网是其代表；第四张大网“Grids 4.0”就是串连在“三个世界”之间的物联网，以世界数字化为核心目的；第五张大网“Grids 5.0”就是人工世界的主网智联网。在互联网之中，人是“被连”（passively connected）；在物联网之上，人是“在连”（pervasively connected）；在智联网之内，人是“主连”（prescriptively connected）。因此，人类要主导社会发展，就必须建设智联网，只有这样才能形成智能经济、进入智慧社会。目前，在“大 5G”基建的影响下，社会形态已经发生深刻变化，新物流开始引发社会交通、社会能源、社会计算、社会制造和社会智能 5 种新兴形态，其中社会智能是智能产业和智慧城市的关键。

“大 5G”将使三个世界融为一个整体，形成以“三个世界”为基础、虚实两个空间平行的“五度空间”CPSS 系统。从数字孪生、软件孪生到虚拟孪生，这是当下各国关注的焦点，是智能基建之核心。CPSS 系统将“社会”，即人类行为与关系置于核心，人是万物的度量、更是智能的度量，由此形成“五力合一”，即数据之力、计算之力、算法之力、网络之力、区块链之力，推动产业发展进入“工业 4.0”和“工业 5.0”，完成第三次工业革命的两个主要阶段（图 8.4）。

在此，我们必须强调区块链或类似技术的重要性。区块链，加上其正在发展的分布式自主组织（DAO）技术，再结合源于莱布尼茨“单子”哲学理念，后经基于数学范畴理论重新构造的“智子”的概念，形成“知识范畴”和“Monadao”方法，使中国古老的哲学理念“道”成为一种现代智能工程和技术要求，让未来的智能技术走向“真道”（TRUE DAO），即真（TRUE）= 可信（trustable）+ 可靠

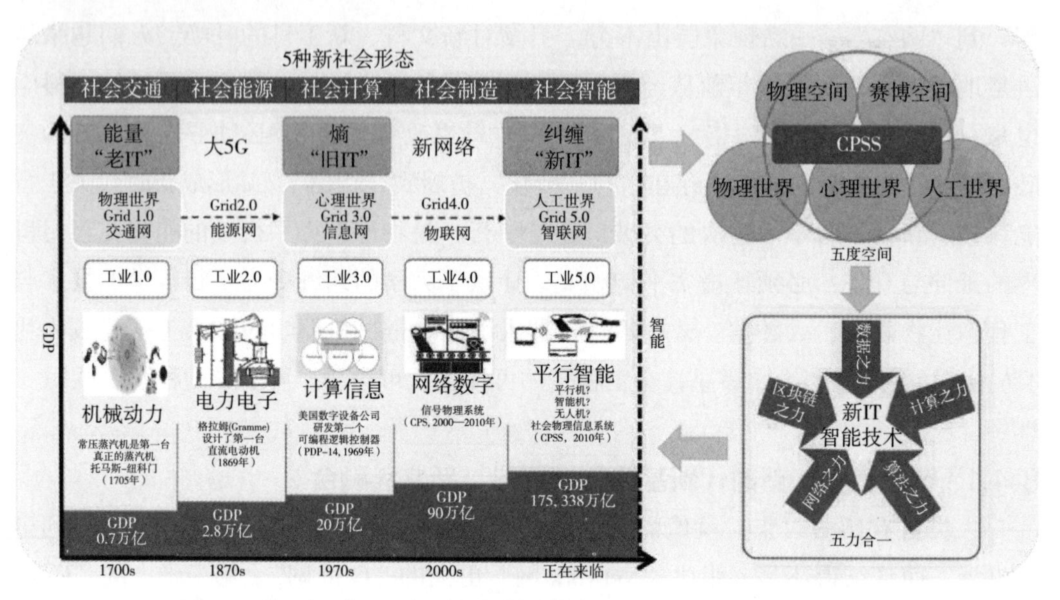

图 8.4 "五个五"——新时代新基建催生新工科、新文科及其新融合

(reliable) + 可用 (usable) + 效益 (effective+efficient)；道 (DAO) = 分布式去中心化 (distributed+decentralized) + 自主型自动化 (autonomous+automated) + 组织性有序化 (organized+ordered)。只有这样，我们才能在复杂智能的新技术及社会组织之中确保机器和人类能够以正确的方式做正确的事。这一趋势必将首先冲击人类目前从幼儿园到研究生院各个层次的教育系统。由于相对于智能产业需要的知识结构和应用方式，我们目前的教育体系与百年之前的私塾体系相差无几，难以完成建设智慧社会的任务。因此，我们必须从深刻考虑新时代新人文社科、新理工科的教学设计及其深度融合开始，首先使教育平行智能化，尽快系统化培养智能产业所需要的新型交叉复合人才。

8.4.2 平行哲学：从"存在""变化"到"相信"

我们必须清醒地认识到，智能时代单凭智能技术远远不够。新时代要求与之相适的新思维和新哲学，并创造相应的社会新范式，但问题是智能时代的新哲学是什么？新在哪里？

在西方哲学中，"存在" 和 "变化" 成为两个延续至今的哲学核心范畴。围绕着"存在"，产生了西方哲学的主体。特别是从康德的 "普遍现象学"、黑格尔的 "精神现象学"、胡塞尔的 "先验现象学"、海德格尔的 "存在现象学" 到梅洛 · 庞蒂的 "知觉现象学"，从唯心到唯物，为我们构造了一个庞杂的关于描述性知识的哲学体系。围绕着 "变化"，从中国古代关于变化之道的《易经》到赫拉克利特创立的“变化”理念，几乎没有主体为“变化”的独立哲学体系，而绝大多数都与“存在”藕丝相连、割舍不断。但怀德海的过程哲学值得特别关注。过程哲学的核心是认为“实际存在是变化的过程”，而“变化是迈向新颖的创造性进展”。怀德海以“创造力”为核心，从唯物论到有机唯实论，把亚里士多德的“有效因果论”推向“奇点因果论”，创立了变化过程的“有机哲学”，这一哲学或许能够成为关于“变化”的预测性知识的哲学体系之核心。

要从思想上创立智能科学与技术的新哲学，我们认为现在是引入“相信”的时候了。“相信”与信用和注意力成为商品直接相关，其主旨就是利用工程和技术的手段，明确“存在”从当前状态“变化”为目标状态，使人们“相信”这一过程能够成为确定的现象（现象学的本质）；而且，以从 UDC 到 AFC 的方式，现象变化的过程必须是可描述的、可预测的、可引导的。为此，我们必须创立关于“相信”的引导性知识的新哲学体系。

在怀德海过程哲学的“实体”和“抽象”、或“虚体”，甚至当下的“数字孪生”理念，以及其学生奎因的整体论和科学唯实论的基础上，我们提出了平行哲学。平行哲学是围绕“三个世界”交织的世界观，其构造虚实平行交互、纠缠互动的平行场景及其平行空间，产生“实体”与“虚体”实时内嵌、反馈闭环的理念与机制，化黑格尔的宏大乌托邦社会工程为波普尔所倡导的朴实零星社会工程。

平行哲学——虚实的平行互动与纠缠的过程及其引导知识体系中（图 1.18），三种意识、三种哲学、三种知识恰与三个世界对应，技术上将会从 AI being、AI becoming、AI believing 到 I Being、I Becoming、I Believing，这里 I 代表智能（intelligence），其含义包括了算法智能（algorithm intelligence，AI）、语言智能（language intelligence，LI）和想象智能（imagination intelligence，II）这三类。其中，AI 存在于第一物理世界，LI 存在于第二心理世界，II 存在于第三人工世界。通过广义哥德尔智能定理和精度原理，在智能程度上，II ≥ LI ≥ AI。在此三个世界中，其认识特征有不同特性：第一物理世界中 AI 测不准，第二心理世界中 LI 说不清以及第三人工世界中 II 想不明，这与库恩所著的《结构之后的路》一书中倡导的不可交流、不可比较、不可公度的“3C”原理内在联系十分深刻。在某种意义下，该“3C”原理即数学上哥德尔不完全性定理的哲学表示，起源于语言的词典网络和想象的意识网络及其多维结构，故内在上存在不确定性、多样性、复杂性特征。

平行思维和平行认知是平行哲学的基础，是实现感知－哲学－科学的不二法门。正如恩格斯所说，“每一个时代的理论思维，包括我们这个时代的理论思维，都是一种历史的产物，它在不同的时代具有完全不同的形式，同时具有完全不同的内容”。

所谓“平行思维”，是在爱德华·德·波诺的“横向思维”基础上进一步发展而来的，并由爱德华·德·波诺首先提出。尽管平行思维这一思想已经在企业的组织和管理问题中得到了广泛应用，但很多人还是不认可其科学性。然而，人们必须正视爱德华·德·波诺在尝试扩展甚至取缔“对抗思维”和“辩证方法”这两种古希腊时期流传的方法的过程中所作出的贡献。在平行思维中，参与者被要求同时在一个或者多个平行的“轨道”上给出不同、甚至对抗的意见。事实上，通过平行思维，参与者可以平行地、交互地利用自身知识、经验等合作探讨，从而消除对抗思维中产生的负面效应和消极影响。践行平行思维的关键是所有参与者遵守共同的规则或者纪律，在共同的轨道上平行贡献，从而实现“细分领域”的目标，产生积极效果。综上所述，基于爱德华·德·波诺的第一物理世界和第二心理世界的平行思维基础，融合第三人工世界和基于人工世界的计算思维、平行学习和平行智能管理决策方法，使平行思维成为在CPSS中构建知识自动化的文化和行为的坚实基础，最终实现平行认知科学。

平行哲学的建立必须有平行思维和平行认知的支持，这是一条从感知到哲学再到科学的必由之路。正如恩格斯指出的：“每一个时代的理论思维，包括我们这个时代的理论思维，都是一种历史的产物，它在不同的时代具有完全不同的形式，同时具有完全不同的内容。”

8.5 平行系统应用与实践：新时代智能产业

随着大数据、5G、人工智能、云计算、物联网和区块链等新一代智能技术的快速发展及应用，全球产业结构升级和转型的进程不断加快。智能产业将人与机器间的交互从体力上的协同升级为脑力上的协同，并借助各类计算设备的延伸，不再局限于生产过程或单体智能，而是拓展到产业价值链的各个环节、企业活动的方方面面。其本质在于借助智能科技数之力、算之力、法之力、网之力与链之力的五力合一，打造可信、可靠、可用、有效和有益的虚拟空间与真实物理空间，组成虚实大闭环，使人类社会与生产活动可以“在虚拟世界吃多堑”“在物理世界长一智”。这一范式的转移不仅带来生产效率的提升，还将进一步提高供需之间的适配性，以满足需求侧个性化和求新求变的消费趋势，为用户带来更好的消费体验。

8.5.1 新轴心时代的智能产业：概念、特征与内涵

近年来，随着智能科学与技术的发展，新一轮科技革命和产业变革加速孕育、集聚迸发。据调研，中文“智能产业”一词最早出现的文献中提到，可以给智能产

业一个广义但“模糊”的定义：农业是围绕地表的土地资源所发展起来的产业，为人类的生存提供了保障；相对于农业，工业是以地下的矿藏资源为主而发展起来的产业，极大地扩展了人类的体能；所谓的智能产业，将是利用物理世界之外的新“矿源”——信息和脑力资源所发展起来的新产业体系，搜索行业、游戏动漫、社交网络、新媒体等只是它的端倪，其特征是赛博空间的实质性开发，其兴起必将极大地扩展人类的智力水平，其影响将深远而广泛且无法预知。

智能产业具有虚实融合、网络协同、人机一体三大核心特征。虚实融合是指构造物理空间（实）在信息空间（虚）的映射，使信息在两个空间中交互和融合，通过在信息空间的计算实验，优化对物理空间的各种生产资料的协调和管理，并通过物理空间的反馈不断丰富完善信息空间。网络协同是指通过建立统一的通信协议，打通分散于不同层级、环节和组织的“数据孤岛”，让数据在不同系统间自由流动，从而实现企业制造各层级（纵向）、产业链上各环节（横向）的互联互通和协同生产。人机一体是指人类专家与智能机器共同组成的一体化协作系统，通过人与机器的无缝通信与交互，延伸、扩展并放大人类专家的智慧在全生命周期制造流程中的脑力劳动。这三大特征推动产业发展起步自动化、集成信息化、迈向智能化。

智能产业的升级思路在于利用 CPSS 基础平台，通过虚实平行互动，开辟新空间新资源，同时扩大共享、共有的范围程度，提高效率，降低成本。未来的智能“平行机”框架将打通物理、社会和赛博三个空间，使物理形态的“牛顿机”与软件定义的“默顿机”合二为一，将边缘端的现象涌现与云平台的融合收敛集成化，集人类员工和知识机器人员工为一体，创造人机结合、知行合一、虚实一体的“合一体”新型“平行员工”，实现“小数据 – 大数据 – 深智能”的新工作形态和流程。“平行机”不但不会使人类失业，而且能够为人类创造大量更好、更健康的新工种，使我们从“码农”化为“智工”。在平行企业、平行员工和平行机器之中，核心是知识自动，进而落实 AI 的另一形式——“智能的自动化”（图 8.5）。

虚实平行互动的智能产业的一个重要特征是其更加安全可靠，可在变换世界后进行“吃一堑，长一智”：在人工世界“吃堑”，在真实世界“长智”。这一方法的一个重要应用就是在极大程度上消除“黑天鹅”，使“长尾效应”常态化与正常化，即“δ – ε 长尾常态化”理论。这一理念，加上平行测试和平行视觉技术的支持，已在长达 12 年之久的“中国智能车未来挑战赛”中得到了成功实践。

8.5.2 平行智能产业：典型案例

近年来，平行系统理论已被应用于多个典型场景，在矿山、交通、能源和鞋服制造等领域取得了显著的应用成果。

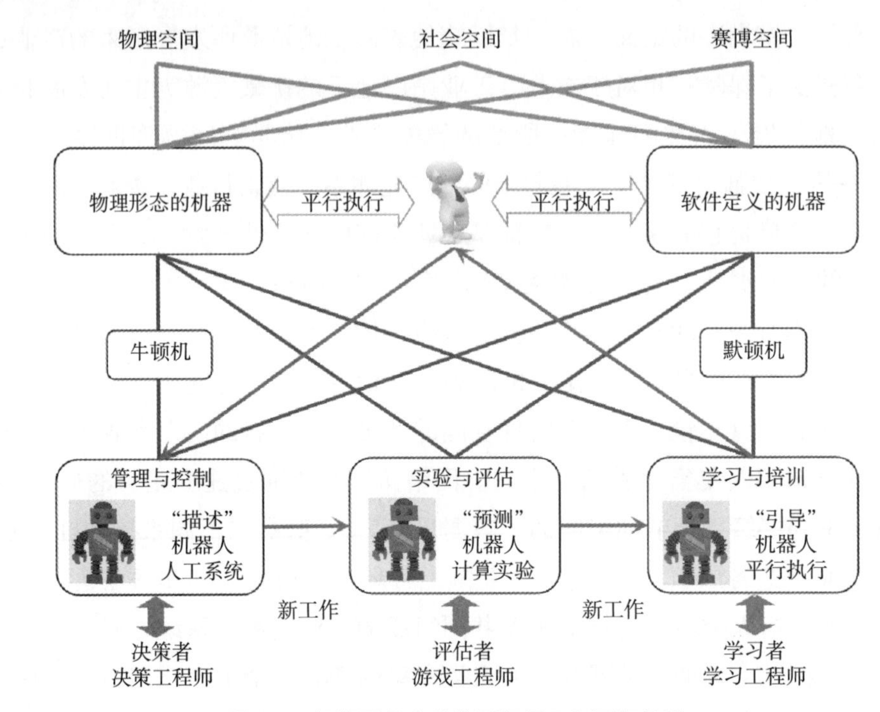

图 8.5　智能平行企业的平行员工和平行机器

8.5.2.1　平行矿山管理与运营系统

针对新时代我国矿区智能化发展诉求与矿山无人化进程中遇到的复现难、协同难的技术问题，该系统融合智慧矿山理念、ACP 平行智能理论和新一代智能技术，设计并实现了智慧矿山操作系统（intelligent mine operation system，IMOS），为平行矿山智能管理与控制一体化提出了解决方案（图 8.6）。

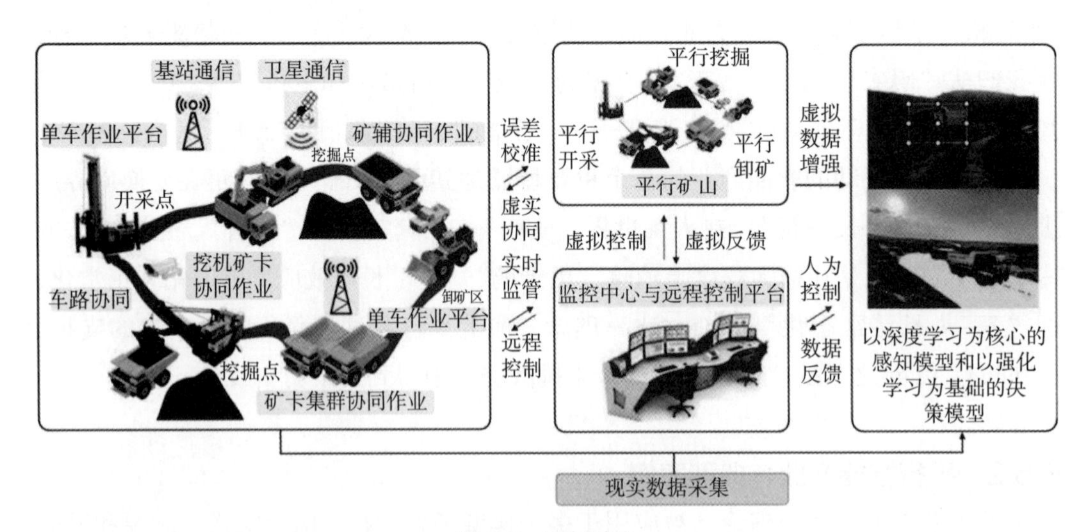

图 8.6　平行矿山

IMOS系统的核心是平行虚拟矿山与现实矿山协同工作，指导经过智能化改装的车辆通过单车作业系统、多车协同系统和车路协同系统在现实场景下完成各类面向场景的任务。平行虚拟矿山系统通过机器学习算法完成智能车辆虚拟作业并指导现实车辆作业，远程监控中心监管矿区状态并提供操控接口。整个系统在各子系统的协同工作下完成资源调度，保证矿区合理高效运行。该操作系统是国内首套露天矿山无人化与智能化的一体化解决方案，并能够迁移到不同矿区不同作业场景，推动矿区智能化无人化发展，减少人工干预，从而降低安全风险、大幅度降低人工成本、提高生产作业效率，并可结合社会发展要素为实现绿色可持续发展矿区提供支撑。目前，青岛慧拓智能机器有限公司研发的平行矿山操作系统已应用于国内近20个露天矿，服务煤矿、冶金、有色、水泥四大行业。

8.5.2.2 平行交通管理与控制系统

王飞跃在《智能交通系统的平行控制和管理：概念、体系结构和应用》中提出了由实际交通系统和人工交通系统共同组成的平行交通系统。平行交通系统将交通仿真从对车辆运动的过程模拟扩展为对整个社会背景下人的行为和活动的模拟，从而使交通的计算机仿真升华为交通的计算实验。在此基础上，通过计算实验探究在正常与异常状态下系统各要素的相互作用关系及演化规律，模拟并“实播”系统的各种状态和发展特性。最后，采用虚实互动与平行执行，对比并分析人工交通系统与实际交通系统的运转行为差异，从而实现二者对未来状况的“借鉴”与“预估”，进而分别调整各自的控制与管理模式。

平行交通系统应用于江苏太仓太浏公路交通信号控制系统改造项目中的道路交通平行控制系统，显著改善了当地的不良交通状况；应用于青岛市城市交通系统，搭建了青岛平行交通管控系统，不仅提升了交通出行质量，还减少了道路新建和扩增工程的投资成本，并在环境和能耗方面取得了良好的社会效果；应用于2010年广州亚（残）运会期间公共交通，研发了广州市亚运会公共交通平行管理系统，实现了对全市600多条线路、8000多辆公交车以及400多辆中小巴士平均每天130000条发班班次的实时优化与管理。

8.5.2.3 产消者驱动的平行制造新范式

针对大规模定制化生产需求，基于平行系统理论提出了一种产消者驱动的平行制造范式，称为社会制造。在社会制造中，产消者顾名思义为产品的消费者同时也是生产参与者，可以参与制造过程。基于网络等信息化技术，通过众包等形式，社会制造让动态网民群体充分参与到产品制造全过程，并借助3D打印等快速成型设备实现制造产品的个性化定制生产。在社会制造新模式中，其核心思想是人人参与产品设计、制造与消费，社会化大生产中的精细化分工将被再次打乱，借助先进的技术辅助，每个人都可以把自己的创意转化为现实。大量加式制造设备形成制造网络，并与互联网、现代物流网络连接，形成复杂的社会制造网络；在社会制造网络下，通过搜索实现社会制造中各个环节信息引导，以区块链技术构建生产过程供需各方信任机制，形成资源公平共享的分布式、虚拟化、网络化、智能化的大规模个性化定制生产范式。

王飞跃在《平行制造与工业 5.0: 从虚拟制造到智能制造》中明确提出了平行制造的新范式，它融合了社会物理信息系统和工业智联网的概念，综合物理系统、信息系统和社会系统的复杂性，以 ACP、计算实验、平行执行方法为理论指导，结合工业智联网技术、软件定义技术和知识自动化技术，构建了平行演化、闭环反馈、协同优化的智能制造体系。

《平行制造及其在纺织鞋服产业中的应用》描述了平行制造如何综合应用工业机器人、物联网、云计算和计算机视觉技术，打造与车间高度自动化的生产设备同步进行决策管控的云端虚拟工厂；同时与终端无人化的制衣和制鞋工厂相结合，实现虚实互动、终端制造、云端管控功能。文中以宁波慈星股份有限公司的“云制造”平台为例，阐释了平行制造如何使针织鞋服产品的大规模柔性“按需”生产成为可能。

8.6 本章小结

在哲学的发展历程中，莱布尼茨在针对“单子”的思考中提出“凡存在必唯一”。作为对这一观点的回应，奎因认为“存在是变元的值”。罗素感叹于“单子”的多样性，提出“凡存在必多样”。乔治布·勒斯专门写文章进行回应“存在是某些变元的某些值”。然而，怀德海的想法又不一样，他认为“凡进行的，必在过程”。王飞跃提出“过程的本质是虚实间永恒的平行纠缠”，因此，“凡进行的，必在平行”。由此出发，从海德格尔的“凡世存在”开始，过渡到“在其之间”到“与之平行”，达成“在、信、思”的“3b”哲学和与之相对应的循环因果。也就是形成立足于人工世界的“我在故我信”、立足于物理世界的“我信故我思”、立足于心理世界的“我思故我在”三者之间的循环。

20 世纪五六十年代，学界受循环因果论的影响，产生了维纳的控制论和基于人工神经元网络的计算智能原型，并在多年后发展成为当下的深度学习和 AlphaGo 技术。今天，期待通过这一认识在交织的三个平行世界的进一步发展，推动智能科学与技术的有序、有效进步。令人高兴的是，在人工智能正式启动之前，数学家为人们准备了循环因果智能变革的数学工具，把哲学的理念变成数学概念，形成范畴的数学理论，把哲学“单子”变成数学“智子”，并成为面向对象的程序语言的设计基础。而且，这一切也源自推动智能研究的数学家戴维·希尔伯特。在相当程度上，代数几何开启了描述知识的时代，微积分开启了预测知识的时代，而范畴表示则开启了引导知识的时代，三者合起来形成了构建智能时代的完整数学体系。

“新 IT”智能技术所代表的智能科技将构建人工世界、开创新的纪元。平行哲学将融合三个世界的自然生态、社会生态和知识生态，引领人们的常规思维对象从系统和平台走向生态与体系、走进虚实互动的平行生态和联邦生态。人类社会也将走向“6S”新境地。

第九章 平行传感与平行视觉

9.1 平行传感基础

"除了上帝，其他任何人都必须用数据说话"，现代管理科学的重要奠基人爱德华兹·戴明如是说。数据是工程系统和社会管理系统运行的基础，而传感器是产生数据、构建信息闭环的主要方式之一。在工程系统中，传感器是一种能将被测量对象（物理信号、生物信号、化学信号等）转换为电信号、光信号等能够进行分析的数据的元器件，在工业、医学、交通等诸多领域得到了广泛应用。随着因特网和赛博空间的发展与应用，社会媒体、现代社会迅速跨入了以社会事务的数据为主体的"大数据"时代，社会传感器及其网络的研究也迎来了发展新阶段。

网络化和人工智能的普及与深入推动了智能产业的兴起，工程系统社会化、社会系统工程化成为新趋势。针对工程系统和社会系统的传感网络构建问题，王飞跃基于 ACP 和 CPSS 理论提出了平行传感的框架和方法。平行传感将传感器研究从物理空间拓展至由物理空间、社会空间和赛博空间构成的平行空间，利用人工智能、区块链、通信等技术构建了云－端协同的智能化、安全化的传感器新生态，为实现主动传感，解决复杂系统中的数据获取、分析和预测问题提供了新的解决思路。

9.1.1 平行传感的框架

平行传感的整体框架如图 9.1 所示，按照被感对象所在空间，平行传感包括物理传感器、数字传感器和社会传感器，分别对应物理空间、赛博空间和社会空间；按照传感器的形态，平行传感包含边缘传感和云端传感。平行传感系统以云－边协同传感网络为平台支撑，以边缘物理传感信息和边缘社会传感信息为基础，以云端传感为中心，融合多节点数据，展开对物理场景和舆情等社会因素的描述，通过物理和社会场景重建，在赛博空间形成人工试验平台，借助计算实验实现对多重世界的模拟与演化，实现预测传感，并根据系统目标和管理期望产生控制和管理建议，最终反馈至边缘数字传感，引导物理系统和社会系统接近预期目标。

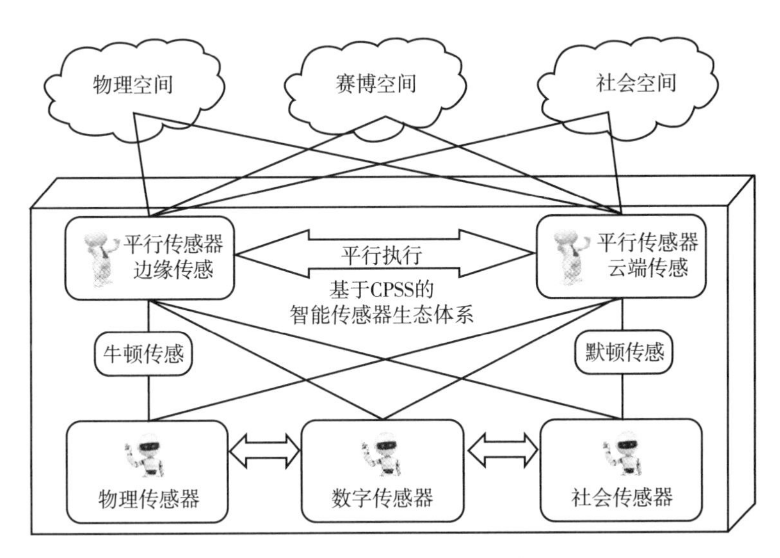

图 9.1　平行传感整体框架

物理传感器主要完成对物理世界中被测对象的物理、化学、生物等特征的测量，并将其转换为电信号等可以进行计算和分析的数据形式。物理世界的运行所依赖的各类物理、力学、化学、生物等传统意义上的科学定律和公式（当然，包括经典的牛顿定律在内），在简单物理系统中一般可以通过解析的方式来进行精确描述，泛称为“牛顿定律”，其对应的系统称为“牛顿系统”，在此基础上构建的传感器，称为“牛顿传感”。一般情况下，牛顿传感过程的进行不会直接改变系统的状态，这为通过状态监测和反馈从而实现对系统的有效控制提供了可能。

物理传感器为分析和处理物理系统中的工程性问题、实现有效控制提供了状态反馈；社会传感器则通过对社会信号的采集，为应对复杂的社会问题和实现社会系统的高效管理提供了数据支撑。社会系统的主要特征在于引入了人的活动，系统具有更高的复杂性和不确定性。社会系统是一种“默顿系统”，人的信念和行为会直接或间接地对系统状态产生影响。我们将社会信号采集视为“默顿传感”机制，人们无法像工程系统那样，通过状态测量获得反馈进而设计控制策略使系统达到预期状态，只能借助策略和政策引导参与者和系统状态趋近管理目标。社会传感主要完成对社会舆情的采集，其实现方式有多种途径，不仅可以借助博客、论坛、微博、社交网络等互联网手段，也可以通过物理传感系统在网络空间构建相应的网络社会传感系统，如摄像机、GPS 数据、公交卡、地铁交通记录等组成的社会感知系统。

从根本上来讲，物理传感和社会传感是对既有事实的记录和转换；随着系统复杂程度的提高，仅掌握已有状态已经难以实现对系统的有效控制与管理。伴随着人工智能、物联网、大数据时代的到来，数据、算法、算力等领域迎来巨大的发展与突破，这为一种全新的传感形式——数字传感提供了基础和支撑。数字传感器在赛博空间构建多套虚拟传感系统，突破真实传感器的时空限制，基于过往状态和数据对系统未来的运行状况进行预测，进而提前准备和应对，以影响甚至改变未来。

9.1.2 平行传感数字“四胞胎”

从功能角度来讲，数字传感包括描述传感、预测传感和引导传感，实现了包含数据生成、状态预测和决策引导在内的信息闭环，数字传感与真实传感一起构成平行传感数字“四胞胎”。

描述传感主要实现虚拟场景和虚拟传感机制的构建，形成可用于计算和推演的虚拟试验场。真实世界中采集到的数据信息可作为构建虚拟场景的参考和依据，通过三维重建、计算机图形学、社会动力学等技术以及各种仿真工具，构建与真实场景吻合的虚拟场景，实现“由实入虚”。在此基础上，依据真实传感器的工作原理，模拟传感器的运行机制，构建虚拟传感器，以此实现在虚拟场景中的数据采集任务。描述传感以数据为驱动建立基本场景模拟和数据模拟要素，通过迭代逐渐形成对真实系统或场景以及传感器件的表示能力，可提高对复杂系统的应对能力和系统的调试效率。

预测传感基于虚拟试验场实现不同参数条件下的状态演化与数据拓展，实现对系统未来运行状态的模拟，生成多条平行的状态轨迹，产出大量数据。现实世界中发生的事件可视为对所有可能状态的采样，虽然未发生前有多种可能性，但由于现实世界不能重复，我们无法获取系统的全部可能状态，而只能想象“另一条路上的风景”。预测传感基于描述传感形成的人工试验场，在虚拟空间中尝试不同参数和设定下的系统演化，以可控、可观、可重复的方式实现对系统状态的探索，同时对系统未来的发展进行推演，由此生成大量的数据，完成对现实数据信息的拓展，增加数据量并丰富数据多样性，提高管理和控制的主动性。

引导传感根据预期目标，通过预测传感的大量模拟计算确定理想状态轨迹，并借助交互技术引导现实世界中的管理与控制方案，使其趋近于人工世界的理想状态。描述传感实现了从真实世界到人工世界的转换，引导传感则实现了人工世界对真实世界的影响和作用，从而形成真实世界与人工世界之间虚实交互的闭环。包括增强现实在内的交互技术可作为引导传感的实现途径，一方面是引导工程系统产生控制策略，使被控对象收敛到预期目标；另一方面是辅助社会系统制定管理策略，高效地达到管理目标。

9.1.3 平行传感云 – 边协同传感

复杂系统内部状态多样且相互之间多存在一定关联，在对复杂系统的建模中，汇集各个状态的局部信息，建立对系统的全局描述十分必要。云 – 边协同的平行传感网络将边缘传感器作为信息收发节点，将云端传感作为信息汇聚和处理中心，实现对系统状态的有效采集和分析。云 – 边协同传感网络可实现对物理空间、社会空间和数字空间的信息采集与聚合，从而为实现复杂系统的管理与控制提供全面的信息支撑。

云 – 边协同的传感网络实现了“当地简单，远程复杂”的传感模式，其中云端传感集信息融合、处理、分析等能力于一体，并具备场景推演、状态预测等多种功能，远端计算任务繁重。但由于其集中式的布局，使得为云端传感配备大型计算和存储单元成为可能，从而尽量减少边缘传感的计算需求，使其专注于信息采集与信息交互。

9.2 人工认证与联邦传感

随着大数据和人工智能的快速发展，现代社会对数据隐私保护和信息安全提出了新的要求。目前，机器学习尤其是深度学习在计算机视觉、自然语言处理及推荐系统等领域取得的成功均建立在大量数据的基础之上。然而，在许多应用领域，数据通常以分布式的形式存在，受限于法律、法规和版权要求，数据难以进行有效流通，人们不得不面对难以桥接的“数据孤岛”问题。

与此同时，在万物互联的背景下，传统云计算在实时性、传输带宽、能耗和数据安全方面存在技术瓶颈，这催生了面向边缘设备所产生的海量数据计算的边缘计算模型。思科在《2020 年全球网络趋势报告》中指出：到 2021 年，边缘托管容器数量将达到 7 亿，2022 年物联网设备数量将达到 146 亿。在技术性能迅猛增长的推动下，当今世界变得日益互联、数字化、广分布并且多样化，几乎每个事物都具备数据处理的能力，这为信息的分布式处理提供了基础保证，同时也对数据处理和利用模式提出了挑战。基于单点数据的数据分析难以充分利用大数据的优势，往往会导致模型缺乏泛化能力，因此需要联合各节点数据和算力资源实现数据的充分有效利用。

对分散场景的研究已经取得了诸多技术突破，如分布式存储、边缘计算、区块链技术和联邦学习技术。其中，分布式存储为大数据日益增长的存储需求提供了一种解决方案，通过网络互联的方式将大量的普通服务器联合作为一个整体，对外提供存储服务。与此同时，网络边缘设备产生的数据量的快速增加又对数据传输带宽和数据处理的实时性提出了更高的要求，推动了基于分布式存储的边缘计算的迅速发展，为群体数据的联合处理提供了技术基础。区块链技术具有去中心化、难以篡改和可编程等特点，在数字加密货币、金融和社会系统中有广泛的应用前景。在模型训练方面，分布式机器学习充分利用了节点算力等资源，为大规模数据的训练提供了可能。联邦学习在避免用户隐私泄露的情况下，探索了模型参数更新和训练策略。这些技术在数据存储、计算、传输、学习等多方面取得了突破，但其往往专注于分布式场景的一个环节，缺乏对系统的整体思考和协调，尚未打通从数据生产到数据使用、再到服务与智能的环节。在针对智能化生态系统研究的思想基础上，王飞跃提出了从数据到智能的联邦生态理念。联邦生态是在分布式的联邦节点间以基于区块链的联邦安全、联邦共识、联邦激励、联邦合约为支撑技术，以联邦数据、联邦控制、联邦管理、联邦服务为核心的面向隐私保护和数据安全、资源协同管理的统一整体。联邦生态以数据交换时的隐私可控为前提，通过联邦控制实现数据联邦化，通过联邦管理实现服务联邦化，借助人工智能和大数据技术实现群体智能，驱动整个生态的创新和进步。

联邦生态可以有效解决人工智能时代由于数据隐私保护和信息安全需求而导致的严重的“数据孤岛”问题。其中，人工认证是联邦的准入机制，是联邦生态在发展其规模的同时保持稳定性和安全性的前提。联邦传感是联邦生态的数据基础，其通过分布式的数据采集和传输方式为联邦生态系统提供数据原材料。

9.2.1 人工认证基本框架

人工认证框架面向链下联盟提供完整的隐私服务，使其从线下转移至线上联邦，从而构建链上的联邦生态并进一步形成联邦智能。为此，我们首先假设已经形成了链下联盟，并且联盟内部已经协商并共享了一些必要的交互信息。在此背景下，人工认证的基本框架和流程如图 9.2 所示。

该框架运行在底层区块链网络上，主要由两个模块组成，分别是隐私点对点认证模块和隐私联邦学习模块。点对点认证模块帮助有隐私保护要求的联邦成员将其链下联盟转换为链上联盟形式，隐私联邦学习模块帮助他们实现后续的协作性联邦学习。这两个模块的主要功能分别由两个智能合约来实现，即认证智能合约（identification smart contract，ISC）和协同训练智能合约（collaborative training smart contract，CTSC），在所有行动开始之前，所有联邦成员将联合编制、审查和部署这些协议。通过扩展可编程的 ISC 和 CTSC，该框架有望支持更多定制化的识别工作

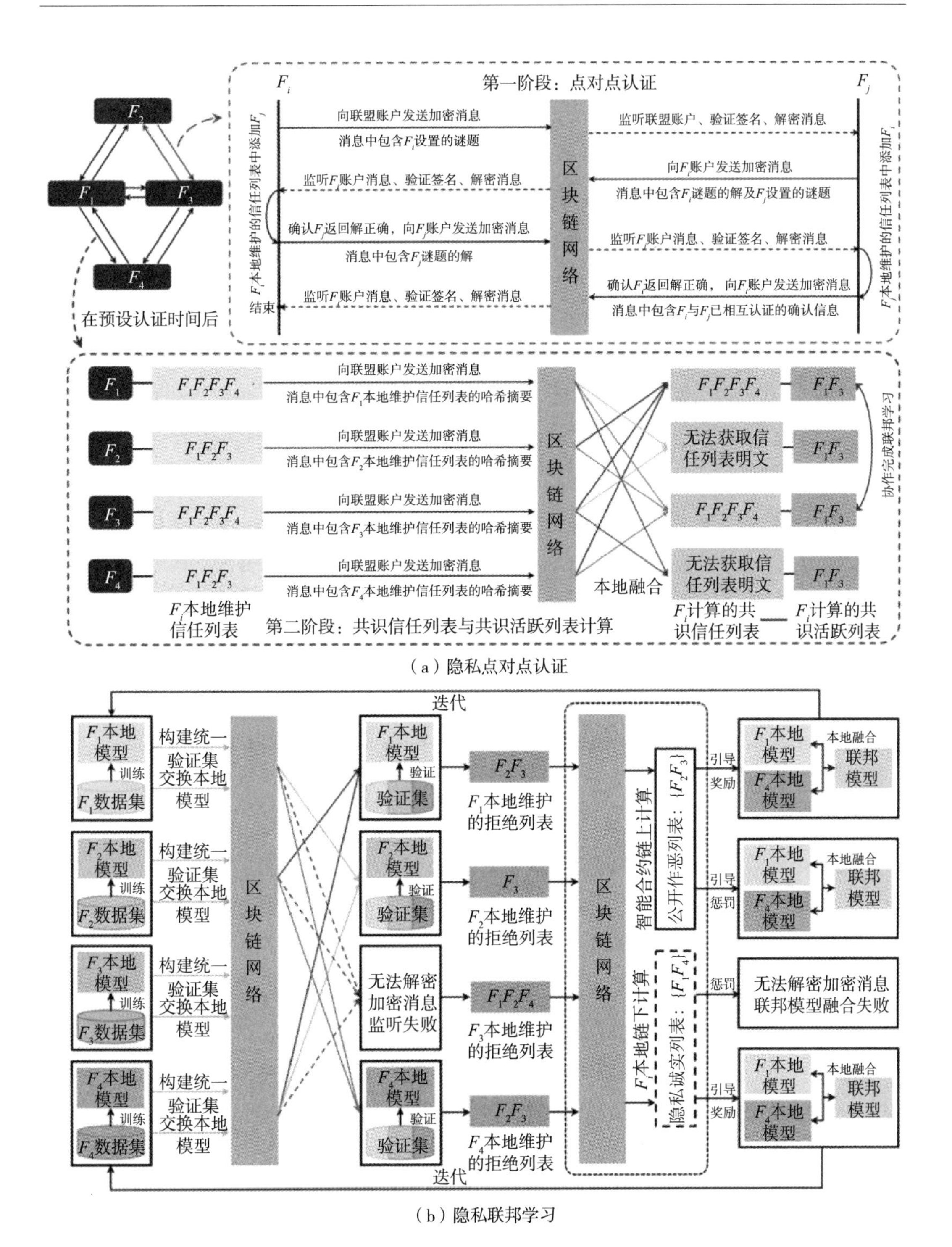

（a）隐私点对点认证

（b）隐私联邦学习

图 9.2　人工认证基本框架

流程和协作学习模式。为了更好地解释，我们将一些重要的概念定义如下。

区块链账户：用 acc 表示，与一对公钥和私钥 $\{pk_{acc}, sk_{acc}\}$ 相关联。区块链账号代表一个参与者，其值是一个从 $\{pk_{acc}\}$ 派生的区块链地址。

联邦成员：由 F 表示，一个已经在区块链网络中注册并分配了 $\{pk_{F_i}, sk_{F_i}\}$。预共享交互信息包括联邦账户 acc_{FE} 及其对应的 $\{pk_{FE}, sk_{FE}\}$；ISC 的部署地址和 CTSC，即 add_{ISC} 和 add_{CTSC}；以及链下联盟数量 N。为了保护匿名性和隐私性，成员在区块链上不会直接共享自己的区块链账户，而必须在区块链上调用 ISC 来识别对方。

联邦账户：由 acc_{FE} 表示，由一个联邦协商的区块链账户，其 $\{pk_{FE}, sk_{FE}\}$ 在所有联盟成员是共享的。F_s 在联邦内部广播消息，向联邦账户发送消息，并监听联邦账户发送的消息。

另外，为了减轻区块链网络的存储负担、保证通信安全，数据集、模型等私有文件使用所有者自定义的对称密钥 k_{owner} 并存储在 IPFS 上。由获得的 IPFS 哈希摘要和 k_{owner} 组成的访问路径 $Path(file)$ 记录为公式（9.1）。联邦成员通过共享访问路径来交换这些私有文件。此外，我们要求发送方以 $\{Mes, Sig\{Mes\}_{sk_{sender}}\}$ 的形式广播和发送带有数字签名的消息，这适用于所有章节，除非另有说明。

$$Path(file)=\{IPFS\{Enc\{File\}_{k_{owner}}\}, k_{owner}\} \tag{9.1}$$

在图 9.1 中，以四个联邦成员之间的交互为例来展示该框架，但它们的联邦成员彼此并不对应。具体的运行机制和合同设计在接下来的章节中将进行说明。

9.2.2 隐私点对点认证

隐私点对点认证目的是将链下联盟转换为链上联盟的形式。在链上联盟开始之前，联邦成员持有初始信息 F_i，即 $\{pk_{FE}, sk_{FE}, pk_{F_i}, sk_{F_i}, add_{ISC}, add_{CTSC}, N\}$。由于预共享的交互信息被视为唯一的身份证明，所有知道完整的参与者 $\{pk_{FE}, sk_{FE}, add_{ISC}, add_{CTSC}, N\}$ 的设计中被标识为联邦成员。对于联邦成员来说，无论选择主动广播谜题还是被动回应谜题，都将进入隐私点对点认证过程，最终与他人建立互信。两个成员只需完成一次隐私点对点认证，广播和响应的顺序不影响身份识别的结果。为了更好的协作安全性和效率，人工识别框架鼓励联邦成员保持活跃，而不是中途加入或退出。因此，如果链下联盟发生变化，则需要立即重启隐私点对点认证。但在某些应用场景中，成员的动态变化可能是一个潜在的需求，因此需要考虑有效的再识别机制和关键的再分配机制。

9.2.3 隐私联邦学习

隐私联邦学习旨在帮助加入的联邦成员通过公平的奖励和惩罚来实现私有的

联邦学习。一般情况下，链上联盟的安全性是根据智能合约中的成员列表预先设置函数调用权限来保证的。但是在实际情况下，一些成员列表是无法公开访问和存储的，所以作为一种替代方案，我们必须为 CTSC 的每个阶段设置严格的合作时间，以管理协作过程、避免单点故障。这将带来一些需要考虑和解决的恶意行为。为了避免披露预先共享的信息，考虑到这唯一的身份证明不会被主动披露是一个强假设，隐私联邦学习采用了两种策略来降低身份泄露的概率，一是要求成员检查协作规模，二是连续两轮惩罚不活跃的成员。因此，恶意参与者很难渗透，必须作出贡献。未来可以结合更多的激励机制和行为跟踪机制来减少作恶的动机。

总的来说，人工认证框架整体运行在一条区块链上，由隐私点对点认证和隐私联邦学习两个模块组成，两个模块的主要功能分别由认证智能合约和协同训练智能合约实现。首先，在链下组成联盟并在联盟内协商和共享预设联盟信息；其次，借助隐私点对点认证模块在链上进行相互识别和认证，实现链下联盟到链上联盟的转换；最后，借助隐私联邦学习模块在链上联盟内协同训练联邦模型，并在协作结束后实施公平的奖惩。可以证明，人工认证框架以可接受的协作成本成功提高了联邦学习的隐私性、安全性和去中心化程度，并具有高度的可扩展性。

9.2.4　联邦传感基本框架

线上联盟一旦建立，系统便可以通过联邦机制启动数据的采集与分析服务。其中，联邦传感是安全获取数据与利用数据的重要手段，可以看作是平行传感的一种分布式范式。联邦传感为数据采集与使用过程中的安全和隐私问题提供了有效的解决方案，有望实现从大数据到数据智能的转换。联邦传感的流程如图 9.3 所示。其中，联邦传感系统一般涉及多个节点。每个节点（称为客户端节点）都可以进行独立的数据采集与分析，并参与全局模型的开发，其中一个或多个节点可以作为模型融合节点（称为服务器节点），完成对全局信息的聚合、处理以及下发。在数据采集过程中，真实场景和虚拟场景都可以作为数据的来源，并通过边缘传感器完成特定类型的数据采集。

在数据利用过程中，客户端节点会利用本地数据对模型进行训练，可以采用模型整合方法等多种技术提高模型的准确性，即逐层训练模型，使其权重与其他节点对齐。每个客户端节点将其模型的参数发送给服务器节点进行模型融合。在进行模型融合前，首先要对每个节点训练的本地模型进行评估，在每一轮的训练中，模型选择器将决定模型的可接受参数。如果在这一轮训练中获得的参数能够提高模型精度，则将其纳入模型融合；否则，将会被模型选择器拒绝。由于联邦传感以分布式的方式工作，选择不同的节点将其参数贡献给模型在模型融合中是非常重要的。

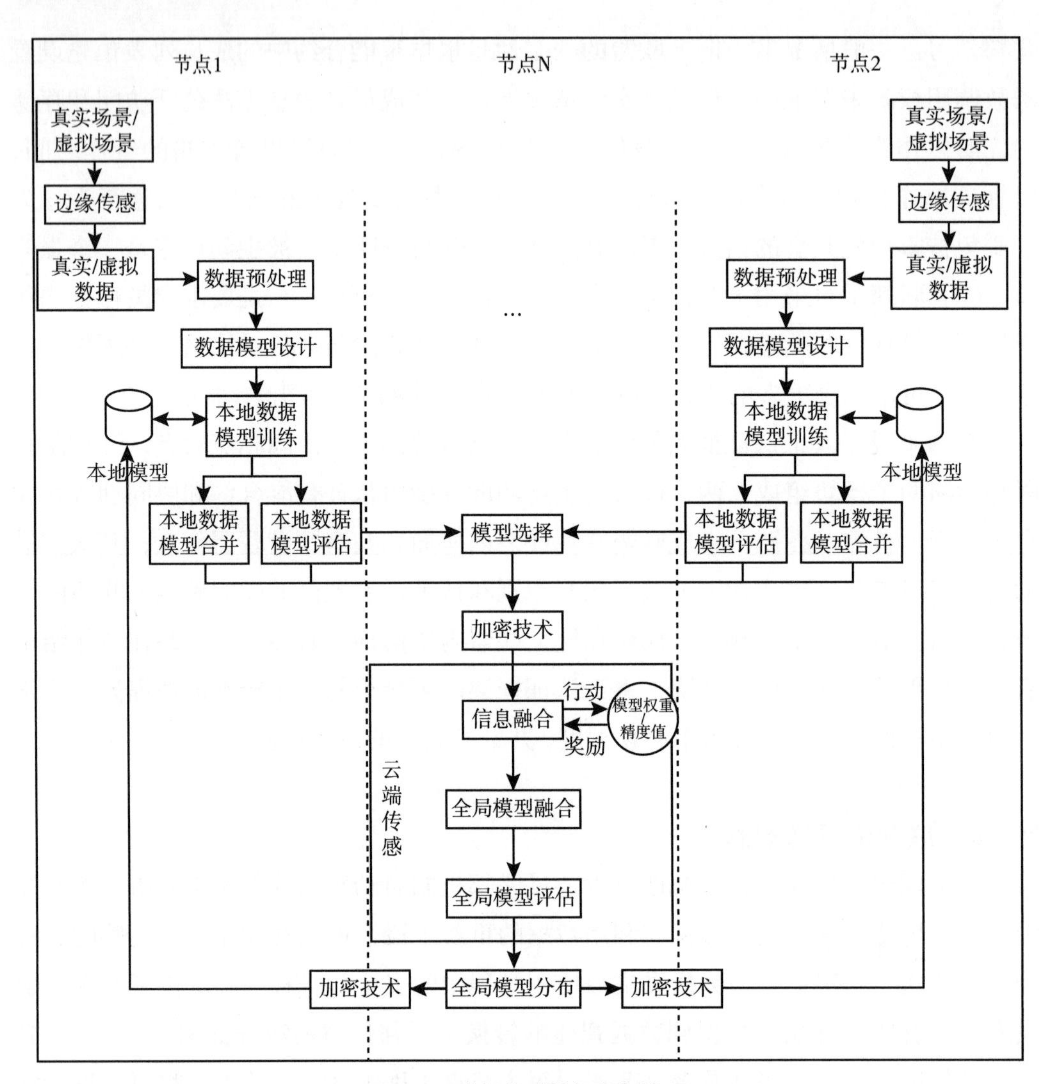

图 9.3　联邦传感的框架与流程

在联邦传感实验中，强化学习和平行强化学习已被证明是有效的。将模型在不同节点上的输入作为强化学习的环境，相应的输出是这些本地模型的优化参数，然后将这些参数融合到全局模型融合中，对全局模型的精度进行评估，如果精度得到提高，则将全局模型分配到所有涉及的节点。类似地，联邦传感工作过程形成了一个自学习的闭环。

这些模型在客户端和服务器节点之间的所有传输过程都可以进行加密。这些节点也可以挂载到区块链上，进一步提高数据安全性和用户隐私性。除了联邦学习的安全性和私密性，联邦传感还可以帮助构建可信和可靠的人工智能。

如上所述，联邦传感是联邦生态运行的物质基础，是一个由一系列联邦节点构成并通过节点数据进行信息交流和协作的分布式网络。从功能角度来看，联邦传感可被分为数据采集、数据存储、数据计算以及数据通信等层次。其中，数据采集层是由多传感器网络构成的数据生产单元，每个节点独立地进行多模态数据的收集和标定；数据存储层不仅保存本地数据，还要对接收到的模型和指令等外部数据进行存储，以进行后续计算；数据计算层根据接收到的模型和相应指令，完成对本地数据的推断和分析；数据通信层负责将节点产生的结果上传，同时接收最新的模型或指令。

9.3 平行视觉基础

计算机视觉旨在通过对人类视觉系统进行建模，让机器具备感知视觉信息的能力。早在 20 世纪 70 年代，麻省理工学院教授马尔等提出视觉计算理论框架，该理论对计算机视觉的研究产生了巨大影响。马尔认为视觉是一个多级的、自下而上的分析过程，核心问题是从图像结构推导出外部世界结构，最后达到对外部现实世界的认识。经过多年发展，计算机视觉呈现出不同领域的新发展趋势，特别在自动驾驶、智能安防、机器人、智慧医疗、无人机和增强现实等方向都呈现了各种形态的视觉计算应用。

现阶段的计算机视觉主要以深度学习方法为主，即通过大规模多样性数据集训练视觉模型，挖掘数据中蕴含的潜在规律。基于深度学习的视觉模型依赖于海量多样化的标注数据集，有限的数据集很难覆盖实际的复杂环境变化。因此，一个关键性问题出现了：标记数据的大量级和多样化将决定视觉模型在实际复杂环境的可靠性。但是，由于数据匮乏以及采集标注的成本开销问题，许多视觉模型仅在简单约束条件下有效，难以在复杂变化条件下得到充分的训练和评估。以无人驾驶为例，以特斯拉为代表的科技公司将具备自主泊车、自主变道、主动避障等功能的车辆进行量产，并完成在城市街道上的自动驾驶系统测试。该系统以 30 亿英里驾驶数据为基础完成算法的搭建，然而，当面对恶劣天气、复杂车流、障碍物干扰时，依赖于视觉传感器的自动驾驶系统仍然无法实现精准的感知和决策。2019 年 3 月，在美国佛罗里达州，特斯拉 Model 3 以 110 千米 / 小时的车速径直撞向一辆正在缓慢横穿马路的白色拖挂卡车，驾驶员不幸罹难。这与人类在复杂场景，比如突发事件、紧急状况下的感知能力存在巨大鸿沟。怎么解决视觉模型在实验室环境下性能优异，但在恶劣天气、障碍物干扰等长尾问题下的扩展能力差的问题，保证传统视觉模型在复杂开放的实际环境下仍然有效应用？如何解决从实际场景中采集和标注大规模多样性数据集费时费力，限制了学习到的视觉模型的泛化性能的问题？如何有效地缩减视觉模型对实际应用场景的适应能力与人类的认知能力之间的差距？

王飞跃于 2004 年提出基于 ACP 方法的社会计算和平行系统理论，该平行系统理论构建了一个虚拟的人工社会，以平行管理的方式连接起虚拟和现实世界。在对已有事实认识的基础上，利用先进计算手段，借助人工系统对复杂系统的行为进行“实验”，进而对其行为进行分析，虚实交互，得出比“现实”更优的运行系统。ACP 方法的核心理念是将人工的虚拟空间变成解决问题的另一半空间，同自然的物理空间一起构成求解复杂系统的完整复杂空间，并逐渐发展为平行智能体系，包含平行车联网、平行交通、平行学习、平行感知等，在智能交通、智能医疗、视觉感知、智慧教育等领域已经取得了良好效果。

针对当前计算机视觉方法在恶劣天气、小目标、遮挡目标感知识别等长尾问题下扩展能力差且数据量级和多样性匮乏限制了视觉模型泛化性能的问题，提出了一种智能视觉理论的新范式——平行视觉方法。平行视觉是将平行系统的 ACP 思想扩展并引入到计算机视觉领域而建立的一种新型理论框架，能够更好地解决数据获取、模型学习、模型评估等传统计算机视觉方法不能很好解决的问题。平行视觉首先利用人工场景来模拟复杂挑战的实际场景，获取大规模多样性的虚拟数据集，自动生成详细且精确的标注信息；然后将人工“大数据”和实际“小数据”相结合，进行可控可观可重复的计算实验，对视觉模型进行虚实互动的学习与评估，提高模型在复杂场景下的性能；最后将视觉系统在实际场景和人工场景中平行执行，进行在线优化，实现对复杂场景的智能感知与理解。如图 9.4 所示，平行视觉主要由三部分组成，即人工图像系统的构建、基于计算实验的模型学习、基于平行执行的闭环优化。

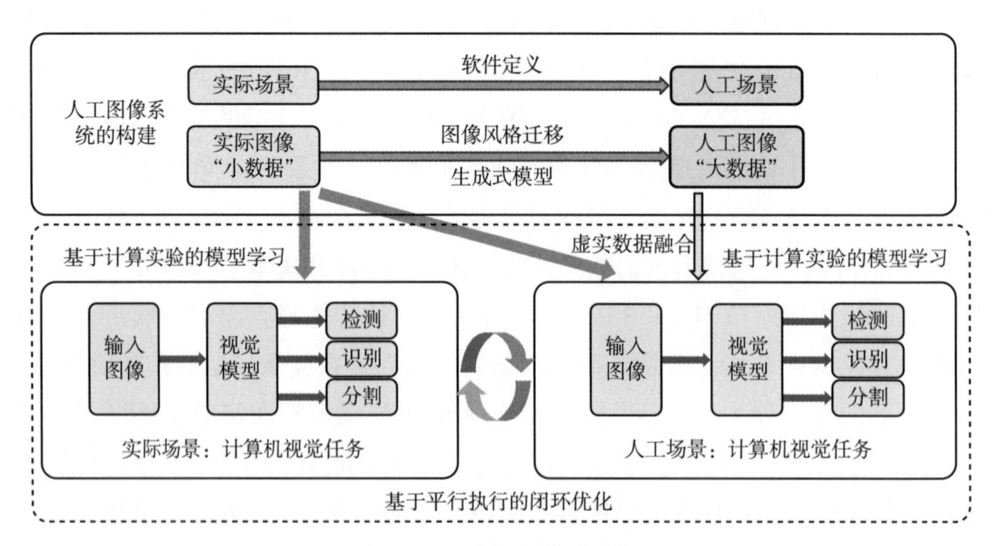

图 9.4　平行视觉组成要素

9.3.1　人工图像系统的构建

为了解决实际数据多样性不足以及采集标注困难等问题，平行视觉的第一组成要素——人工图像系统的构建提供了有效的解决方案。首先根据实际场景构建色彩逼真的人工场景，模拟实际场景的复杂环境条件，自动得到精确的标注信息，生成大规模多样性的虚拟数据集。场景构建可以使用开源仿真模拟器或商业游戏引擎，如 Unity 3DS MAX、OpenGL 和 Google 3D 等，其中主要运用了计算机图形学、虚拟现实、微观仿真等技术。在完成场景构建后，需要为场景设置虚拟摄像机，模拟实际摄像机物理参数来生成人工图像序列，整个阶段将自动生成精确、多标注的视觉数据。标注数据可以应用于目标检测、目标跟踪、语义分割、实例分割、全景分割、深度估计等视觉任务。

具体来说，人工场景由许多要素构成，包括静态物体、动态物体、季节、天气、光源等。在场景构建过程中，静态物体具有与实际场景相似的外观属性；动态物体应具有实际目标的功能属性；季节和天气直接影响渲染效果，要求与实际场景的物理规律一致，比如春季有植物开花、冬季地面有雪，白天光源主要是日光、夜间光源主要是路灯和车灯，最大限度保障人工场景的逼真性。

在人工场景中设置虚拟摄像机，以生成人工场景图像序列。摄像机可以是固定的，例如在路边和十字路口模拟视频监控；也可以是移动的，例如模拟自动驾驶和航拍监控，当下的环境（如光源和天气）都会影响图像质量。人工场景图像具有灵活设置成像条件的潜力，可以改变的成像条件包括（但不限于）摄像头位置（角度和高度）；天气、季节和照明变换等；目标物体状态（速度、加速度和运动轨迹等）。

基于实际场景获取的图像，在复杂环境下获取多种标注信息是非常费时耗力的，而且依赖人眼观察来标注数据很容易出错，尤其是在低照度、恶劣天气等条件下，图像细节模糊，难以精确标注。而人工场景从 3D 模型出发，自底向上生成，因此无论环境多么恶劣、图像多么模糊，都很容易得到详细且精确的标注信息。

人工图像具有如下优势：①人工图像相比实际图像更容易收集，且标注信息更加全面；②人工图像更容易扩大规模和多样性，通过设定不同的物理模型和参数，可以得到“无限”多样的数据，因此更有利于对视觉算法进行训练和评估；③实际场景通常不可重复，但人工场景可以通过固定参数还原场景，以便从各种角度评价视觉算法；④某些实际场景无法获得图像数据，如其他星球的大规模探测、战场数据探测等，可以通过构建人工场景辅助设计视觉算法。

总之，构建人工图像系统能够为视觉算法设计和评估提供可靠多样化的数据来源，是对实际场景数据的有效补充。

9.3.2 基于计算实验的模型学习

基于计算实验的模型学习是结合人工场景和实际场景的数据集来设计、训练和评估视觉模型。由于资源的有限性以及环境的复杂多变，实际场景数据难以全面获取，已有的视觉模型无法在各种复杂环境条件下进行完整的训练与评估，只能在有限的数据集上设计和训练模型，这样的视觉模型在实际应用中可能发生意想不到的结果。要想增强模型的鲁棒性和泛化性，必须在复杂多变的环境下进行全面充分的实验。与基于实际场景的实验相比，人工场景可以模拟多种复杂变化的环境条件，实验过程可控制、可观察、可重复，可以通过控制单一变量的方式来分析场景的每个组成因素对视觉算法的影响，全面优化与迭代视觉模型。

计算实验分为模型设计、模型优化和模型评估。无论是传统的统计学习方法，还是目前流行的深度学习，从视觉模型设计到模型评估，可以发现数据起着至关重要的作用。利用人工图像系统生成的大规模多样性的数据集，配置不同的场景库参数，结合人工图像“大数据”和实际图像“小数据”，可设计不同场景库中的模型结构，优化模型参数的学习和选择，全面评价视觉模型在复杂环境下的性能。

首先，设计有效的视觉模型。对于常见的视觉感知任务，如检测、识别和分割，基于预测学习的方法设计新的深度学习模型，提高模型的准确性、鲁棒性和泛化性。目前常见的检测和分割模型都是基于 PASCAL VOC、MS COCO 等数据集训练得到的，由于这些标准数据集的类别和数量有限，基于这些数据集训练得到的模型很难直接用于实际场景。人工图像系统可以仿真模拟各种复杂变化的环境条件，比如交通事故图像数据、恶劣天气和低照度条件的图像数据等，生成的大规模多样性的数据集可以作为视觉模型设计与学习的有效补充。

其次，在模型训练优化过程中，可以先在人工场景数据集进行训练，再迁移到实际场景数据集进行微调；也可以把人工场景和实际场景的数据按比例融合，进行模型训练。由于人工和实际场景交互过程中普遍存在数据集偏移问题，即源域（人工场景）的数据和目标域（实际场景）的数据有不同的分布，因此需要进行域适应研究，比如构建源域和目标域之间的共享潜在特征空间，并使不同领域的数据集在此空间上满足分布一致，从而引导模型有效地获取和利用不同领域之间的潜在信息，实现模型从人工场景到实际场景的无偏迁移。

最后，在评估模型时可以利用人工场景数据集或实际场景的已有数据集进行评估，或者直接在人工场景设计不同的环境条件来评估。基于人工场景的辅助评估，可以完全控制各种环境条件（如光照、天气等）、目标外观和运动状态等，因此对视觉算法的评估更加充分。这种评估方式也可以大大减少实际中的不可控因素，增加视觉模型的可解释性和鲁棒性。

9.3.3 基于平行执行的闭环优化

在计算实验的基础上，将训练好的模型在实际场景和人工场景中平行执行，通过实际和人工场景下各种复杂环境的检验，发现视觉模型存在的问题，通过这种虚实互动和反馈，持续迭代优化视觉模型，使模型优化和评估在线化、长期化。基于这种平行执行的闭环优化方法，可以使视觉系统在复杂环境下进行有效的视觉感知与理解。

平行执行的最大特点是把实际系统和人工系统紧密联合，形成一个闭环。人工场景可以模拟各种复杂的环境条件，其中不仅有一般的场景，还可以模拟实际场景中很少发生和很难采集的场景，在这些场景上优化模型可以显著提升模型的鲁棒性和泛化性。在某些场景中，视觉模型一旦预测失误，可能导致严重的后果，以无人驾驶为例，错误的检测可能导致交通事故；在未见过的场景中，视觉模型可能完全无法预测。人工场景可以提前模拟这些长尾场景和未知场景，更安全有效地提升模型性能。同时，人工场景可能存在某些未考虑到的实际状况，无法完全覆盖实际场景的所有分布，针对这些情况，可以基于模型在实际场景应用时遇到的问题以及预测误差，实时反馈给人工场景训练模型，从而持续对模型进行优化改进。

通过实际与人工的虚实互动、在线训练和评估视觉模型，不断优化改进模型。在平行执行时，基于指示学习的思想，优化改进视觉模型在人工模拟的各种可能环境条件下的能力，并通过模型在实际场景中存在的困难指导其在人工场景的训练，整个模型设计、学习与评估的过程是一个闭环优化的过程（图 9.5），一方面提高了当前场景的运行效果，另一方面为应对未来场景做好准备。

至此，我们可以进一步明确平行视觉的基本思想，利用人工系统、计算实验和平行执行等理论和方法建立复杂环境下视觉感知能力的理论和方法体系。

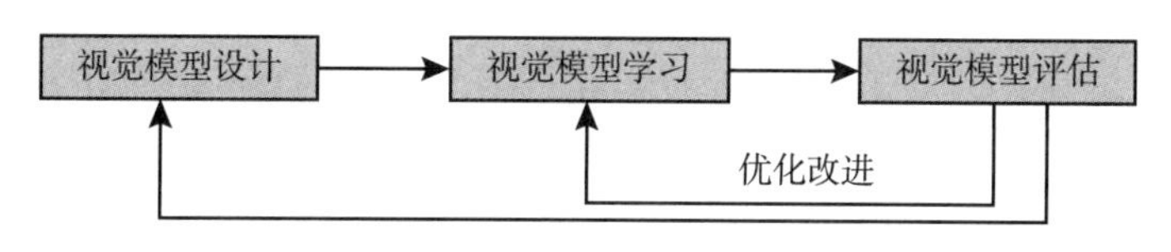

图 9.5 计算实验的闭环优化过程

9.4 计算知识视觉

视觉是人和动物感知外界物体的大小、明暗、颜色、动静，获得对机体生存具有重要意义的各种信息的能力。计算机视觉是让计算机拥有类似于人和动物的视觉感知能力，如看懂图像内容，理解场景。得益于近年来大数据和硬件资源的发展，基于深度学习的计算机视觉得到了很大的提升，但其仍然存在以下问题：①传统的计算机视觉模型在数据获取、模型学习与评估上存在不足，通常只针对某些特定的应用场景或环境条件进行视觉模型的设计和评估，很难保证在复杂开放的实际环境下有效；②从实际场景中采集和标注大规模多样性数据集费时费力，限制了学习到的视觉模型的泛化性能；③通过人眼观察来标注数据容易出错，特别是在低照度、恶劣天气等条件下，图像细节模糊，难以精确标注；④实际场景不可控不可重复，无法将场景中的每个组成因素分离出来而保持其他因素不变，因此无法单独分析场景的每个组成因素对视觉模型的影响。针对这些问题，上一节介绍的“平行视觉”提供了一种有效的解决方案，能够更好地解决数据获取、模型学习、模型评估等传统视觉方法不能很好解决的问题。

但是平行视觉仅仅局限于计算机的感知智能，无法有效解决高层视觉信息的理解问题。通过深度学习方法，计算知识视觉具备了图像识别、目标检测或语音识别等能力，能精确地“看”出有这么个形状、这个目标，能将人说的话识别成文本；通过从大规模多样性数据（经验）中学习、搜索（比对），获取知识（还是处于感知阶段）不需要真正的理解（认知智能）。人类感知视觉包含感性认识和理性认识，感知智能对应着人类的感性认识（识别），认知智能对应着人类的理性认识（理解），感性认识只能看到事物的表象，理性认识才能察觉到事物的本质。感性认识是认识的初级阶段，理性认识是认识的高级阶段。只有理性认识才能透过现象看到本质，更深刻、更全面、更可靠地反映事物的本来面目，引导人们按规律办事，有效改造世界。

计算知识视觉可以克服当前平行视觉理论的缺陷，充分利用包括显性和隐性知识在内的人类知识，从而完成类似人类的推理和理解任务。计算知识视觉不仅考虑了视觉模型和结构化知识的表示，还考虑了结构化知识下的理解和推理，从而使计算机具备类似人类的视觉推理和理解能力。

图 9.6 展示了传统计算机视觉、平行视觉和计算知识视觉结构的区别。

如图 9.6（a），在传统计算机视觉的基本结构中，“shape from X”指图像特征（如边缘点、曲线、直线、纹理、颜色等）的重建模块，将图像输入到计算机视觉模型，依次通过特征表征模块、“shape from X”模块和识别模块，从而获得关于物体的视觉描述。根据马尔的计算理论，可以得到计算机视觉模型的数据流：图像 X → 2.5 维图（位置与形状）→三维模型表征（关于物体的视觉描述）。

如图 9.6（b），在平行视觉的基本结构中，平行视觉分别在实际场景和人工场景执行计算机视觉任务，其中实际场景的图像会辅助人工场景模型的训练，实际场

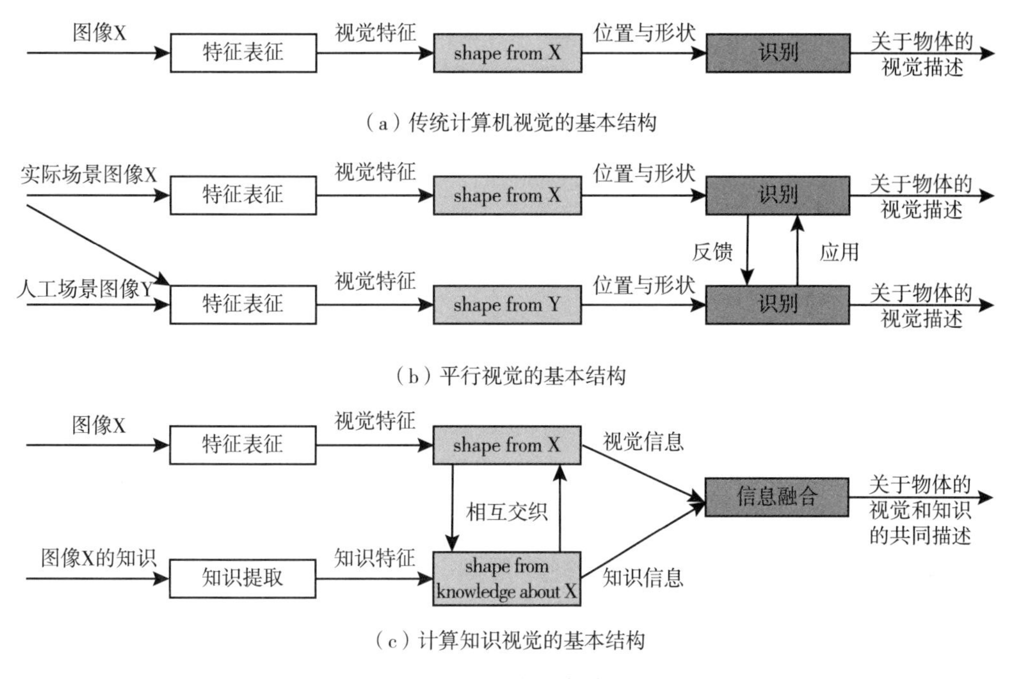

图 9.6　视觉系统的基本结构

景的识别问题反馈到人工场景进行优化改进，人工场景的训练学习模型可以应用到实际场景。平行视觉中的两个平行分支计算流与计算机视觉模型类似：图像 X 或图像 Y → 2.5 维图（位置与形状）→三维模型表征（关于物体的视觉描述）。

如图 9.6（c），在计算知识视觉的基本结构中，“shape from knowledge about X”指图像的场景和事物理解的重建模块，这种理解的知识是常见的，如事实知识（描述性知识）、定律知识（程式化知识）、蕴涵知识（程序性知识）或关系知识（事物间的联系）。计算知识视觉包含两个分支：图像输入视觉表征模块得到视觉特征，再通过“shape from X”模块得到视觉信息；与此同时，有关图像 X 的知识输入到知识表征模块得到知识表征，再通过“shape from knowledge about X”模块得到知识信息。在这个过程中，“shape from X”模块和“shape from knowledge about X”模块是相互交织的。最后，知识信息和视觉信息通过信息融合模块得到关于物体的视觉和知识的共同描述。

根据马尔的计算理论，计算知识视觉的数据流可以分为三个阶段。

阶段一：与计算机视觉模块的数据流一致，图像 X →要素图（视觉特征）→ 2.5 维图（视觉信息）。

阶段二：知识提取模块，图像 X 的知识→知识图（知识表征）→ 2.5 维知识图（知识信息）；在这里，计算知识图是为了把图像 X 的知识表达清楚，诸如概念、命题、命题网络、图式表象和产生式表象。计算 2.5 维图是在观察者的坐标下，观察者通过和其所处环境之间发生相互作用所获得的信息和组织结构。这里获取的知识分为叙述性知识（叙述关于图像 X 所在的场景的状态、环境和条件，图像 X 的视觉问题的构想、定义、事实等）、过程型知识（表述关于图像 X 所在的场景的状态的变化、图像 X 的视觉问题求解过程的操作等）和控制型知识（提供对于图像 X 的视觉问题如何选择相应的操作、运算和行动的信息）。

阶段三：融合视觉信息和知识信息，2.5 维图（视觉信息）+ 2.5 维知识图（知识信息）→模型的视觉和知识表征（关于物体的视觉和知识的共同描述）。合并来自视觉和知识的信息，组成新信息，可以减少冗余性和不确定性。

依照马尔的视觉计算理论，视觉计算的合理性的证据往往来源于心理物理学、神经生理学以及临床精神病学的研究成果。已有的研究表明，知识可以使人类以一种更加善于感知的方式进行视觉判断。在物体视觉层面，物体知识可以影响人类判断的灵敏度和反应时间；在视觉事件理解层面，知识指导了视觉理解的过程。以上研究结果表明，知识在人类感知视觉过程中起了不可替代的作用，从生物学的角度解释了计算知识视觉这类模拟知识与人类感知结合的框架是合理的。

计算知识视觉将结构化知识建立为知识空间的表征，与感知模型结合来解决复杂的视觉问题。深度学习、知识图谱、大数据等新兴技术是计算知识视觉的核心支撑。从本质上讲，计算知识视觉将结构化的人类知识构建为复杂系统的虚拟代理，并在此基础上进行定量的计算实验，以更有效地解决复杂问题。

计算知识视觉包括三个关键步骤：①结构化知识，根据人类经验和知识挖掘，通过构建结构化知识模型获得与特定视觉任务相关的领域知识；②知识视觉模型互联，计算知识视觉通过知识注入机制和条件反馈机制将知识模型和视觉感知模型相互连接；③表征、理解与推理，计算知识视觉将知识模型的表征注入到视觉感知模型中，从而完成对复杂任务的理解和推理。

图 9.7 展示的是计算知识视觉的基本框架。计算知识视觉涉及两种模型，一种是视觉感知模型，另一种是结构化知识模型。视觉感知模型是以“模型驱动”的方

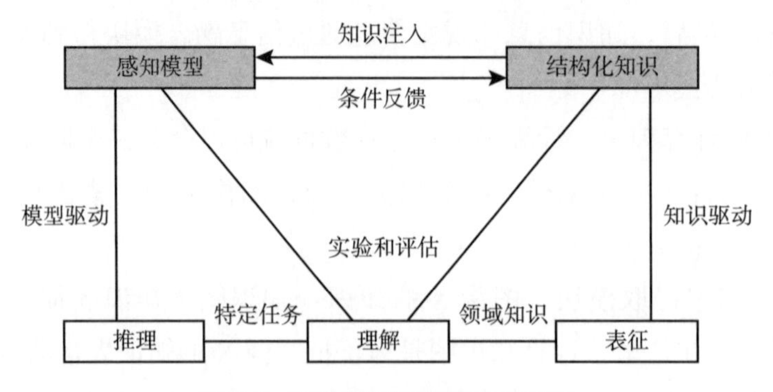

图 9.7　计算知识视觉的基本框架

式训练，知识模型是以“知识驱动”的方式捕捉知识表征。两种模型可以一起训练，通过实验和评估，实现对特定任务和领域知识的理解。最后，视觉模型实现了基于理解的特定任务推理。接下来，对计算知识视觉的关键步骤进行详细介绍。

9.4.1 结构化知识

知识在人工智能领域起着重要作用，与人类知识相比，结构化知识是一种计算机可表示、存储和计算的特殊信息。人类社会可以产生大量的数据，这些数据包含大量无用的内容和噪声，在此之上，进行数据处理得到普遍意义的、抽象的结构正确的知识，如某一领域的概念、概念的属性和联系。

如图 9.8 所示，结构化知识分为显性知识和隐性知识。显性知识又称为永恒化的知识，可以用数学表示，包括人类总结的自然规律或人工规则；隐性知识又称为暂时化的知识，通常隐含在数据中，不可以用数学表示，但可以用语言描述。

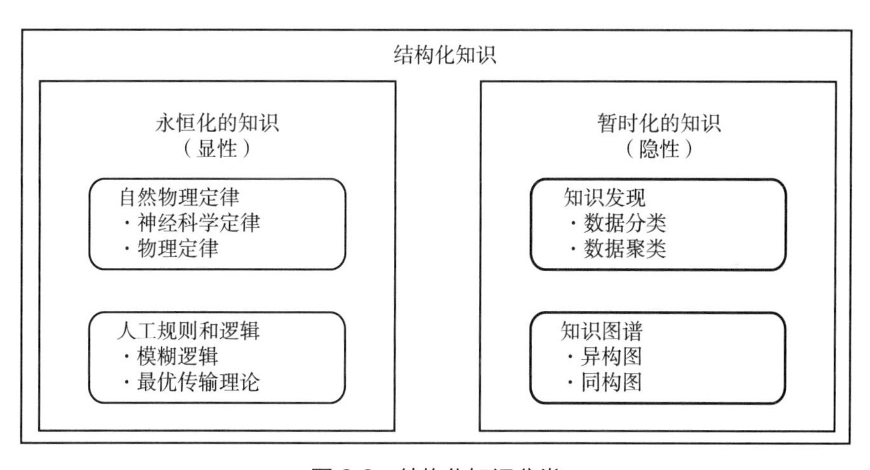

图 9.8 结构化知识分类

永恒化的知识被人类经验总结，一般不随时间变化，如物理定理等。而暂时化的知识是人类从数据中挖掘出的经验和结论，可能随着数据规模的增大而改变，如股票的盈亏、人际关系等。

视觉模型对于显性知识和隐性知识都不能直接获取，传统的单一模态的信息是片面的，只有单一模态的模型不能解决复杂的视觉任务。因此，将视觉模型和结构化知识相结合，对于解决复杂的视觉任务至关重要。

9.4.2 知识视觉模型互联

构建好结构化知识模型后，通过知识注入和条件反馈把结构化知识与视觉模型相连接。如图 9.9 所示，知识注入使得知识能够被视觉模型获取，对于隐性知识，由于视觉模型可以被看作是一种对数据的知识提取方式，所以获得的知识可以反馈给结构化知识模型。通过把结构化知识和视觉知识映射到特征空间，通过知识注入和条件反馈，知识模型和视觉模型得以连接。

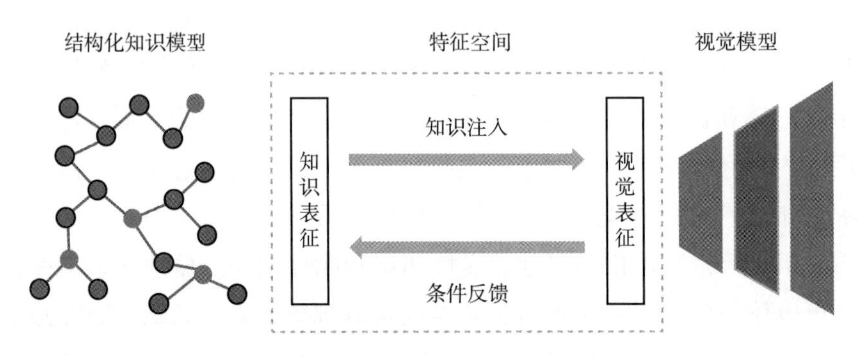

图 9.9　知识视觉模型互联

关于知识注入的方法，可以将结构化知识作为视觉网络的输入，并通过优化分类器来优化视觉网络中表征的目标函数，使同一类标签的知识比不同标签的知识更加相似。将知识表征视为知识特征信息的离散值，或者将知识特征表示为连续的高维向量。

关于条件反馈的方法，可以联合表示视觉和知识表示，通过一些条件和约束使视觉和知识表示统一起来，比如通过对同一任务的知识表征和视觉表征的相似性构建损失函数，或根据视觉标签来统一视觉和知识信息，以学习视觉和知识的一致性表示。

9.4.3　表征、理解与推理

基于计算知识视觉的模型目标是对具体任务进行知识表征，以获得对该领域知识和具体任务的理解，并实现建立在表征和理解上的模型推理。

表征：通过建立结构化知识模型，将人类的知识转化为计算机可以利用的信息。这种结构化知识的表征方法不仅是可解释的框架、方案和语义网络，而且还包括对无意义或噪声数据的处理的特征方法。

理解：通过结构化知识模型和视觉模型的互动，以实现对具体任务及其领域知识的理解（图 9.10）。知识模型的重点是对属性和客观事物的理解，视觉模型的目的是对图像及其特征的理解。随着新的解释信息的加入，低层次的语义将演化为具有更多语义的新内容。语义的演变需要各种视觉信息。通过理解和处理，计算知识视觉使视觉模型具有更符合人类认知的概念和语义表达。

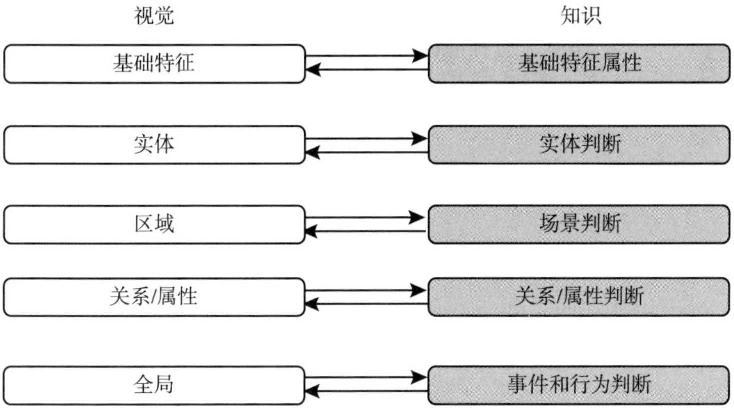

视觉	知识
基础特征	基础特征属性
实体	实体判断
区域	场景判断
关系/属性	关系/属性判断
全局	事件和行为判断

图 9.10 理解框架

推理：视觉的推理方法一般分为两种，包括对视觉中的实体属性和实体关系的推理。关于实体属性的推理主要针对实体属性值会发生变化的情况，以实时发现、推导、更新或创建新的实体属性；关于实体间关系的推理是推断和扩展实体间的潜在关系。

计算知识视觉理论期望知识能够成为视觉模型的性能的重要贡献者，基于计算知识视觉的模型可以将人类拥有的各种资源和随时可用的信息转化为更有价值的知识，以最终有利于视觉模型的工作。

第十章　平行学习与平行控制

10.1　平行学习的基本框架和流程

10.1.1　ACP 方法与平行学习基本框架

ACP 方法是一种针对研究复杂系统的理论方法体系，至今已成为复杂系统领域成体系化的、完整的一种研究框架。

平行学习由李力等人于 2017 年提出，其基于 ACP 方法的思想，作为一种新的机器学习理论框架，针对如何使用软件定义的人工系统从大数据中提取有效数据，如何结合预测学习和集成学习，以及如何利用默顿定律进行指示学习等目前机器学习领域面临的重要问题进行了特别设计。

平行学习的核心体系结构是数据、知识和行为的抽象循环。循环从数据开始，细化为知识并指导行为，从而产生新数据，以更新知识并重新启动 / 停止循环。这一循环首先基于真实系统获取“小数据”，但由于真实系统的运行速度受多种因素限制，可供采集的数据无法满足海量数据的需求。但同时，真实系统又是唯一可靠的数据源和策略优化最终发挥作用的对象。与之对应，由可控的、高速运行的人工系统所产生的数据可称为“大数据”。“小知识”对应着知识系统，即经验模型和策略模型的结合。该系统连接着人工系统和真实系统，将真实系统的数据作为输入、人工系统的参数作为输出。知识系统一方面根据真实系统中行为和状态间映射的记录，将真实系统的模式提炼为一种经验，进而对人工系统进行修正；另一方面使用来自人工系统的数据来更新策略，并诱导真实环境产生更多符合其需要的数据。

图 10.1 展示了平行学习的基本框架及运作流程。其中，从实际系统中的观察状态到人工系统中的模型状态的过程，称为预测学习，系统在此过程中学习过去的先

验知识及经验策略并预测未来。根据所学的策略，将人工系统的动作运用于真实系统，称为引导学习。经验和策略通过在更新过程中施加一些约束来相互交织。通过先验知识和有限观察值初始化，可以将人工系统的状态跳转似然函数和动作价值函数通过合理的模型参数表示，该方法在平行学习框架中被称为描述学习。

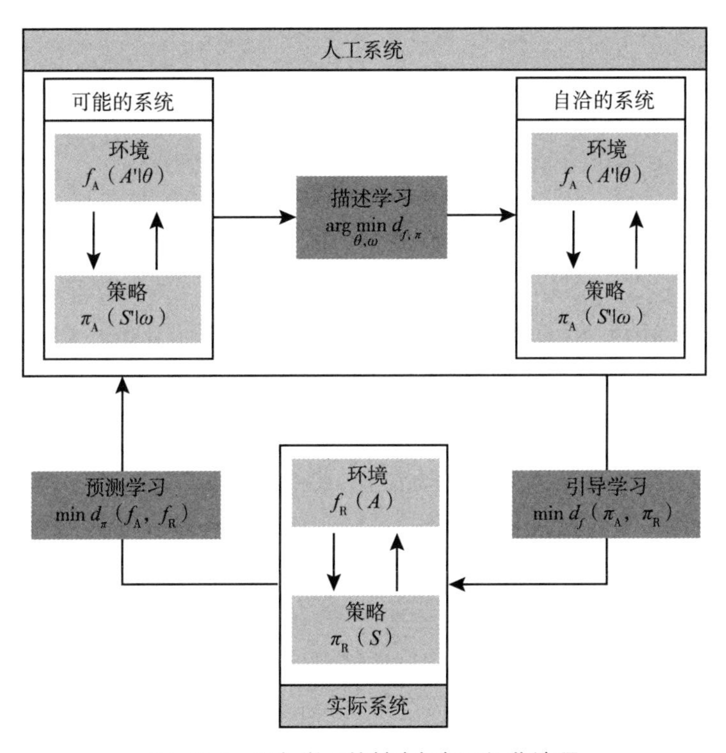

图 10.1　平行学习的基本框架及运作流程

10.1.2　描述学习

描述学习可以从观测中进行归纳和抽象，从而建模得到一个自洽的系统，这在平行学习中具有基础性的作用。在人工系统中，可以通过两类参数来刻画系统本身，一类是决定系统状态转移过程的经验模型f，表示动作如何诱发系统状态，其参数为θ，根据f可以推断系统在不同动作输入下系统跳转到特定状态的过程；另一类参数是以动作价值函数Q为核心的策略模型π，刻画策略基于状态如何指导动作，其参数为ω。假设一个系统的状态空间为$S(s_i \in S,\ i=0, 1, 2, \cdots, n)$，动作空间为$A(a_j \in A,\ j=0, 1, 2, \cdots, n)$，且二者之间的交互关系可以表示为

$$s_i = f(a_i),\quad i=0, 1, \cdots, n$$
$$a_j = \pi(s_j),\quad j=0, 1, \cdots, n$$

其中，经验函数f描述了动作a_i如何诱导系统的观测状态跳转到状态s_i；而策略函数π则表示在状态s_j下，智能体基于当前策略下会选择动作a_j的概率。更进一步，系统在受控运行过程中，一般有两种目标，一种是给定状态下的状态转移，另一种是特定指标下的动作价值最大化。推动系统向特定状态演进，并同时获得环境反馈奖励的交互过程可以被定义为下式

$$
\begin{aligned}
f(a_i) &\triangleq \arg\max_{s_j \in S} L(a_i,\ s_j) \\
\pi(s_i) &\triangleq \arg\max_{a_j \in A} Q(s_i,\ a_j)
\end{aligned}
\tag{10.1}
$$

上式中，$L(a_i,\ s_j)$表示在系统执行动作a_i后，系统观测状态跳转至s_j的真实似然概率，$Q(s_i,\ a_j)$表示在状态s_i执行动作a_j的情况下，系统所能获得的真实长期累积回报，是对当前状态的一种评估。经验函数f取决于在给定状态下通过特定动作从而观测到某些状态的概率，策略π取决于给定状态下执行动作所能获得的奖励回报。

在上述对系统及系统动态过程的定义下，描述学习的过程可以被公式化为(10.2)。其核心目的是构建一个自洽的系统，该系统不违反根据观测而得出的经验结论。

$$
\begin{aligned}
&\arg\min_{\theta,\omega} d_{f,\pi}\left(\left\|s_i' - f_A(\pi_A(s_i'))\right\|, \left\|a_i' - \pi_A(f_A(a_i'))\right\|\right), \quad i = 0,\ 1,\ \cdots,\ m \\
&\text{s.t.}\quad g_f\left(\left|s_j - f_A(a_j)\right|\right) \leqslant 0 \\
&\qquad\ \ g_\pi\left(\left|a_j - \pi_A(s_j)\right|\right) \leqslant 0, \quad j = 0,\ 1,\ \cdots,\ n
\end{aligned}
\tag{10.2}
$$

其中，待优化目标函数$d_{f,\pi}$是一个描述状态和动作相互依赖程度的度量，θ和ω均为描述系统的两类参数。通过优化这两类参数，经验函数f_A和策略函数π_A的一致程度上升。对不等式约束条件而言，g_f是针对系统似然函数产生约束，通过g_f的约束，使其针对动作a_j的响应s_j'与实际系统的状态s_j的差距不能太大。与之类似，不等式约束g_π使得在状态s_j的动作a_j'与实际系统的状态a_j的差距不会存在显著差异。

10.1.3 预测学习

基于已有的先验知识经验，平行学习系统能够从观测中学习策略并模仿这一策略，更多地探索系统的状态 – 动作空间，在人工系统中生成新的“状态 – 动作”数据。这些新生成的数据能够帮助平行学习系统更好地理解实际系统，并利用这些新的经验来更新人工系统和经验策略。预测学习也是一种自标记过程，通过校正人工

系统中从数据到状态的映射关系，促使实际系统和人工系统中的相同动作生成相似的输出，也即预测学习从先验数据中获取知识的过程将受到策略的限制（10.3）。

$$\begin{aligned} &\min d_{\pi}(f_{\mathrm{R}},\ f_{\mathrm{A}}) \\ &\text{s.t.}\quad g_f\left(\left\|s_i' - f_R(\pi_{\mathrm{A}}(s_i'))\right\|\right) \leqslant 0,\quad i=1,\cdots,\ m \end{aligned} \tag{10.3}$$

在预测学习过程中，目标函数 d_{π} 表示在策略 π 的条件下，人工系统经验函数 f_{A} 和实际系统经验函数 f_{R} 之间的差异。通过最小化不同系统间的差异，拓展平行系统的状态空间至现有知识经验尚未覆盖的区域。约束条件表明，预测学习过程会受到在平行系统中所习得策略的约束。由于实际系统的经验函数 f_{R} 通常难以获取，$f_{\mathrm{R}}(\pi_{\mathrm{A}}(s_i'))$ 往往通过采样的方式获取。

预测学习代表从观测到想象的过程，具备从已知信息映射到未知信息的能力，预测学习的目标是最小化生成模型的重构误差。对描述学习而言，其学习目的是保证系统似然函数与策略函数的一致性；但对预测学习而言，其学习目的是在不改变人工系统策略的条件下，生成更加接近真实系统表现的未知信息。生成对抗网络（generative adversarial networks，GAN）的学习目标是最小化真实样本和生成样本之间的差异，这与预测学习的目标一致。判别器等价于将样本 s_i 映射为嵌入表示 a_i，生成器等价于 f 将表征向量 a_i 重新映射为 s_i。 因此，GAN 可以被视为平行学习的一个特例，在训练完成的情况下，判别器无法准确区分数据的来源，代表系统已经是一个趋近自洽的系统；而生成器经过训练后能够生成新的数据，也即根据先验经验具备预测产生新数据的能力。 GAN 在多种不同类型数据的生成领域取得了显著的成功，这表明预测学习思想在自标记任务上的能力。

10.1.4 引导学习

通过预测学习更新生成更多的数据后，平行学习系统能够更好理解系统在特定动作下的状态转移过程，从而发展出最优策略。而引导学习过程关注在平行系统中所学到的策略能否被应用于实际系统中。这意味着在给定状态 $s_i \in S$ 的情况下，人工系统的策略 π_{A} 的响应动作 $a_i \in A$ 需要尽可能地接近实际系统策略 π_{R} 可能给出的动作。优化人工系统中的策略函数，使其接近最优策略同时靠近可能的现实系统策略的过程为引导学习（10.4）。

$$\begin{aligned} &\min d_f\ (\pi_{\mathrm{R}},\ \pi_{\mathrm{A}}) \\ &\text{s.t.}\quad g_{\pi}\left(\left\|a_i' - \pi_R(f_{\mathrm{A}}(a_i'))\right\|\right) \leqslant 0,\quad i=1,\cdots,\ m \end{aligned} \tag{10.4}$$

在引导学习过程中，优化目标 d_f 是在描述生成模型 f 的条件下，策略 π_R 和 π_A 的差异度量指标。一般来说，f 在不同的环境中会发生变化，而 d_f 则与给定情况下不同策略的置信度相关。通过最小化不同系统策略之间的差异，可以将策略知识扩展到平行系统中尚未充分探索的状态 – 动作空间。而不等式约束则意味着引导学习过程中，人工系统中的行动策略会受到实际系统行动策略的约束和引导，从而避免采用实际系统中无法使用的行动或者慎重使用实际系统行动策略使用可能性较低的行动。

公式（10.4）所示的优化目标包含策略学习过程中的多种需求，其核心思想是设置某种引导，从而获得预期的学习目的或者效果。例如在强化学习任务中，实际系统的策略优化目标是价值最大化，则此时引导学习的目标也是最优化策略的获取；在逆强化学习任务中，引导学习的目标是从给定的先验经验中提取奖励函数。此外，引导学习在平行系统中先获取并验证最佳策略产生的奖励值，随后通过尝试模仿实际系统的行为，从而使该策略更具可执行性。引导学习这样的设置，将动作空间的尺度限制在合理的大小，从而提高整体学习过程的效率和稳定性。

10.2 离散时间自学习平行控制

10.2.1 研究背景

随着计算能力的快速发展，出现了大量关于复杂系统控制的研究。复杂系统控制不同于传统控制方法。对于传统控制方法，通常需要建立控制系统的解析模型，之后设计控制律保证系统在整个时域内的性能。然而，对于复杂系统来说，系统模型通常是时变和未知的，难以建立解析模型，为复杂系统优化控制带来了巨大的挑战。

平行系统理论是求解复杂系统控制问题的有效方法。相比于仿真系统，平行系统具有如下特点：①平行系统使用代理模型（如神经网络）来构建虚拟系统以逼近真实系统，而不是使用解析模型；②平行系统与实际系统之间存在联系，可以改进系统模型结构；③平行系统能够推断出系统未来的状态，从而给出未来的状态来建立决策和操作；④平行系统包含智能方法，可以自适应地评估和优化平行系统的性能。

平行控制是基于平行系统的控制策略，其特点是数据驱动和虚实交互，平行控制可进一步表示为 ACP 方法。目前，平行控制已经得到了大量的研究，如智能车辆系统、智能交通系统和计算机视觉系统等。尽管平行控制在许多系统中都得到了应用，但目前对平行控制的理论分析研究较少。因此，接下来给出平行自学习控制方法解决复杂离散时间系统的最优控制问题。

10.2.2 问题描述

考虑如下离散时间时变非线性系统：

$$x_{k+1}=F(x_k,\ u_k,\ k),\ k=0,1,\cdots \tag{10.5}$$

式中，$x_k \in \mathbb{R}^n$ 是系统状态，$u_k \in \mathbb{R}^m$ 是控制输入，系统函数 $F(x_k,\ u_k,\ k)$ 是未知时变非线性函数。对于 $k=0,1,\ldots$，定义性能指标函数为

$$\sum_{\lambda=0}^{\infty} U(x_{k+\lambda},\ u_{k+\lambda},\ k+\lambda)$$

式中，效用函数 $U(x_k,\ u_k,\ k)$ 为正定函数。期望寻找最优控制律 $\mu(x_k,\ k)$，使得性能指标函数最小。对于固定的控制律 $\mu(x_k,\ k)$，从初始状态到映射称为性能指标函数 $J^{\mu}(x_k,\ k)$。最优性能指标函数可以定义为

$$J^*(x_k,\ k)=\inf_{\mu} J^{\mu}(x_k,\ k)$$

式中，$J^*(x_k,\ k)$ 满足如下离散时间贝尔曼方程：

$$J^*(x_k,\ k)=\inf_{u_k}\left\{U(x_k,\ u_k,\ k)+J^*(x_{k+1},\ k+1)\right\}$$

定义最优控制律为

$$u^*(x_k,\ k)=\arg\inf_{u_k}\left\{U(x_k,\ u_k,\ k)+J^*(x_{k+1},\ k+1)\right\}$$

贝尔曼方程可以写为

$$J^*(x_k,\ k)=U(x_k,\ u^*(x_k,\ k),\ k)+J^*(F(x_k,\ u^*(x_k,\ k),\ k),\ k+1)$$

由于贝尔曼方程难以求解，因此最优控制律和最优性能指标函数无法获得。接下来，给出自学习平行控制方法。

10.2.3 自学习平行控制

10.2.3.1 平行控制结构

在平行控制中，平行意味着人工系统与实际系统之间的平行交互，通过将实际

问题扩展到人工空间，实现实际系统控制问题的求解。平行控制结构如图 10.2 所示。

平行控制方法主要包含三步：①建立人工系统，对实际系统进行重构。人工系统通过观测实际系统，用描述学习方法进行构建，人工系统可以帮助学习控制器存储更多的计算结果，并作出更灵活的决策。②构建计算实验，分析复杂系统的行为并评估控制律的性能。③通过人工系统与实际系统之间的平行执行获得合适的控制律。

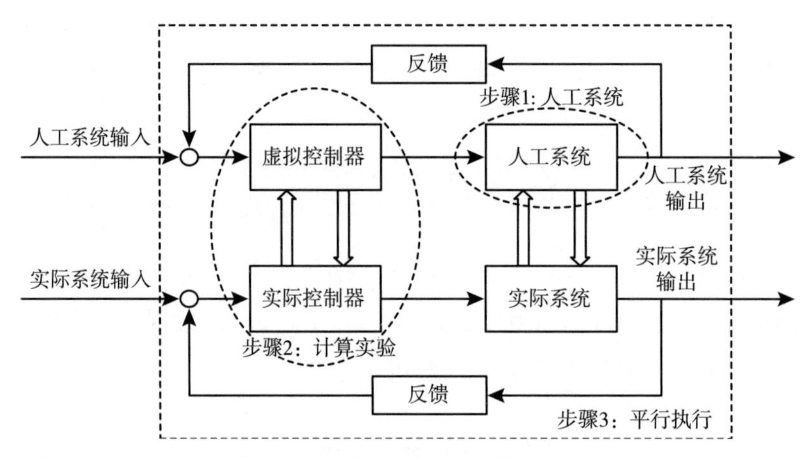

图 10.2　自学习平行控制结构

10.2.3.2　人工系统

由于复杂非线性系统的物理模型难以建立，需要人工系统构建实际系统的动态特性。实际上，有许多可以构建系统动态特性的方法，如模糊系统、支持向量积、回声状态网络等，这些方法都可用来构建人工系统。本节采用神经网络构建人工系统。

令人工系统模型为

$$x_{k+1} = \mathcal{F}(x_k,\ u_k,\ k)$$

式中，$\mathcal{F}$是实际系统的重构函数。期望人工系统可以对实际系统进行近似，意味着存在正数$\epsilon > 0$，使得

$$\| \mathcal{F}(x_k,\ u_k,\ k) - F(x_k,\ u_k,\ k) \| \leqslant \epsilon$$

令神经网络隐层神经元个数为L_m，理想的神经网络权值为W_m^*。可知，系统的神经网络表示为

$$\begin{aligned} x_{k+1} &= F(x_k,\ u_k,\ k) \\ &= \mathrm{W}_m^{*\mathsf{T}}\bar{\sigma}_m(\theta_k)+\varepsilon_{m,\ k} \end{aligned} \tag{10.6}$$

式中，$\theta_k=[x_k^T,\ u_k^T,\ k]^T$是神经网络输入，$\varepsilon_{m,\ k}$是重构误差。此时，系统的神经网络模型可构建为

$$\begin{aligned} \hat{x}_{k+1} &= \mathcal{F}(x_k,\ u_k,\ k) \\ &= \hat{\mathrm{W}}_{m,\ k}^{\mathsf{T}}\bar{\sigma}_m(\theta_k) \end{aligned}$$

式中，$\hat{\mathrm{W}}_{m,\ k}$是理想权值矩阵W_m^*的近似。

10.2.3.3 计算实验

在构建人工系统后，需要通过计算实验获得人工系统的最优控制。在计算实验中，人工系统产生的数据是获得最优控制方案的关键。为了区分人工系统与实际系统的数据，用z_k表示人工系统的状态。因此，系统可写为

$$z_{k+1}=\mathcal{F}(z_k,\ u_k,\ k)$$

令$\mathcal{U}_k^{\lambda-1}$表示从$k$到$k+\lambda-1$的控制序列，即$\mathcal{U}_k^{\lambda-1}=(u_k,\ u_{k+1},\ \cdots,\ u_{k+\lambda-1})$。对于正整数$\lambda=1, 2, \cdots$，可以定义新的效用函数$\Upsilon(z_k,\ \mathcal{U}_k^{\lambda-1},\ k)$为

$$\Upsilon(z_k,\ \mathcal{U}_k^{\lambda-1},\ k)=\sum_{\theta=0}^{\lambda-1}U(z_{k+\theta},\ u_{k+\theta},\ \theta)$$

根据（10.5），可以得到

$$\mathcal{J}^*(z_k,\ k)=\inf_{\mathcal{U}_k^{\lambda-1}}\left\{\Upsilon(z_k,\ \mathcal{U}_k^{\lambda-1},\ k)+\mathcal{J}^*(z_{k+\lambda},\ k+\lambda)\right\}$$

根据控制律序列$\mathcal{U}_k^{\lambda-1}$和系统方程（10.6），存在系统函数$\mathcal{F}_\lambda(\cdot)$，满足

$$z_{k+\lambda}=\mathcal{F}_\lambda(z_k,\ \mathcal{U}_k^{\lambda-1},\ k)$$

可以给出如下控制序列改进自适应动态规划算法。

初始化

给定初始正半定函数$\Psi(z_k,\ k)$，正整数$\lambda=1,\ 2,\cdots$，计算精度$\varepsilon_a>0$。

迭代

a. 令迭代指标$i_\lambda=0$；

b. 令初始迭代值函数为$V_{i_\lambda}^{\lambda-1}(z_k,\ k)=\Psi(z_k,\ k)$；

c. 改进迭代控制律序列如下：

$$\mathcal{U}_{i_\lambda}^{\lambda-1}(z_k,\ k)=\arg\min_{\mathcal{U}_k^{\lambda-1}}\left\{\Upsilon(z_k,\ \mathcal{U}_k^{\lambda-1},\ k)+V_{i_\lambda}^{\lambda-1}(z_{k+\lambda},\ k+\lambda)\right\};$$

d. 更新迭代值函数如下：

$$V_{i_\lambda+1}^{\lambda-1}(z_k,\ k)=\Upsilon(z_k,\ \mathcal{U}_{i_\lambda}^{\lambda-1}(z_k,\ k),\ k)+V_{i_\lambda}^{\lambda-1}(z_{k+\lambda},\ k+\lambda)$$

式中，$z_{k+\lambda}=\mathcal{F}_\lambda(z_k,\ \mathcal{U}_{i_\lambda}^{\lambda-1}(z_k,\ k),\ k)$；

e. 若 $|V_{i_\lambda+1}^{\lambda-1}(z_k,\ k)-V_{i_\lambda}^{\lambda-1}(z_k,\ k)|\leqslant\varepsilon_a$，进行步骤 f；否则，令 $i_\lambda=i_\lambda+1$，进行步骤 c；

f. 返回 $V_{i_\lambda}^{\lambda-1}(z_k,\ k)$。

控制序列改进自适应动态规划算法受到了值迭代自适应动态规划方法的启发，但存在一定差异。对于传统值迭代方法，期望寻找某一迭代控制律，近似时不变非线性系统的最优控制律。然而，在控制序列改进自适应动态规划算法中，寻找的是迭代控制律序列，而不是单一迭代控制律。

10.2.3.4 平行执行

对于复杂控制系统，系统函数 $F(x_k,\ u_k,\ k)$ 是未知的，难以在整个时间域通过建立单一的人工系统构建实际系统的动态特性。实际中，人工系统只在一个特定时间域内有效，使得需要建立多个人工系统。在这种情况下，通过计算实验获得的迭代控制律序列，无法在整个时间域内有效。因此，需要通过平行执行来解决这个问题。

令 $k_0,\ k_1,\cdots$ 为正整数，不失普遍性，令 $k_0<k_1<\cdots$。对于 $\tau=0,\ 1,\cdots$ 和 $k_\tau\leqslant k<k_{\tau+1}$，存在一系列人工系统，使得

$$z_{k+1}=\mathcal{F}(z_k,\ u_k,\ k)=\begin{cases}\mathcal{F}_0(z_k,\ u_k,\ k) & k_0\leqslant k<k_1\\ \mathcal{F}_1(z_k,\ u_k,\ k) & k_1\leqslant k<k_2\\ \vdots & \vdots\\ \mathcal{F}_\tau(z_k,\ u_k,\ k) & k_\tau\leqslant k<k_{\tau+1}\\ \vdots & \vdots\end{cases}$$

根据算法（10.2）可知，对于 $\tau=0,\ 1,\cdots$，存在迭代值函数 $V_{i_{\lambda_\tau}}^{\lambda_\tau-1}(x_{k_\tau})$ 满足算法收敛条件。定义

$$\mathcal{V}^{\lambda_\tau-1}(z_{k_\tau},\ k_\tau)=\lim_{i_{\lambda_\tau}\to\infty}V_{i_{\lambda_\tau}}^{\lambda_\tau-1}(z_{k_\tau},\ k_\tau)$$
$$\lambda_\tau=k_{\tau+1}-k_\tau$$

可以得到

$$\mathcal{V}^{\lambda_\tau-1}(z_{k_\tau},\ k_\tau)=\min_{U_{k_\tau}^{\lambda_\tau-1}}\left\{\Upsilon(z_{k_\tau},\ \mathcal{U}_{k_\tau}^{\lambda_\tau-1},\ k_\tau)+\mathcal{V}^{\lambda_\tau-1}(z_{k_{\tau+1}},\ k_{\tau+1})\right\}$$

在系统函数序列下，迭代值函数的收敛性分析可见文献。

可以给出平行执行基本框架。首先，对于 $k=k_0$，构建人工系统，通过平行执行获得人工系统的迭代控制律序列；之后，将迭代控制律序列应用到实际系统和人工系统，评估实际系统和人工系统的性能差异。若性能差异较大，则更新人工系统，并开始新一轮的计算实验和平行执行，直到系统状态收敛到平衡点图（10.3）。

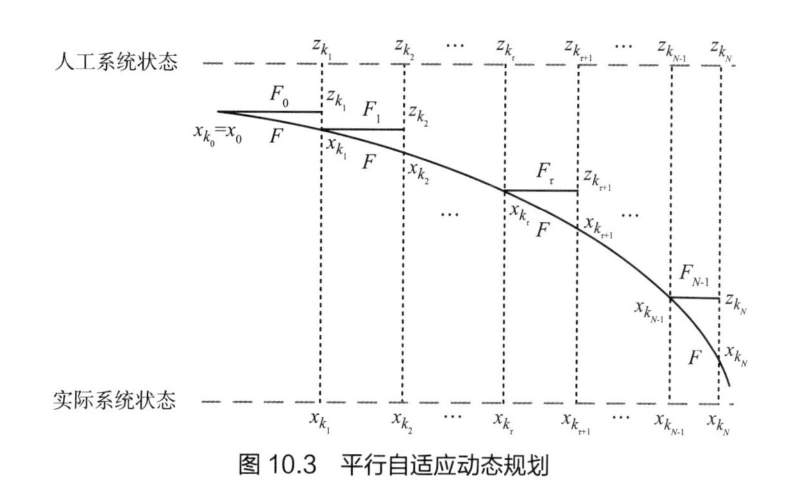

图 10.3　平行自适应动态规划

存在两种平行执行方法来应用自学习平行控制。第一种平行控制方法的目标是调节迭代控制律序列近似实际系统性能指标函数 $J^*(x_k,\ k)$，这种平行执行方法称为 R-style 平行执行。第二种平行执行方法的目标是调整迭代控制律序列近似人工系统性能指标函数 $J^*(x_k,\ k)$，这种平行执行方法称为 A-style 平行执行。由于实际系统性能指标函数 $J^*(x_k,\ k)$ 难以评估，可知 A-style 平行执行的可执行性高于 R-style 平行执行。

10.3 平行控制方程

网络化和人工智能的普及与深入推动了智能产业的兴起，形成了工程系统社会化、社会系统工程化、简单系统复杂化的新趋势。继续按照传统的思维发展控制理论与方法，已呈现出基于大数据而几乎无数据可依、面向复杂问题而简单的测试都无法实现、声称智能系统却对使用人员提出了非分的智力要求等一系列的新问题。平行智能、平行系统、平行控制正是为解决这些问题与矛盾而提出的，其核心是通过知识自动化实现智能的自动化，使复杂系统简单化，最终实现人机融合的真正的智能控制。

10.3.1 平行控制方程基本介绍

假如人们有被控系统的高精度模型（即数字孪生），在经典控制中，其控制方法如下。

状态方程：$$\dot{x}=f(x,\ u) \tag{10.7}$$

控制方程：$$u=h(x) \tag{10.8}$$

其中，$x\in\mathbb{R}^n$ 是状态向量，$u\in\mathbb{R}^m$ 是控制向量，$f(\cdot)$ 和 $h(\cdot)$ 分别是状态函数和控制函数。在经典控制中，反馈控制律（10.8）是关于状态向量的函数。

平行控制的控制方法如下。

状态方程：$$\dot{x}=f(x,\ u) \tag{10.9}$$

控制方程：$$\dot{u}=h(x,\ u) \tag{10.10}$$

平行控制结构图见图 10.4。平行控制律（10.10）不仅和系统状态向量相关，也与控制输入本身相关，故和经典控制中控制律（10.8）有着明显的不同。

一般而言，经典控制中，式（10.7）和式（10.8）由物理或逻辑建模而来，反映了相应的物理定律或逻辑关系。关键的是，控制函数不可对时间求导，一个原因是物理规则不允许，另一个原因是系统实现不允许，因为这将导致噪声被放大和硬件变复杂等一系列的复杂工程问题。故在 2005 年关于平行控制的学术讨论之后，王飞跃暂时搁置了这一思想。但随着硬件计算性能和人工智能技术的飞速发展，王飞跃看到了该方法实现的可能性和优势，于 2016 年发表论文 “Where does AlphaGo go: from Church-Turing thesis to AlphaGo thesis and beyond”。

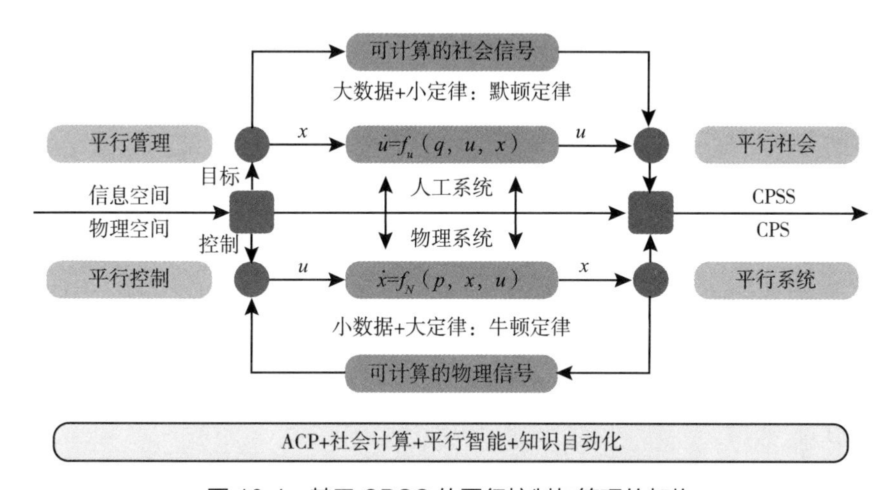

图 10.4 基于 CPSS 的平行控制与管理的架构

平行控制使控制系统与被控系统在形式上对称，它们不再是一个代数方程、一个微分方程，而是两个对等的微分方程，从而使二者从形式到内容在数学上完全一致。这是实现拟人控制和傅京孙的以机器人实现智能控制设想的基础。

平行控制使控制器不再是根据状态即时地决定控制量，而是根据状态决定控制的变化量，进而决定控制量本身。这为控制回溯历史、预测未来提供了数学基础，扩展了决定控制的信息空间。同时，这为以新的方式引入控制与被控角色的博弈对抗打下了基础，机器学习、人工智能等方法也更加有效地融入控制理论。经典控制的式（10.7）和式（10.8）可被视为平行控制的特殊情况，对式（10.8）进行时间求导，可以得到

$$\dot{u} = \frac{\partial h}{\partial x} \cdot \dot{x} = \frac{\partial h}{\partial x} \cdot f(x, u) = h'(x, u) \qquad (10.11)$$

因此，经典控制可被视为控制的变化率与状态的变化率成比例的一种特殊的平行控制。经典控制的各种问题及相应的研究结果都可以在平行控制的新视角下重新进行分析。

平行控制的式（10.9）和式（10.10）可被重新写成一个方程：

$$\dot{z} = G(z) \qquad (10.12)$$

其中，$z=[x^T, u^T]^T$，$G(\cdot)=[f(\cdot)^T, h(\cdot)^T]$。这是一个简单的自洽的微分方程，可惜函数 G（·）未知待求，否则许多关于自洽方程的分析结果可被直接利用。对于实验来说，这也为求解平行控制问题特别是非线性平行控制问题提供了新的途径，

是一个十分值得关注的方向。此外，这也为平行控制与基于核函数的神经网络方法建立了一种天然联系。

平行控制为“边缘简单，云端复杂”的云控制提供了一条新的途径。简言之，式（10.9）和式（10.10）可以在云端实施，式（10.7）和式（10.8）可以在边缘设备上实现，而且式（10.7）和式（10.9）可以不完全一致，式（10.7）一般应为式（10.9）的简洁式或简化版，而式（10.10）的控制向量 u 可以作为式（10.8）的控制向量 u 的指令式或设定目标。这在一定程度上解除了对 u 之时间导数的物理意义与负面作用的顾虑，因为云计算可以是物理模型之外的计算，其本身并非必须具有物理规则的基础。

总之，在有被控系统较为精准的模型（即数字孪生模型）的情况下，通过引入控制的时间导数，平行控制使被控系统与控制引导在数学上对称，并能够更方便地引入对抗博弈、机器学习、人工智能等方法，构造一个由孪生而智能的新途径。

10.3.2 线性系统应用案例

给定线性系统如下：

$$\dot{x} = \mathrm{A}x + \mathrm{B}u \tag{10.13}$$

其中，$x \in \mathbb{R}^n$ 是状态向量，$u \in \mathbb{R}^m$ 是控制向量，A 和 B 为合适维度的系统矩阵。设计平行控制为

$$\dot{u} = \mathrm{C}x + \mathrm{D}u \tag{10.14}$$

式中，C 和 D 为合适维度的系统矩阵。定义变量 $z = [x^T, u^T]^T$，可以获得广义自洽闭环系统

$$\dot{z} = \begin{bmatrix} \mathrm{A} & \mathrm{B} \\ \mathrm{C} & \mathrm{D} \end{bmatrix} z \triangleq \mathrm{G}z \tag{10.15}$$

设期望的特征方程为

$$|\lambda\mathrm{I} - \mathrm{G}| = \lambda^{m+n} + \beta_1\lambda^{m+n-1} + \cdots + \beta_{m+n-1}\lambda + \beta_{m+n} \tag{10.16}$$

接下来给出系统在可控与不可控情况下，根据期望的广义自洽闭环系统的极点配置决定 C 和 D 的算法，该算法可被称为“平行极点配置定理”。对于线性系统极点配置，在可控情况下给出如下定理。

定理 10.1 若系统（10.13）状态完全可控，则存在平行控制器（10.14），使得广义自洽闭环系统（10.15）具有期望的特征方程（10.16）。在不可控情况下，存在非奇异矩阵 Q，使得系统（10.13）变换如下

$$Q^{-1}AQ=\begin{bmatrix} A_1^* & 0 \\ A_{21}^* & A \end{bmatrix},\ Q^{-1}B=\begin{bmatrix} 0 \\ B \end{bmatrix} \tag{10.17}$$

式中，（A_1^*，0）是不可控子系统，（A，B）是可控子系统。此时，对于系统（10.15），可以得到

$$G^*=\begin{bmatrix} Q^{-1} & \\ & I \end{bmatrix} G \begin{bmatrix} Q & \\ & I \end{bmatrix}=\begin{bmatrix} A_1^* & 0 & 0 \\ A_{21}^* & A & B \\ C_1^* & C & D \end{bmatrix} \tag{10.18}$$

给出如下定理。

定理 10.2 若系统（10.13）状态不完全可控，则存在平行控制器（10.14），使得广义自洽闭环系统（10.15）具有期望的特征方程（10.16）的充要条件是（10.16）可以被特征多项式$\left|\lambda I - A_1^*\right|$整除。

接下来进一步给出输出调节的线性平行控制结果。考虑线性系统如下

$$\begin{aligned} \dot{x}&=Ax+Bu+Pw \\ \dot{w}&=Sw \\ e&=Cx+Dw \end{aligned} \tag{10.19}$$

式中，$w\in\mathbb{R}^r$为外部信号，$e\in\mathbb{R}^l$为跟踪误差，Pw和Dw分别为系统扰动和跟踪信号，Cx为系统输出。目标是设计平行输出调节器，使得系统（10.19）实现内部稳定性和输出调节。内部稳定性指在w=0下，系统（10.19）和平行输出调节器的全局渐近稳定性。输出调节系统（10.19）能够跟踪参考信号，并抑制外部扰动，即$\lim_{t\to\infty} e=0$。接下来，分别考虑在系统全部信息可获得情况下和跟踪误差信息可获得情况下，平行调节器的存在性定理。

在系统全部信息可获得情况下，设计平行调节器如下：

$$\dot{u}=Kx+Lw+Ju \tag{10.20}$$

可以给出如下定理。

定理 10.3 给定矩阵 K 和 L，使得内部稳定性条件满足。那么，存在平行调

节器（10.20），使得系统满足内部稳定和输出调节条件的充要条件是存在矩阵 Π_1、Π_2 和 L，满足如下平行调节方程：

$$\begin{gathered} A\Pi_1+B\Pi_2+P=\Pi_1 S \\ K\Pi_1+L+J\Pi_2=\Pi_2 S \\ C\Pi_1+D=0 \end{gathered} \tag{10.21}$$

在系统跟踪误差可获得情况下，将系统（10.19）变换为

$$\begin{gathered} \begin{pmatrix} \dot{x} \\ \dot{w} \end{pmatrix}=\begin{pmatrix} A & P \\ 0 & S \end{pmatrix}\begin{pmatrix} x \\ w \end{pmatrix}+\begin{pmatrix} B \\ 0 \end{pmatrix}u \\ e=(C \quad D)\begin{pmatrix} x \\ w \end{pmatrix} \end{gathered} \tag{10.22}$$

设计 Luenberger 观测器，对状态 x 和 w 进行估计，观测器方程如下：

$$\begin{pmatrix} \dot{\hat{x}} \\ \dot{\hat{w}} \end{pmatrix}=\left(\begin{pmatrix} A & P \\ 0 & S \end{pmatrix}-\begin{pmatrix} G_1 \\ G_2 \end{pmatrix}(C \quad D)\right)\begin{pmatrix} \hat{x} \\ \hat{w} \end{pmatrix}+\begin{pmatrix} B \\ 0 \end{pmatrix}u+\begin{pmatrix} G_1 \\ G_2 \end{pmatrix}e \tag{10.23}$$

此时，设计平行输出调节器如下：

$$\dot{u}=(H_1 \quad H_2)\begin{pmatrix} \hat{x} \\ \hat{w} \end{pmatrix}+J'u \tag{10.24}$$

可以给出如下定理。

定理 10.4 给定矩阵 H_1、J'、G_1 和 G_2，使得内部稳定性条件满足。那么，存在平行调节器（10.24），使得系统满足内部稳定和输出调节条件的充要条件是存在矩阵 Π_1'、Π_2'、Π_3' 和 H_2，满足如下平行调节方程：

$$\begin{gathered} A\Pi_1'+B\Pi_2'+P=\Pi_1'S \\ (H_1 \quad H_2)\,\Pi_3'+J'\Pi_2'=\Pi_2'S \\ \left(\begin{pmatrix} A & P \\ 0 & S \end{pmatrix}-\begin{pmatrix} G_1 \\ G_2 \end{pmatrix}(C \quad D)\right)\Pi_3'+\begin{pmatrix} B \\ 0 \end{pmatrix}\Pi_2'=\Pi_3'S \\ C\Pi_1'+D=0 \end{gathered} \tag{10.25}$$

10.3.3 非线性系统应用案例

与线性系统相比，非线性系统的情况复杂很多，且无统一的定论。目前一个主

流的方法是李雅普诺夫方法，即从能量函数的角度来分析非线性系统。

考虑如下一般非线性状态方程：

$$\dot{x}=f(x, u) \tag{10.26}$$

其中，$x \in \mathbb{R}^n$ 是状态向量，$u \in \mathbb{R}^m$ 是控制向量，$f(\cdot)$ 是状态函数。

假设系统（10.26）中状态向量 x 是二维、控制向量 u 是一维，即 $n=2$ 和 $m=1$。经典控制（10.8）设计代数形式的控制方程将闭环系统构造成二维系统，一个理想的经典控制轨迹见图 10.5，其中为 $x(0)$ 初始状态向量，目的是使状态向量从初始点收敛到原点。

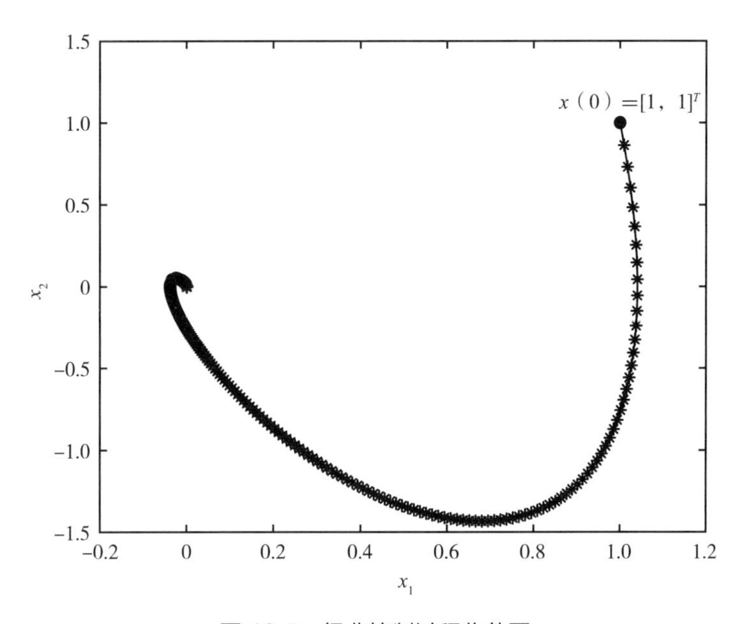

图 10.5 经典控制过程收敛图

平行控制（10.10）则不同，通过设计微分方程将闭环系统构造成三维系统，一个理想的平行控制轨迹见图 10.6。因此，平行控制将系统扩维，经典控制成了平行控制的特例。如果将控制问题看成一般优化问题，在优化目标不变的情况下平行控制将可行域扩大了，因此平行控制有潜力挖掘系统更理想的控制性能。

由于增加了系统维度，所以传统李雅普诺夫方法不能直接使用，因此需要提出新的方法。文献给出了一种非线性平行优化控制的设计方法。本节基于文献简单介绍平行优化控制的框架，为方便起见，仅考虑介绍调节问题。考虑系统（10.26），优化平行控制器的设计目的是使系统稳定并极小化如下性能指标：

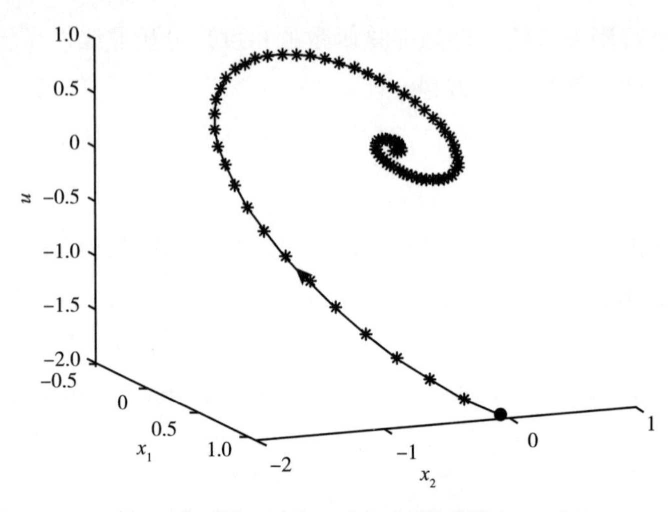

图 10.6　平行控制过程收敛图

$$J(x(0),u)=\int_0^\infty U\, x((t),u(t))\, dt \tag{10.27}$$

其中，$U(x, u)$ 为正定的效用函数。

为了实现平行控制律（10.10），引入如下虚拟控制输入

$$\dot{v}=u \tag{10.28}$$

记 $s=[x^T, u^T]^T$ 为增广状态向量，可得如下人工的仿射非线性系统

$$\dot{s}=\mathcal{F}(s)+\mathcal{G}v \tag{10.29}$$

其中

$$\mathcal{F}(s)=\left[f^T(x, u), 0_{m\times m}\right]^T$$

以及

$$\mathcal{G}=\left[0_{n\times m}, \mathrm{I}_{m\times m}{}^T\right]$$

并构造增广性能指标如下

$$\mathcal{J}(s(0),v)=\int_0^\infty \mathcal{U}(s(t),v(t))\, dt \tag{10.30}$$

其中，$\mathcal{U}(s, v)=U(s)+v^T\mathcal{R}v$，$\mathcal{R}$ 为正定矩阵。

于是，我们可以考虑系统（10.29）和性能指标（10.30）的优化控制，基于该设计框架，可以将一些经典控制的设计方法引入平行控制。接下来，简单给出该设计框架的一些理论支持，有兴趣的读者可以仔细研读文献中具体的推导过程。

取经典控制律为

$$u = K(x) \tag{10.31}$$

根据式（10.22）定义如下控制律

$$\dot{v} = \frac{\partial K(x)}{\partial x} f(x, u) \tag{10.32}$$

于是，可得如下稳定性关系定理，该定理是支持该平行控制设计框架的稳定性基础，且不仅仅用于优化控制。

定理 10.5 考虑原始系统（10.26）、增广系统（10.29）、经典控制律（10.31）以及平行控制律（10.32），则如下结论成立：①增广系统（10.29）在平行控制律（10.32）作用下渐近稳定，当且仅当原始系统（10.26）在平行控制律（10.31）作用下渐近稳定；②如果增广系统（10.29）在平行控制律（10.32）作用下增广状态向量是一致最终有界的，那么原始系统（10.26）在平行控制律（10.31）作用下状态向量是一致最终有界的。

在有了稳定性分析后，接下来给出性能指标关系分析。在给出定理之前，记 $\lambda_{\max}(\mathrm{A})$ 为方阵 A 最大的特征值。

定理 10.6 考虑原始系统（10.26）、增广系统（10.29）、经典控制律（10.31）、平行控制律（10.32）、原始性能指标函数（10.27）和增广性能指标函数（10.30）。随着 $\lambda_{\max}(\mathcal{R}) \to 0^{+}$，那么最优增广性能指标函数逐渐趋近于最优原始性能指标函数，且由平行控制所确定的实际控制输入逐渐趋近于经典控制所确定的最优控制律。

基于定理 10.5 和定理 10.6，初步建立非线性平行控制设计的框架，可以将经典控制设计的一些方法引入平行控制设计。但是非线性平行控制的研究仍然有很长的路要走，尤其是平行控制（10.10）和实际系统（10.9）构成了一个等价的系统，使得控制不再被动依附于实际系统，在博弈论等方面有很大的应用潜力。

参考文献

[1] Fu K S. Learning control systems–review and outlook [J] . IEEE Transactions on Automatic Control, 1970, 15 (2): 210–221.

[2] Fu K S. Learning control systems and intelligent control systems: an intersection of artifical intelligence and automatic control [J] . IEEE Transactions on Automatic Control, 1971, 16 (1): 70–72.

[3] Leondes C T, Mendel J M. Artificial intelligence control [M] //Survey of Cybernetics: A Tribute to Dr. Norbert Wiener. London: Iliffe Books, 1969: 209–228.

[4] Rosenblueth A, Wiener N, Bigelow J. Behavior, purpose and teleology [J] . Philosophy of Science, 1943, 10 (1): 18–24.

[5] McCulloch W S, Pitts W. A logical calculus of the ideas immanent in nervous activity [J] . The Bulletin of Mathematical Biophysics, 1943, 5 (4): 115–133.

[6] 弗洛・康韦，吉姆・西格尔曼 . 维纳传：信息时代的隐秘英雄 [M] . 张国庆，译 . 北京：中信出版社，2021.

[7] 王飞跃 . 智能控制五十年回顾与展望：傅京孙的初心与萨里迪斯的雄心 [J] . 自动化学报，2021，47 (10)：20.

[8] Church A. Logic, arithmetic, and automata [J] . Proceedings of the International Congress of Mathematicians, 1962, 2 (88): 23–35.

[9] Ramadge P J, Wonham W M. Supervisory Control of a Class of Discrete Event Processes [J] . SIAM Journal on Control and Optimization, 1987, 25 (1): 206–230.

[10] Wang F Y. Supervisory control for concurrent discrete event dynamic systems based on petri nets [C] //31st IEEE Conference on Decision and Control, 1992.

[11] Wang F Y, Saridis G N. A coordination theory for intelligent machines [J] . Automatica, 1990, 26 (5): 833–844.

[12] Holloway L E, Krogh B H, Giua A. A survey of Petri net methods for controlled discrete event systems [J]. Discrete Event Dynamic Systems, 1997, 7 (2): 151–190.

[13] 王飞跃，陈俊龙 . 智能控制方法与应用 [M] . 北京：中国科学技术出版社，2020.

[14]Pillonetto G, Chen T, Chiuso A, et al. Regularized System Identification: Learning Dynamic Models from Data[M]. Cham: Springer International Publishing AG，2022.

[15] Ivanova A, Migorski S, Wyczolkowski R, et al. Numerical identification of temperature dependent thermal conductivity using least squares methodp [J] . International Journal of Numerical Methods for Heat & Fluid Flow，2020，30（6）：3083–3099.

[16] 赵文虓，方海涛．随机逼近算法的样本轨道分析：理论及应用 [J]．中国科学：数学，2016（10）：1583–1602.

[17] Boyd S，Vandenberghe L. Convex Optimization [M] . London：Cambridge University Press，2004.

[18] McCulloch W S，Pitts W. A logical calculus of the ideas immanent in nervous activity [J] . The bulletin of mathematical biophysics，1943，5（4）：115–133.

[19] Chen C，Liu Z. Broad Learning System：An Effective and Efficient Incremental Learning System Without the Need for Deep Architecture [J] . IEEE Transactions on Neural Networks & Learning Systems，2018，29（99）：10–24.

[20] Pao Y H，Phillips S M，Sobajic D J. Neural-net computing and the intelligent control of systems [J] . International Journal of Control，1992，56（2）：263–289.

[21] Hinton G E，Salakhutdinov R R. Reducing the dimensionality of data with neural networks [J] . Science，2006，313（5786）：504–507.

[22] 段艳杰，吕宜生，张杰，等. 深度学习在控制领域的研究现状与展望 [J]. 自动化学报，2016，42（5）：643–654.

[23] Holland J H. Adaption in Natural and Artificial Systems [M] . Ann Arbor：University of Michigan Press，1975.

[24] 谢新民，丁锋．自适应控制系统 [M]．北京：清华大学出版社，2002.

[25] 徐湘元．自适应控制与预测控制 [M]．北京：清华大学出版社，2017.

[26] 冯纯伯，史维．自适应控制 [M]．北京：电子工业出版社，1986.

[27] 王飞跃．关于复杂系统研究的计算理论与方法 [J]．中国基础科学，2004, 6（5）：3–10.

[28] Wang F Y. Parallel Control and Management for Intelligent Transportation Systems：Concepts, Architectures, and Applications [J] . IEEE Transactions on Intelligent Transportation Systems, 2010, 11（3）：630–638.

[29] 王飞跃．从社会计算到社会制造：一场即将来临的产业革命 [J]. 中国科学院院刊，2012，27（6）：658–669.

[30] 王飞跃，高彦臣，商秀芹，等．平行制造与工业 5.0：从虚拟制造到智能制造 [J]．科技导报，2018，36（21）：10–22.

[31] 沈震，罗璨，商秀芹，等．空间平行机器与平行制造 [J]．空间控制技术与应用，2019，45（4）：11.

[32] 王飞跃．社会信号处理与分析的基本框架：从社会传感网络到计算辩证解析方法 [J]．中国科学：信息科学，2013，43（12）：1598–1611.

[33] 王飞跃．平行控制与数字孪生：经典控制理论的回顾与重铸 [J]．智能科学与技术学报，2020，2（3）：293–300.

[34] 王飞跃. 人工社会、计算实验、平行系统——关于复杂社会经济系统计算研究的讨论 [J]. 复杂系统与复杂性科学，2004（4）：11.

[35] 王飞跃. 平行控制：数据驱动的计算控制方法 [J]. 自动化学报，2013（4）：10.

[36] Li L，LinY，Zheng N，et al. Parallel Learning：A Perspective and a Framework [J]. IEEE/CAA Journal of Automatica Sinica，2017，4（3）：389–395.

[37] Wang F Y，Zhang J J，Zheng X H，et al. Where does AlphaGo go: from Church–Turing thesis to AlphaGo thesis and beyond [J]. IEEE/CAA Journal of Automatica Sinica, 2016, 3（2）：113–120.

[38] Wei Q，Li H，Wang F Y. Parallel control for continuous–time linear systems：A case study [J]. IEEE/CAA Journal of Automatica Sinica，2020，7（4）：919–928.

[39] Wei Q，Li H，Wang F Y. A novel parallel control method for continuous–time linear output regulation with disturbances [J]. IEEE Transactions on Cybernetics，2021（pp）.

[40] Lu J，Wei Q，Wang F Y. Parallel control for optimal tracking via adaptive dynamic programming [J]. IEEE/CAA Journal of Automatica Sinica，2020，7（6）：1662–1674.